北京市委组织部优秀人才培养项目资助

蔬菜根结线虫病害综合治理

Integrated Control on Vegetable Diseases Caused by Root-knot Nematode

卢志军　编著

中国农业出版社

序

随着我国经济社会的快速发展，设施蔬菜种植面积呈逐年增加趋势，有力地促进了人民生活水平提高和农民增收。由根结线虫引发的病害对蔬菜尤其是设施蔬菜稳定发展构成严重威胁，不仅造成减产，而且影响品质。然而，当前我国农业推广系统技术人员普遍缺乏对蔬菜根结线虫病的了解，掌握的相关知识有限，难以有效指导菜农开展防控。

《蔬菜根结线虫病害综合治理》全面系统地介绍了根结线虫的形态、分类、生物学特性及其所引起的病害症状、发生发展规律、田间诊断方法，以及综合治理技术。全书图文并茂，生动形象，内容由浅入深、循序渐进，在保证科学性的基础上着重体现科普性与实用性相结合。编著者来自农业应用技术研究和推广一线，具有丰富的实践经验和较深的学术造诣，多年的成果积淀和经验累积成就了这本将理论与实践有机结合的著作。

相信本书的出版对于提高我国农业技术推广人员的专业知识水平、指导菜农科学有效地防控蔬菜根结线虫病害、保障蔬菜产品安全和促进蔬菜产业升级一定会发挥应有的作用。

全国农业技术推广服务中心主任 夏敬源

2011年10月

前　言

根结线虫（*Meloidogyne* spp.）分布于全球，是为害植物的一种世界性病害。同时，由于其寄主众多、繁殖迅速、抗逆力强、难以防控，已成为世界性难题。为害蔬菜的根结线虫主要种类有南方根结线虫（*Meloidogyne incognita*）、爪哇根结线虫（*M.javanica*）、花生根结线虫（*M.arenaria*）和北方根结线虫（*M.hapla*）。其中南方根结线虫为害最严重。近年来，随着我国保护地蔬菜面积的不断扩大，蔬菜根结线虫病蔓延迅速，农民形象地称之为“蔬菜癌症”。根结线虫病严重影响蔬菜的产量。据报道，该病一般造成作物减产 10%~20%，严重为害造成减产 75%以上，甚至绝收。根结线虫病不仅造成减产，同时也影响蔬菜产品的品质，造成商品性下降或无商品价值，经济损失严重。据世界粮农组织（FAO）估计，全世界因线虫为害给粮食和纤维作物造成的损失约 12%，蔬菜、花生、烟草和某些果树因线虫为害的损失在 20%以上。Agrios（1997）估计，全球每年因根结线虫造成的经济损失达 800 亿美元。Chitwood D J（2003）报道，全世界每年由植物性寄生线虫造成的农业经济损失达 1 250 亿美元。我国蔬菜生产每年因线虫为害造成经济损失达 30 亿美元以上。在实际生产中，广大农技人员普遍缺乏根结线虫病防治的相关知识，无法指导农民有效开展防治，造成诸多问题。

本书针对蔬菜线虫病害发生现状，汇集科研成果，突出创新性，集中体现科普性和实用性，以满足实际需求、全面提升植保现代化服务水平、推动蔬菜产业升级、保障蔬菜食品安全、带动农民节支增收为宗旨，概述了当前我国蔬菜根结线虫病发生及防治情况；全面、系统地描述了为害蔬菜的主要根结线虫形态特征、生物学特性和致病规律；介绍了蔬菜根结线虫病田间诊断和调查方法，展示了 13 个科的 44 种常见蔬菜、10 个科的 16 种常见菜田杂草受根结线虫为害的症状；详细阐述了蔬菜根结线虫病综合治理技术，包括健康育苗防病、农业防治和生态调控、物理防治、生物防治和化学防治；提出了根结线虫病综合防治技术在茄果类、瓜类、豆类、叶菜类、根茎类等主要蔬菜上的应用方案。全书共附有 500 余帧图片，图文并茂，生动形象。附录中收录了研究和描述根结线虫常用的英文术语缩写、主要抗（耐）根结线虫品种和砧木，以及当前在我国正式登记的杀线虫药剂。

前　言

本书的出版得到北京市委组织部2010—2011年度优秀人才培养E类项目专项资助。在图书资料收集和照片拍摄过程中，北京市各区县植保植检站及有关单位热情协助。在书稿撰写过程中，中国农业大学简恒教授、刘西莉教授、李健强教授、吴学宏副教授、高丽红教授，北京市农林科学院蔬菜研究中心许勇主任、柴敏研究员、耿丽华副研究员、宫国义老师，北京农学院王绍辉副教授等专家均给予指导。北京市农业局马荣才副局长作为本书顾问，严格把关；北京市农业局蔬菜处司力珊处长、农业技术推广站王永泉副站长提出诸多宝贵意见。北京市植物保护站郑建秋副站长、金晓华副站长、车晋滇研究员、丁建云研究员以及陈笑瑜、王义洪、曹金娟、肖长坤、贾峰勇、张金良、张涛等领导和同事均给予不同方面的关心和帮助。冯乐平、赵桂华、石尚柏、常兴发、胡常金、田涛等热心支持。此外，还有许多曾给予关心的领导、专家和同仁，不得一一列出，在此，笔者一并表示最真挚的感谢！

本书主要面向我国农业技术推广系统植保技术人员、农技推广人员以及蔬菜生产园区与合作社的技术人员，也可供蔬菜生产者使用。此外，还可供根结线虫科研及教学人员参考。

限于作者的知识水平和经验，本书错误、遗漏和不妥之处在所难免，敬请专家、同仁和广大读者不吝赐教。

卢志军

2011年10月于北京

目 录

第一章
蔬菜根结线虫病害概述

第一节　我国蔬菜生产及根结线虫病害现状

一、我国蔬菜生产的发展趋势和特点

20世纪80年代以来，我国农业种植结构发生了很大变化。在菜篮子工程的推动和市场需求的拉动下，蔬菜种植迅猛发展，并逐步形成规模化产业。纵观改革开放以来我国蔬菜生产发展史，凸显出以下几方面的主要特点。

1. 蔬菜总体种植面积大幅增加　改革开放30年来，我国蔬菜种植面积总体上一直呈现增加趋势。据国家统计局公布的数据，1978年全国蔬菜播种面积共333.1万 hm^2，至2002年增加至1 735.29万 hm^2，为快速增长期；2006年达到历史高点1 821.67万 hm^2，之后大致稳定在1 800万 hm^2 左右，总体面积较之改革开放初期净增约5倍。北京、上海、天津等大城市，蔬菜生产总面积呈现出显著的、相似的规律性：20世纪80年代至21世纪初，蔬菜种植面积不断攀升，至2002年前后达到高点，之后呈现减少趋势（图1-1）。

2. 蔬菜生产呈现规模化趋势　在经济发达、交通运输便利、特别是临近大城市的地区，蔬菜生产不断集中，规模化趋势越来越明显。

3. 保护地蔬菜越来越受到重视，面积逐年增大　近十几年来，我国中部和北部地区保护地蔬菜大面积发展。有关统计数据表明，1980年我国保护地蔬菜面积共约1万 hm^2；截至2010年底，我国保护地蔬菜年种植面积约达466.7万 hm^2，占保护地栽培面积的95%、世界保护地园艺面积的80%，成为世界上保护地面积最大的国家，比2004年末的253.3万 hm^2 翻了近一番，且仍以每年10%左右的速度在增长（喻景权，2011）。一些大城市，例如北京、上海、天津等地，蔬菜总面积虽然不大，但是保护地蔬菜面积却在不断增加，大规模的保护地蔬菜产业群、产业带不断涌现。

4. 蔬菜病虫害种类繁多　据不完全调查统计，北京地区蔬菜病虫种类共1 650余种，其中病害1 250余种，害虫400余种；露地条件下病虫害的发生概率相对较低，而保护地蔬菜病虫大量发生，有1 320余种（约占总数80%以上）病虫为害保护地蔬

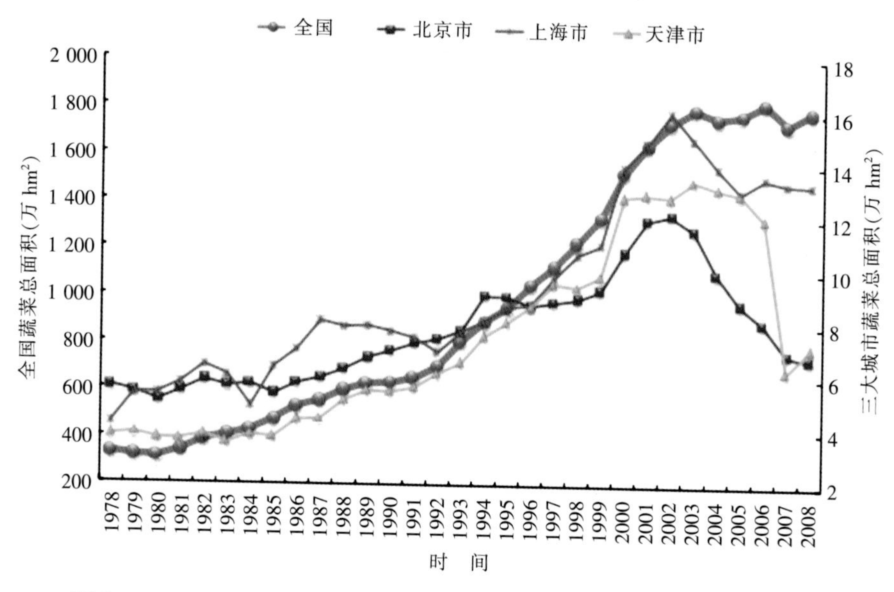

图 1-1 1978—2008 年全国及北京、上海、天津蔬菜种植总面积变化趋势
（数据来自国家统计局 http：//www.stats.gov.cn）

菜，常年发生的病虫 250～300 种，每年生产中必须防治的病虫有 60～70 种（郑建秋，2004）。

5. 疑难病虫突出 以根结线虫（*Meloidogyne* spp.）等为代表的隐蔽性、危险性病虫已经成为保护地蔬菜生产的瓶颈。我国中北部地区，由于保护地内适宜的环境条件、丰富的蔬菜品种，再加上连茬耕作，致使新的病虫害不断出现，原来在露地的次要病虫变为保护地内主要的病虫害，土传病虫害逐年加重。

二、蔬菜根结线虫病害发生与防治现状

（一）蔬菜根结线虫病害的发生与分布

植物线虫的为害程度仅次于病原真菌，而根结线虫是植物线虫中最重要的类别，其为害损失约占整个线虫病害损失的 50%（郝桂玉，2008）。全球范围内根结线虫广泛存在，尤其在北纬 35°到南纬 35°之间的温带、亚热带、热带地区广泛分布，几乎所有国家和地区都有发生，植物受害程度也比其他地区严重。

我国相当大一部分国土地处热带和亚热带，从海南到东北广大蔬菜产区均不同程度地受到根结线虫为害（李文超等，2006），损失非常严重（黄翔等，1993；段玉玺等，2002）。据报道，早在 20 世纪 50 年代山东、河南等北方地区就发现有蔬菜根结线虫病害发生（张芸等，2005），但在当时的种植结构和模式条件下，对生产的危害不突出，未引起人们关注。至 80 年代初，发生为害尚有限，仅局部地区在个别寄主上发生；90 年代以后蔬菜根结线虫病发生区域不断扩大，受害寄主日益增多，为害

日趋严重，不少地区保护地黄瓜、番茄等易感寄主几乎全部发病。山东青岛、寿光、淄博等蔬菜主产区保护地蔬菜根结线虫病大棚总发生率达 67.6%，总病株率接近 50%。连续种植 4 年以上的黄瓜、番茄等易感寄主的老棚发病率接近 95%，病株率为 66%（董炜博，2004）；陕西省主栽蔬菜也大面积发病，番茄根接线虫病发生面积占温室栽培番茄面积 20.4%，平均发病株率 15.6%，产量损失 10.4%，仅次于温室栽培黄瓜（陈志杰，2004、2006、2008）。北京市在 20 世纪 60 年代已有根结线虫病害发生（王仁刚，2007），最初在京郊白菜、荠菜、胡萝卜上发现北方根结线虫，70 年代在丰台保护地发现了为害黄瓜的南方根结线虫（陈品三，2000），近年来南方根结线虫病害已基本蔓延至北京全市主要蔬菜产区，5 年以上的保护地老菜田甚至 100%发病。

为害蔬菜的根结线虫主要有南方根结线虫（*Meloidogyne incognita*）、爪哇根结线虫（*Meloidogyne javanica*）、花生根结线虫（*Meloidogyne arenaria*）和北方根结线虫（*Meloidogyne hapla*）4 种。它们适宜生活温度为 25～30℃，在我国广泛分布。根结线虫具有寄生专化性（Karssen G，1982），不同种类的寄主范围和为害程度有所差异。南方根结线虫为害蔬菜面积最大，程度最严重，已成为为害蔬菜的优势种群（Medina - Filho H P，1980），世界范围内其造成的损失占蔬菜线虫病害总损失的 70%以上，北京地区南方根结线虫造成的危害损失占 90%以上（郑建秋等，未发表资料），而山东省保护地蔬菜田病样检出率高达 97.94%（孙林富，2007）。

南方根结线虫（*M. incognita*），在我国大多数蔬菜种植区均有分布，南方露地和保护地都有发生，北方主要以保护地发生为主，是我国蔬菜生产上最主要的病原线虫种类。目前，南方根结线虫病害在我国已有多个省份和地区正式报道（表 1 - 1）。

表 1 - 1　在我国已报道的南方根结线虫（*M. incognita*）主要分布地区

省（自治区、直辖市）	主要报道人
海　南	廖金铃，2003；刘维志，2004；赵鸿，2006；孔祥义，2007
福　建	林秀敏，1992；李茂胜，2001；汪来发，2001；廖金铃，2003；刘维志，2004；袁林，2007
浙　江	汪来发，2001；刘维志，2004；陈伟强，2008
上　海	舒静，2006；李勋卓，2007
广　西	廖金铃，2003；刘维志，2004；蔡健和，2005
贵　州	刘维志，2004
云　南	廖金铃，2003；刘维志，2004
广　东	廖金铃，2003；刘维志，2004
江　西	汪来发，2001；刘维志，2004；周厚发，2007；荣国忠，2008
四　川	刘维志，2004
湖　南	廖金铃，2003；刘维志，2004
湖　北	刘维志，2004；张原，2006；蒋太平，2007

（续）

省（自治区、直辖市）	主要报道人
江　苏	汪来发，2001；刘维志，2004；文廷刚，2008；韩方胜，2008
安　徽	汪来发，2001；刘维志，2004；孙翠平，2007
山　东	汪来发，2001；赵洪海，2003；董炜博，2004；刘维志，2004；郭衍银，2004；曲松，2006；周霞，2006；于子川，2007；张伟，2008；樊颖伦，2008；赵培宝，2008
河　南	刘维志，2004；罗巨方，2005；杜晓莉，2008；洪权春，2008；李江波，2008
河　北	张俊立，2004；陈书龙，2006
北　京	刘维志，2004；张芸，2005；王仁刚，2007；赵世福，2007
天　津	谷希树，2003
陕　西	毛琦，2007；陈志杰，2008
山　西	秦引雪，2006
甘　肃	高赟，2009
内蒙古	刘维志，2004
黑龙江	田芳，2007
吉　林	崔文海，2001
辽　宁	刘维志，2007；刘海玉，2009
新　疆	王晓东，2003；王彦荣，2008

爪哇根结线虫（*M. javanica*），主要分布于气候较温暖的华南和华东地区，在华北部分地区也有零星分布。在我国已有报道的分布地区有海南、福建、浙江、广东、江苏、云南、广西、四川、重庆、湖南、江西、安徽、山东、河南、北京、内蒙古等。

花生根结线虫（*M. arenaria*），在我国已报道的分布地区：海南、福建、广东、广西、云南、湖南、四川、浙江、江苏、江西、河南、山东、河北、北京、陕西、内蒙古等。

北方根结线虫（*M. hapla*），发生区域性较强，多在北纬35°以北（邓莲，2007），在热带、亚热带的高海拔地区也有分布。北方根结线虫的专化寄生性较强，以露地蔬菜发生为主。在山东等地区主要为害露地胡萝卜、莴苣、芹菜等。在我国已有报道的分布地区：福建、贵州、云南、江苏、安徽、山东、河南、河北、北京、山西、陕西、辽宁、吉林、内蒙古等。

蔬菜根结线虫病在露地和保护地均可发生。我国南方露地和保护地蔬菜均受害，北方主要以保护地蔬菜受害为主。保护地蔬菜受根结线虫为害，突出表现为以下几点特征：一是周年均可发生，日光温室发病较重，塑料大棚发病相对较轻；二是随着保护地蔬菜种植面积的不断扩大、种苗调运的增加，以及不科学的农事操作，根结线虫病在保护地蔬菜种植区传播迅速；三是蔬菜根结线虫病情随着季节和作物茬口的变换呈现出一定的规律性。

（二）蔬菜根结线虫病害的防治现状

根结线虫的分布几乎遍布全球。因此，根结线虫病害防治是大多数国家和地区农业生产中共同面临的问题。在温带和热带地区根结线虫广泛分布于露地和保护地，而在寒冷地区则主要在保护地内生活和为害。北美和欧洲，地广人稀，而且经济水平较发达，对于露地通常会采用长期轮作、长期休闲、夏季曝晒、冬季冷冻等农业和生态措施进行防控，效果较为明显；对于产值较高的保护地生产，为了更有效地防控各种土传病虫害，通常采用人工基质进行生产，根结线虫病害基本可以得到有效控制或彻底杜绝。在亚洲国家，气候条件等因素较之于欧美等地更有利于根据线虫的发生和为害。日、韩等亚洲国家的农业生产以家庭为基本单元，以小型合作社或协会等为主体，欧、美等国采用的根结线虫防治措施不完全适合这些国家应用。基于此，近年来日、韩等国研制了系列土壤热水消毒设备，有一定防治效果，但使用成本较高。我国的农业生产模式与日、韩等国有相似性。但是，特定的国情和农情决定了在欧、美，甚至日、韩等国家广泛采用的技术措施不完全适用于我国。由于对蔬菜生产的切实需求，休闲、轮作等农业措施难以广泛推行，物理防治等技术因使用的复杂性等问题难以大面积应用，主要采用化学防治。因此，迫切需要有效、成本低、操作方便的非化学防治技术，以满足广大农民的实际需求，可在生产中大范围推广应用。

第二节　蔬菜根结线虫病防治中的问题及解决对策

一、蔬菜根结线虫病防治中存在的突出问题

（一）病害难以及时发现

这是由根结线虫自身的体型特征、生活特性和为害特点决定的。一方面，根结线虫个体小，除了虫卵在特定阶段聚集形成胶质卵囊或者卵块之外，其他各个生长阶段都以单独个体存在，未形成肉眼容易辨认的、类似于细菌菌落或菌脓、真菌菌丝体或孢子堆等典型形态。有经验的专家和技术人员在特定时期可以用肉眼辨别胶质卵囊和雌性成虫，而其他各种形态的虫体只能通过显微镜鉴别。另一方面，根结线虫生活在土壤中，难以直接观察。此外，根结线虫侵染和为害植株根部，发病初期地上部和根部症状并不明显，不易觉察，难以准确鉴别。只有当病害已经发生，并发展至一定程度时，地上部才逐渐变黄、枯萎甚至枯死，根部表现出明显肿大的根结。

（二）一旦发病，难以根除

根结线虫病一旦发生，难以根除。对于各类防治技术，药剂防治是直接杀死线虫的最有效方法。但是，不管药剂本身多么有效，只有接触到土壤中的线虫虫体和虫卵，而且被其吸收，并达到一定量，才能将其杀死；农业和生态防治，所起的作用以调控和抑制为主；物理措施，难以对根结线虫持续保持足够的杀灭条件；即使更换新

的土壤也难以保证新土中完全不掺杂携带病原的土壤或植株病残体。因此，任何防治措施都只在理论上存在根除根结线虫的可能性，而实际生产中往往难以实现。

（三）以化学防治为主

化学药剂是实际生产中防治根结线虫病的首选。据调查，我国部分地区该病害的化学防治比例达80%以上，多数作物几乎100%依赖于化学防控。大量、长期使用化学农药不仅造成环境污染，危及蔬菜食品安全，同时，还致使根结线虫产生抗药性，下一轮防治不得不加大农药用量，如此反复，形成螺旋式不断上升的恶性循环。

二、蔬菜根结线虫病防治问题分析

蔬菜根结线虫病防治中出现的问题是由多种因素造成的。除了蔬菜根结线虫自身的体型特征、生活特性和为害特点之外，适宜的外界环境、单一的防治技术体系、技术的生产力转化率不高等也是重要影响因素。

（一）适宜的外界环境

一是保护地内特定的生态环境及小气候为根结线虫的繁殖、生长、发育、越冬和周年为害提供了极为优越的场所和条件。二是种类繁多且仍在不断丰富的蔬菜品种为根结线虫提供了充足而稳定的寄主资源。常规种植的蔬菜几乎全部能被根结线虫寄生，高度感病的瓜果类、茄果类蔬菜等因其经济价值较高而在保护地内大面积栽培，给蔬菜根结线虫提供了理想寄主。三是敏感作物连茬种植，使得土壤中的虫源周年大量累积。出于经济利益考虑，一些经济价值高的葫芦科作物，如西甜瓜和黄瓜；茄果类作物如番茄、茄子、甜椒等，在保护地内常年连茬种植。而这些作物大多对根结线虫高度感病，或者有利于根结线虫当茬大量繁殖（如甜椒），使得土壤中根结线虫数量连年积累，逐渐增加。可以预见的是，今后几年，或者相当长一段时期内保护地蔬菜的面积将进一步增加，规模将进一步扩大并集中。若不能很好地解决当前问题，根结线虫病将可能更为严重地影响和制约蔬菜产业的健康发展。

（二）单一的防治技术体系

根结线虫的防治技术可划分为农业的、生态的、物理的、生物的、化学的等几大类。我国关于根结线虫防治技术的研究起步较晚，且以重复性的田间药效试验研究为主，系统性、深入性、创新性和实用性不够。根结线虫防治技术体系不完善，措施单一，化学防治占绝对统治地位。轮作、休闲等农业措施，以及生态调控措施目前在我国不具备实施的条件；抗病品种和抗性材料种类有限；生物防治技术研究近年来取得一些成果，淡紫拟青霉、厚孢轮枝菌等生物产品相继开发，但是见效慢，效果易受环境因素影响而不稳定，农民不易接受；物理防治可用的技术有太阳能高温消毒、热水处理、电处理、臭氧处理等技术，但是这些技术操作过程相对复杂，费工、费时，农民不便应用。

（三）技术的生产力转化率不高

我国的农业技术推广和服务以政府部门为主导和主体，社会力量和企业所占比重很小，在体系上不够健全，很难将技术快速及时地传授给农民。而在有害生物防治产品的销售方面，基层零售商直接与农民对接，以单纯的农资供给为主，对农民的技术指导不够，在一定程度上导致技术难以有效落实。实际生产中，农民遇到问题尤其是植保方面的问题难以有效、及时地得到解决。此外，当前在我国农村从事农业生产的劳动者以中、老年妇女居多，这个群体显著的特征一是年龄偏大，二是以女性为主，三是生产技术水平不高。他们掌握的知识技能有限，对新知识、新技术的学习接收能力有限，也在很大程度上制约了高新农业技术成果向生产力的有效转化。

三、我国蔬菜根结线虫病害防治对策

（一）深入、系统地开展根结线虫病及其防治技术研究

科研部门应和推广部门密切结合，针对根结线虫及其农业的、生态的、物理的、生物的各种防治技术，深入开展基础应用和实用技术研究。结合我国具体情况，制定出切实可行、简便、有效的技术措施。同时，加大防治产品研发力度，重点开发防治效果好、农民用得起、方便操作、对作物和环境安全的产品。

（二）扩宽技术推广途径，创新服务模式

借鉴发达国家经验，充分发挥政府部门的引导和监管职能。一方面利用现代通讯手段开辟服务新途径，开创服务新手段；另一方面，继续加大力度引导农民成立合作社或协会，在逐步规模化生产的基础上积极扶持多种社会力量，鼓励形成技物结合的有偿服务模式。积极引导农民专家或基层农技推广人员成立专业化蔬菜植保防治队，扎根在本地对农民进行专业化服务。此外，通过多种途径，采用多种形式开展丰富多彩的技术培训以提高农技人员和农民整体素质。充分发挥和利用农民自身的示范和带动作用，通过农民之间密切的“传、帮、带”，利用生产者之间的语言，快速有效地将技术在农民之间进行传播。

（三）提升蔬菜产值，切实推动新技术应用

在我国，农民是蔬菜产品的初级生产者和供应者，几乎不参与蔬菜的商品化流通。因此，农民获得的产值只是他们体力劳动换来的“基本工资”，绝大部分附加利润被流通环节的各级经销者获取。作为生产者，农民所获得的利润很低，他们不愿意

也难以加大生产投入成本，客观地造成新技术和新产品推广应用的难度。在蔬菜根结线虫防治中，太阳能结合药剂熏蒸等技术均具有很好的防效，而且相对安全、环保。但是，每667m^2每次使用成本高达几千元，农民难以接受。因此，政府应加大力度引导和扶持农民进入流通领域，使其获得更多附加值，这样农民对新技术、新产品的真实需求和应用才能被真正带动起来。

第二章
蔬菜根结线虫的形态特征和分类鉴定

第一节 根结线虫的一般形态特征

线虫（nematode）是一种微小、多细胞、两侧对称的低等原体腔无脊椎动物。据初步统计，自然界共有线虫 50 万～100 万种，是地球上种类最多的生物之一，仅次于昆虫位于第二大类。截至目前，世界上已描述的线虫约有 1.5 万种（Baldwin J G，1995）。线虫的整个发育可分为卵、幼虫和成虫 3 个阶段。所有线虫的一生之中至少有一个阶段是线形的。线虫体呈圆筒形，两端略尖细，横切面呈圆形，虫体不分节，头端一般平钝，尾端变化较大，有鞭状、钝圆或棒状。大多数线虫都是雌雄同形，即均呈线形；只有少数种类的线虫雌雄异形，即雄虫保持细长线形，而发育到一定阶段后，雌虫虫体膨大为梨形、肾形、柠檬形或袋状，如根结线虫、胞囊线虫等。体型上，动物寄生性线虫相对较大，而植物寄生性线虫通常较小，一般 1～2mm，肉眼很难辨识。

植物线虫是线虫的一大类，从 1743 年 Needham 首次发现植物线虫小麦粒线虫（*Anguina tritici*）至今，世界上已有记载的植物线虫共有 200 多属 5 000 余种，约占整个植物线虫种类的 10%（谢辉，2000；冯志新，2001）。为害植物的 15 种重要植物线虫种类及其形态分别如图 2－1 所示。

寄生蔬菜的植物线虫有多种。据报道，在我国已发现多种寄生蔬菜的线虫，包括根结线虫（*Meloidogyne* spp.）、肾形线虫（*Rotylenchulus* spp.）、短体（根腐）线虫（*Pratylenchus* spp.）、螺旋线虫（*Helicotylenchus* spp.）、矮化线虫（*Tylenchorhynchus* spp.）、滑刃线虫（*Aphelenchoides* spp.）等。从为害和损失程度来看，根结线虫是其中最危险的种类，在全国保护地发生严重；其次是肾形线虫，在南方地区普遍发生。

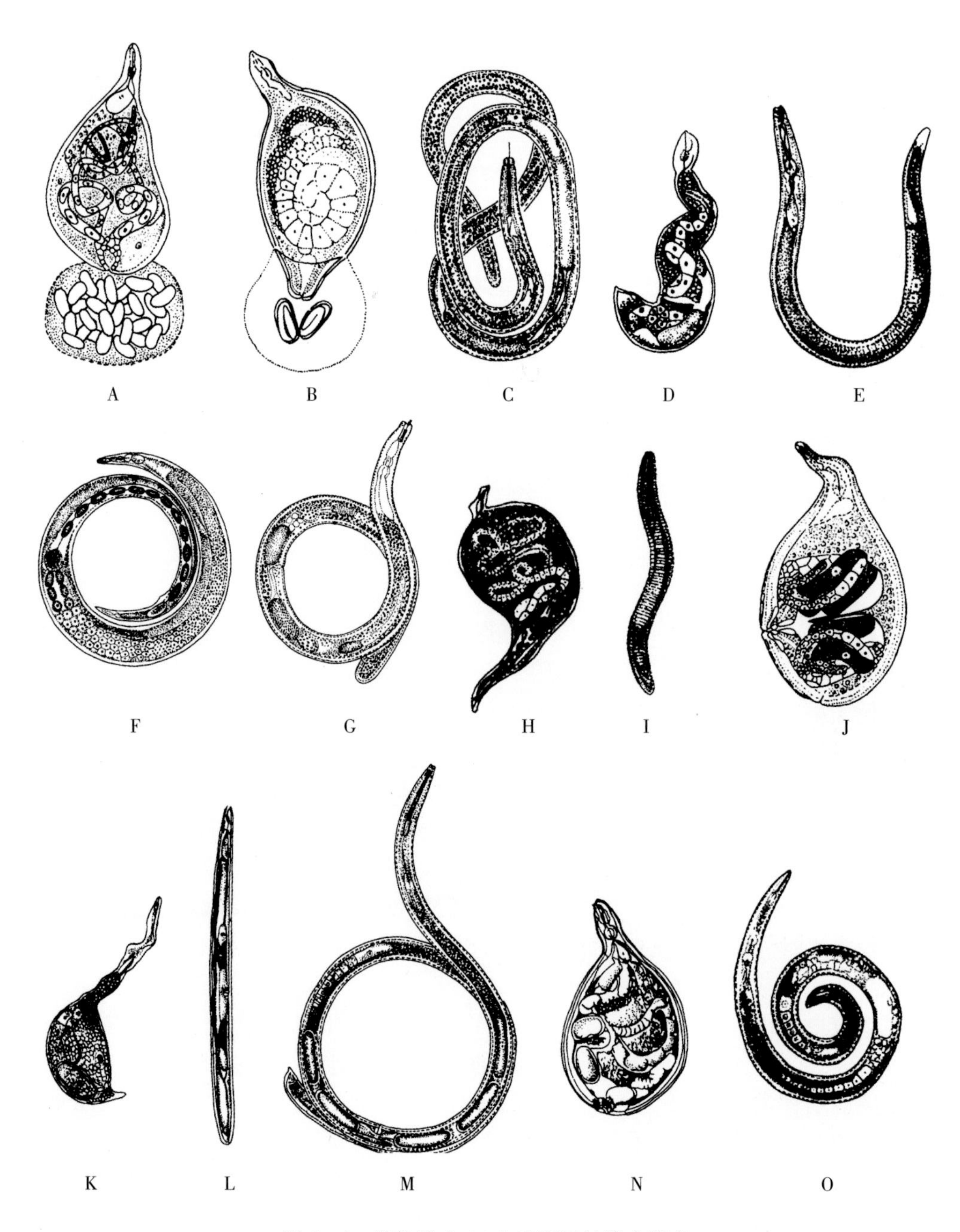

图 2-1 植物线虫 15 个重要属的线虫形态

A. 根结线虫属（*Meloidogyne*） B. 胞囊线虫属（*Heterodera*） C. 刺线虫属（*Belonolaimus*） D. 肾形线虫属（*Rotylenchulus*） E. 短体线虫属（*Pratylenchus*） F. 粒线虫属（*Anguina*） G. 纽带线虫属（*Hoplolaimus*） H. 珍珠线虫属（*Nacobbus*） I. 小环线虫属（*Criconemella*） J. 密皮胞囊线虫属（*Meloidodera*） K. 半穿刺线虫属（*Tylenchulus*） L. 拟毛刺线虫属（*Paratrichodorus*） M. 剑线虫属（*Xiphinema*） N. 球胞囊线虫属（*Globodera*） O. 螺旋线虫属（*Helicotylenchus*）

（Sasser J N，1989）

根结线虫（*Meloidogyne* spp.），英文名 Root-knot Nematode，是较早被发现的植物线虫之一（毕志树等，1965；Baojun Yang et al.，1991；刘维志，2000），为高度专化内寄生植物线虫，可为害蔬菜、果树、粮食作物，甚至对花卉（肖万里，2008）、药用植物（林丽飞，2004）、园林植物（赵培宝，2008）均可造成巨大损失，是为害农作物的重要病原生物之一，也是最普遍、最主要的农作物病原线虫。1855 年，Berkeley 最先在英国于黄瓜根际发现了根结线虫（Sasser J N，1989）；24 年后，Cornu 首次给根结线虫命名。此后，不断有新种被发现（Farmer E E，1990）。至目前，世界上已描述的根结线虫种类 90 余种（有效种）（袁林，2007），其中 50 多种在我国已经报道（见附录 1），尚未报道的有 38 个种。

根结线虫不仅雌雄异体，而且显著异形。通常情况下，根结线虫虫体无色透明，因取食食物不同等原因，使肠中的内含物具有不同颜色。根结线虫个体间存在一定差异，有时即使是同种根结线虫也会因为寄主、环境、地理分布等因素不同而呈现较大差异，其一般形态特征如下。

（一）卵

肾形，有的为椭圆形，颜色白色至黄褐色。有些卵分布于土壤之中，有些积聚于雌虫体后部末端的黄褐色胶质卵囊内。一般每个卵囊含有 300～500 粒卵；或者产卵时雌虫直肠腺分泌物将卵黏在一起形成卵块。单个卵大小一般长 75～90μm，宽度25～37.5μm。

（二）幼虫

一龄幼虫通常在卵内度过，破壳而出的直接为二龄幼虫（图 2-2）。二龄幼虫呈线形，头架和口针细弱，尾部透明部位短或不显著，一般体长 346～605μm，体宽 13～15μm，口针长 9.8～12μm，尾长 43～50μm，尾端透明区段长 11～22.5μm。二龄幼虫侵染寄主后，在根内逐步发育，膨大呈豆荚状，经第 2、第 3 和第 4 次蜕皮，在三龄和四龄幼虫期幼虫口针和中食道球逐步消失，之后雌性成虫逐渐变为梨形或球形，雄性成虫破壳而出仍呈细长线形。

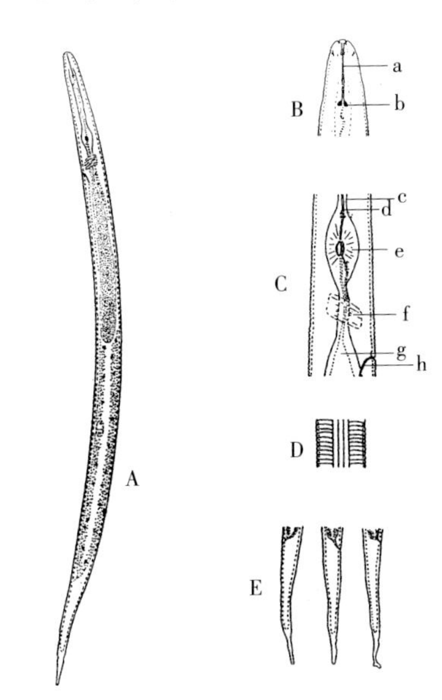

图 2-2 根结属线虫二龄幼虫形态
A. 二龄幼虫 B. 幼虫头部 C. 幼虫体部 D. 幼虫侧区 E. 幼虫尾部 a. 口针 b. 口针基部球 c. 食道 d. 食道管 e. 中食道球 f. 神经环 g. 后食道腺叶 h. 排泄管
（仿 C I H，Descriptions of plant-parasitis nematodes Set 2，No. 19）

（三）雄性成虫

蠕虫状，体长一般 1 008～1 674μm，体宽 30～60μm，口针长 22.1～30.9μm，

背食道腺开口距口针基部球的距离（DGO）2～7μm，交合刺长 26.7～41.3μm，a 值 30～42.6，b 值 13～21.4μm，c 值 89～218。雄性成虫的头部收缩呈圆锥形，尾端钝圆，后体部常向腹面扭曲（约 90°）。单精巢，交合刺粗大，成对，针状，稍弯曲，末端瘦缩，楔状尖锐，彼此相连，引带 1 对，呈三角形，无交合伞（图 2-3）。

（四）雌性成虫

雌性成虫多呈梨形，白色，有突出的颈部，唇区明显，顶端略微帽状突起，开口位于唇盘中央。食道垫刃型，中食道球发达，食道腺发育良好，背食道腺膨大成囊状体。生殖系统很发达，双生殖管盘曲占据大部分体腔。体后部膨大呈球形或梨形，生殖孔位于虫体最末端，肛门位于生殖孔的后边。会阴区角质膜有线纹环绕形成特殊的会阴花纹，为种鉴定的特殊依据。雌虫产卵时不形成孢囊，卵全部产出体外，形成卵囊或卵块。大多数土壤线虫，虫体较小，植物根结线虫更是如此。雌虫一般体长在 440～1 300μm 之间，最大体宽 325～700μm，口针长 12.9～15.7μm，背食道腺开口距口针基部球的距离 2.6～4.2μm，中食道球长 32～60μm，中食道球宽 29～48μm（图 2-4）。

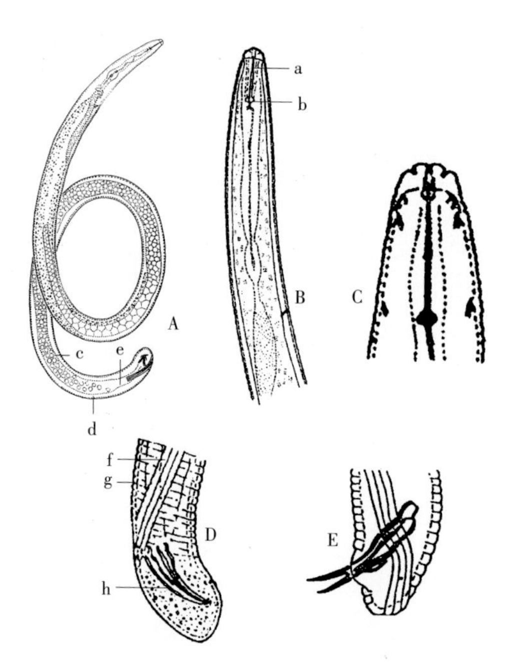

图 2-3　根结属线虫雄性成虫的一般形态
A. 根结线虫雄虫　B～C. 雄虫头部
D～E. 雄虫尾部　a. 口针　b. 口针基部球
c. 精子　d. 输精管　e. 泄殖腔
f. 侧线　g. 环纹　h. 交合刺
（A、C、E 仿 C I H；B、D 仿 Taylor A L，1967）

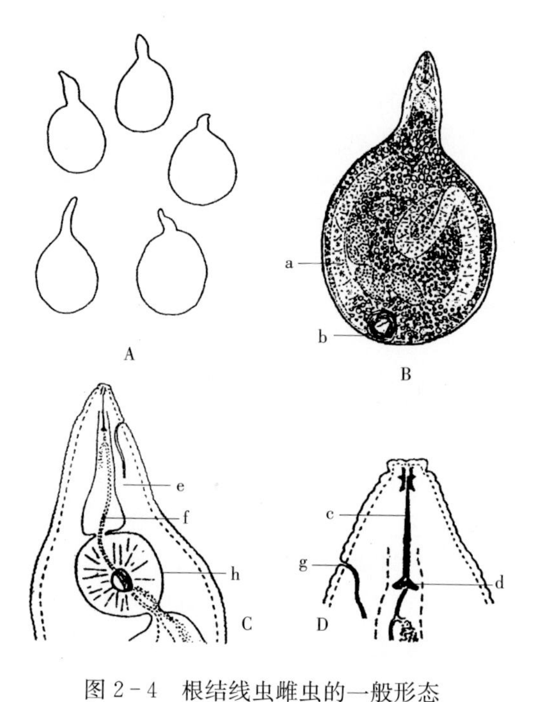

图 2-4　根结线虫雌虫的一般形态
A～B. 根结线虫雌虫　C～D. 雌虫头部　a. 卵巢
b. 会阴花纹　c. 口针　d. 口针基部球　e. 食道
f. 食道管　g. 排泄管　h. 中食道球
（A、B 仿 C I H，Descriptions of plant-parasitis nematodes Set 2，No. 19；C、D 仿 Taylor A L，1967）

第二节　根结线虫的分类鉴定

一、根结线虫的分类地位

很长一段时间以来，关于线虫的分类地位主要有两种观点：一是将其作为线形动物门（Nemathelminthes）或原体腔动物门（Aschelminthes）中的一个纲（class）；另一种是将其视为一个单独的门（phylum），即线虫门（Nematoda）。20 世纪 80 年代之前，前一种观点占统治地位，但 20 世纪 80 年代之后，后一种观点逐渐被科技界广泛接受，并占据主导地位，一些权威学术机构开始慢慢接受线虫门的观点，并逐渐使用线虫门的概念（谢辉，2000）。自 20 世纪 30 年代以来，关于线虫门下纲（或纲下亚纲）的划分观点相对统一，即按照 Chitwood（1933）提出的根据侧尾腺（phasmid）的有无，分为侧尾腺纲（或亚纲）（Secernentea Phasmidia）和无侧尾腺纲（或亚纲）（Adenophorea Aphasmidia）；而纲（或亚纲）下各级阶元的设置和划分则一直存在分歧，至今仍未统一观点。

关于植物线虫的分类，长期以来观点不一，多系统并存，不仅各系统之间存在较大差异，而且同一系统也处于不断的变动之中（谢辉，2000）。造成这种情况的原因有多种：一是植物线虫种类繁多，新种群不断出现，至 20 世纪 90 年代中期世界上已记载的种类仍不足自然界中存在的 3%（Barker K R，1994）；二是人们对植物线虫的认识还存在很大局限性；三是植物线虫的鉴定技术还不够完善。植物线虫的表型特征相对保守，而且同源异形和异源同形现象较为普遍，仅仅依靠形态学特征难以客观、准确地判别植物线虫的亲缘关系。同时，线虫的分子生物学特征也有一定保守性，完全依靠近年来兴起的分子生物学技术难以建立植物线虫进化亲缘关系的分类系统。因此，只有尽可能地运用形态学、超微形态学、遗传学、生物化学、分子生物学，甚至寄生关系等多方面信息综合分析，才有可能建立起科学的分类系统。目前已发现的大多数植物线虫，属于侧尾腺纲中的垫刃亚目（Tylenchina）和滑刃亚目（Aphelenchina），只有少数属于无侧尾腺纲中的长针科（Longidoridae）和毛刺科（Trichodoridae）。

根结线虫（*Meloidogyne* spp.）是典型的植物寄生性线虫。幼虫呈细长蠕虫状，成虫雌雄异体。关于根结线虫的分类，从时间角度看，大致可以分为 3 个时期：第一时期，1855—1878 年，人们将根结线虫病从根肿病中区分开来；第二时期，一个相对长的混乱期，1879—1948 年，根结线虫被认为属于胞囊线虫属（*Heterodera*）（Schmidt，1871）；第三时期，1948 年以后，这一时期分类学迅速发展，根结线虫被另立为独立的属，相关描述大量增加（武扬，2005）。当前，根结线虫在分类学上确定属线虫门（Nematoda）、侧尾腺口纲（Secernentea）、垫刃目（Tylenchida）、垫刃亚目（Tylenchina）、异皮总科（Heteroderidea）、异皮科（Heteroderidae）、根结亚科（Meloidogyninae）、根结属（*Meloidogyne*）（刘维志，1993、2000、2004；赵洪海，1999）。

二、根结线虫的种类鉴定

关于根结线虫的分类和鉴定技术的研究已有100多年历史。鉴定方法多样，主要有形态学、鉴别寄主、细胞遗传学、同工酶电泳、分子生物学等。①形态特征鉴定技术建立在形态学和解剖学的基础上，依据会阴花纹、头部形态、口针形态、尾部形态等。其中会阴花纹是最重要的鉴别特征。可通过普通显微镜、扫描电子显微镜、透视电镜进行观察和测量。该方法比较传统、常用而且有效。但是，要求操作者具有较高的技能。此方法可鉴定到种甚至亚种。但是，由于同一种群的不同个体间因寄主和环境条件等因素可能造成形态上的差异，难以准确辨别，因此，必要时应结合其他方法进行确认。②鉴别寄主通常辅助表型形态学鉴定时应用，是比较可靠的鉴别4种常见根结线虫——南方根结线虫（*M. incognita*）、爪哇根结线虫（*M. javanica*）、花生根结线虫（*M. arenaria*）和北方根结线虫（*M. hapla*）种及其有关小种的方法。但是，该方法费时长（通常半年），而且仅局限于该4种常见根结线虫种与小种的鉴别。③同工酶电泳技术。20世纪70年代末至90年代，同工酶分析广泛应用于根结线虫研究。Hussey等发现酯酶和苹果酸脱氢酶对于鉴定根结线虫雌虫最具有意义。但该技术的缺陷在于分析必须使用年轻雌虫作为标本，在实际操作中往往易受诸多因素制约。④分子生物学技术。以DNA为基础，不依赖于基因组的表达产物；灵敏度高，只需一条成虫甚至二龄幼虫就可完成鉴定；不受环境及线虫生活周期的影响，是一种较稳定、可靠的鉴定方法。⑤细胞遗传学方法。主要依据根结线虫的生殖方式、卵母细胞成熟过程以及染色体数目进行鉴定。由于多数根结线虫种的染色体数目基本相同，而且操作难度较大，所以该法难以应用。

当前，针对根结线虫种类鉴定，已经形成了形态学与同工酶表型分析相结合的技术，体系成熟，结果可靠（武扬，2005）。根结线虫分子鉴定技术具有诸多优点，目前已广泛应用于线虫病害诊断等方面。随着分子生物学的发展，必将在植物根结线虫的分类和鉴定中起到越来越重要的作用（魏学军，2006）。常用的分子鉴定方法有基因组DNA及线粒体DNA的RFLP指纹分析、mtDNA-PCR-RFLP技术、rDNA-ITS-PCR技术、随机扩增多态性DNA（RAPD）技术。其中rDNA-ITS-PCR技术通过线虫的DNA特异性片段ITS（internal transcribed spacer）区域或IGS（intergenic spacer）区域进行鉴定。Zijlstra，et al.（1997）证明，ITS-RFLP技术是从混合种群中鉴定根结线虫种的可靠、准确的方法；Zijlstra，et al.（2000）再次利用该方法鉴定了北方根结线虫、奇特伍德根结线虫（*M. chitwoodi*）和法郎克斯根结线虫（*M. fallax*）3种十分相近的根结线虫种群。

第三节 蔬菜根结线虫的主要种类及其鉴别特征

据报道，南方根结线虫（*M. incognita*）、爪哇根结线虫（*M. javanica*）、花生根结线虫（*M. arenaria*）和北方根结线虫（*M. hapla*）占田间发现根结线虫种类的95%以上（武扬，2005）。它们所造成的农作物损失占所有根结线虫造成损失的90%以上（王燕，2007）。为害蔬菜的根结线虫种类也是这4种（Sasser et al.，1985）。

一、南方根结线虫

（一）卵囊和卵

卵囊椭圆球形或略呈肾脏形，为棕黄色的胶质体。雌虫产卵可直接排出于土壤中。但是，大多数虫卵通常直接产于并寄藏于卵囊内。1个卵囊内通常含有卵300～500粒。卵大小0.07～0.13mm×0.03～0.05mm。

（二）幼虫

一龄幼虫直接在卵内孵化，卷曲呈8字形。虫体线形，细长，蠕虫状，无色透明。一龄幼虫在卵内逐步发育蜕皮为二龄幼虫[图2－5（a）]。

破壳而出直接为二龄幼虫，头部不缢缩，略隆起，侧面观平截锥形。背腹面观亚球形，侧唇片与头区轮廓相接，头区有2～4条不连续纹。口针基部球明显，圆形。半月体3个环纹长，位于排泄孔前。侧区4条侧线，外侧带具网纹。直肠膨大，尾端渐变细，末端稍尖。

三龄、四龄雌性幼虫逐步膨大为囊状或袋状物，并有尾尖突，寄生于根结内。通常，幼虫体长337～403μm，a值24.9～31.5，尾长38～55μm，口针长9.6～11.7μm。

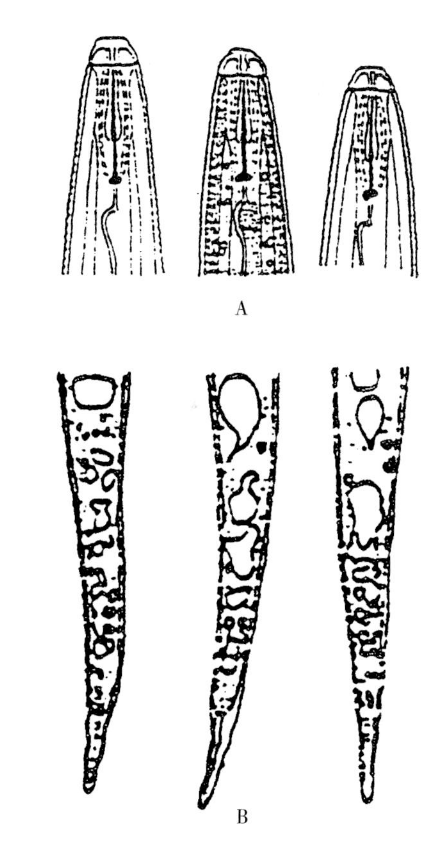

图2－5（a） 南方根结线虫二龄幼虫形态
A. 二龄幼虫头部 B. 二龄幼虫尾部
（A～B仿赵洪海，1999）

（三）雄虫

体长1 108～1 953μm，a值31.4～55.4，口针长23.0～32.7μm，背食道腺开口距口针基部球的距离（DGO）1.4～2.5μm，交合刺长28.8～40.3μm，引带长9.4～13.7μm。虫体线状，似蚯蚓，无色透明。头区不缢缩，具有高、宽的头帽，有1条不连续的环纹。口针的锥部比杆部长；口针基部球突出，扁球状，通常宽度大于长度，前缘平或有凹陷，与基杆分界明显。排泄孔位于狭部后的位置。半月体通常位于前0～5个环纹处。侧区4条侧线，外侧带具网纹。尾部钝圆，末端无环纹。交合刺略弯曲，引带新月形［图2-5（b）］。

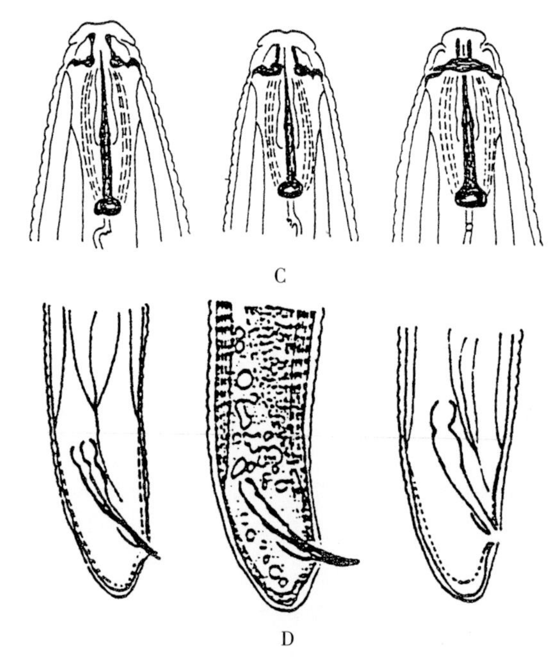

图2-5（b） 南方根结线虫雄虫形态
C. 雄虫头部 D. 雄虫尾部
（C～D仿赵洪海，1999）

（四）雌虫

雌虫体长500～723μm，最大体宽331～520μm。口针较长，ST值16.4（15.0～17.3）μm，背食道腺开口到口针基部球的距离（DGO）2～4μm。通常，固定寄生在寄主根内，乳白色，梨形或柠檬形。头部尖，有突出的颈部，腹部膨大。雌成虫头部有2个环纹，偶尔3个。口针基部球的形态有一定的变化，大多数横向长，纵向窄，前缘平，与基杆有明显界限；但也有少数口针基部球横向较窄，前缘向后倾斜，与基杆的分界不太清楚。排泄孔与口针基部球位置水平或略后，距头部10～20个环纹。会阴花纹类型变化较大。花纹轮廓呈椭圆形或近圆形，花纹变异较大，似乎没有一种类型占主导地位，通常典型特征为背纹紧密，背弓高，背弓顶部圆或平，有时呈梯形，两侧近乎直角，其条纹平滑或波纹状；侧线不明显，且有时分叉，背面和侧面线纹呈波浪形或锯齿状，有的平滑［图2-5（c）］。

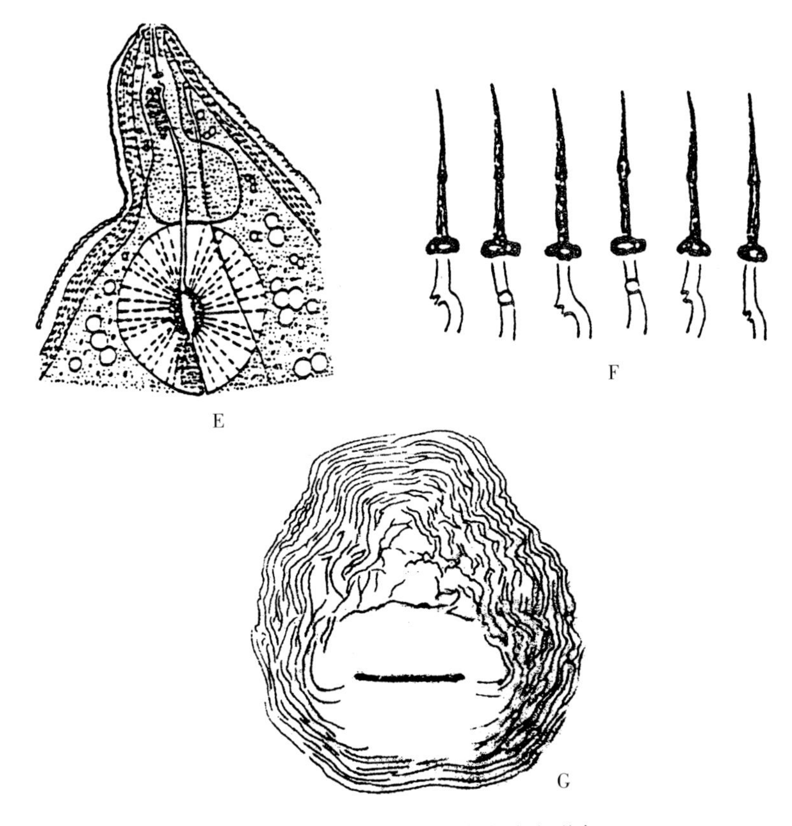

图 2-5（c）　南方根结线虫雌虫形态

E. 雌虫头部　F. 雌虫口针　G. 雌虫会阴花纹形态

（E～F 仿赵洪海，1999；G 仿 Eisenback J D et al.，1981）

二、爪哇根结线虫

自然界中，爪哇根结线虫常与南方根结线虫在某些作物如葡萄上协同发生，加重了对作物的危害。在虫体形态上，爪哇根结线虫的许多特征和南方根结线虫相似，最显著的区别在于其会阴花纹特征，并可以以此作为这两种线虫区分的标准。

（一）二龄幼虫

体长 400～560μm，口针长 9.4～11.4μm，尾长 47～60μm。

（二）雄虫

体长 757～1 297μm，口针长 20～23μm，背食道腺开口到口针基部球的距离为 3～5.5μm，交合刺长 20.9～31.7μm，引带长 7.2～9.4μm。

（三）雌虫

雌雄异体，异形。雌成虫虫体膨大，近球形至洋梨形。有突出的颈部，唇区有 1 个环纹。会阴花纹背弓圆而扁平，线纹平滑至波浪形；有一清楚的侧线将花纹的背线和腹线分开，分为明显的背区和腹区，一般无线纹通过侧线；有一些线纹弯向阴门。雌虫口针的锥部朝背部弯曲不明显。体长 541～804μm，口针长 14～18μm，背食道腺开口到口针基部球的距离为 2～5μm（图 2－6）。

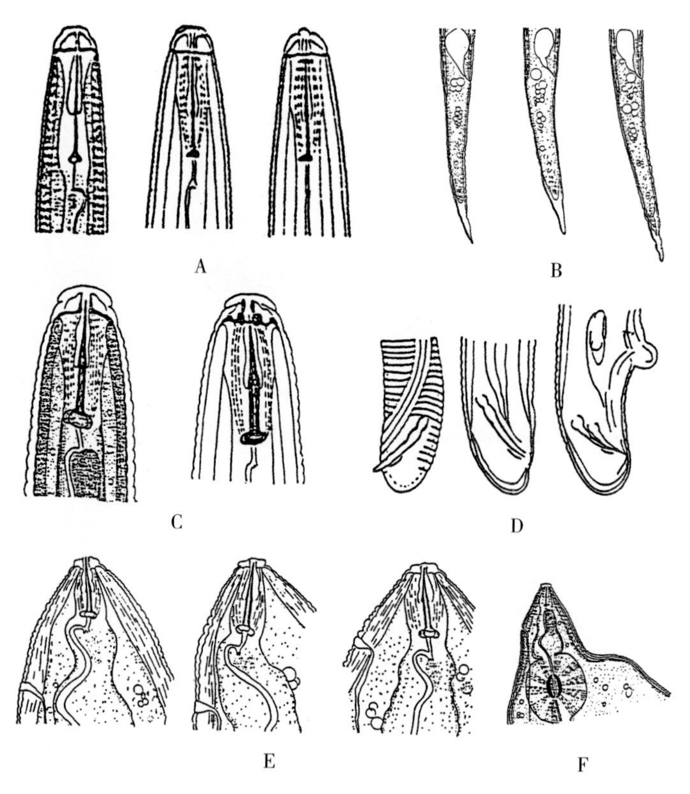

图 2－6（a） 爪哇根结线虫形态

A. 二龄幼虫头部 B. 二龄幼虫尾部 C. 雄虫头部 D. 雄虫尾部

E～F. 雌虫头部

（A～F 仿赵洪海，1999）

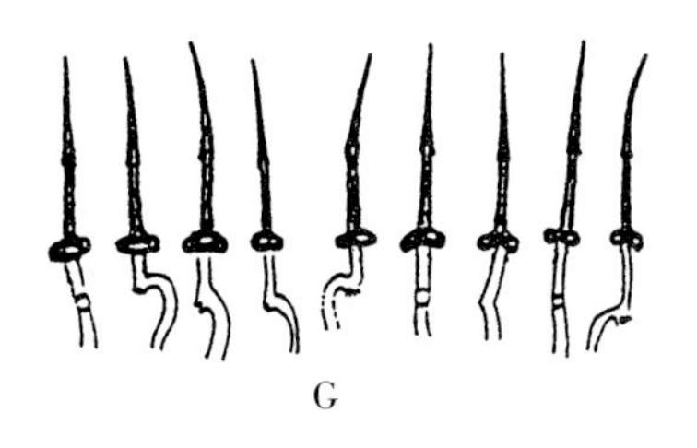

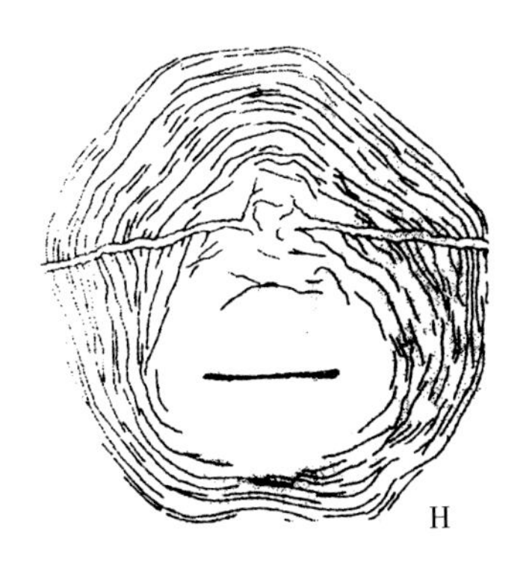

图 2－6（b）　爪哇根结线虫形态
G．雌虫口针　H．雌虫会阴花纹形态
（G 仿赵洪海，1999；H 仿 Eisenback J D et al.，1981）

三、花生根结线虫

花生根结线虫在世界范围内的危害仅次于南方根结线虫和爪哇根结线虫，为害多种作物。花生根结线虫形态特征与南方根结线虫相似。但是，其会阴花纹具有明显的种的鉴定特征（图 2－7）。

（一）二龄幼虫

体长 450～600μm，口针长 10μm，背食道腺开口到口针基部球的距离为 3μm。

（二）雄虫

体长 1 270～2 000μm，口针长 20～24μm，背食道腺开口到口针基部球的距离为 4～7μm，交合刺 31～34μm。

（三）雌虫

雌雄异体，异形。雌成虫虫体膨大，近球形至梨形，颈部明显，唇区有 1 环纹。花生根结线虫口针粗壮，锥部和杆部宽，杆部末端变粗。口针基部球末端宽且圆。会阴花纹扁平至圆形，背弓一般较低、扁平；弓上的线纹在侧线附近少有分叉，短而不规则，并在弓上形成肩状突起，呈一定角度。背线和腹线在侧线附近交叉相遇，侧线线纹平滑到波浪状，有些可能弯向阴门。花纹也可能有一些向侧面延伸，形成1～2个翼。体长510～1 000μm，背食道腺开口到口针基部球的距离为4～6μm。

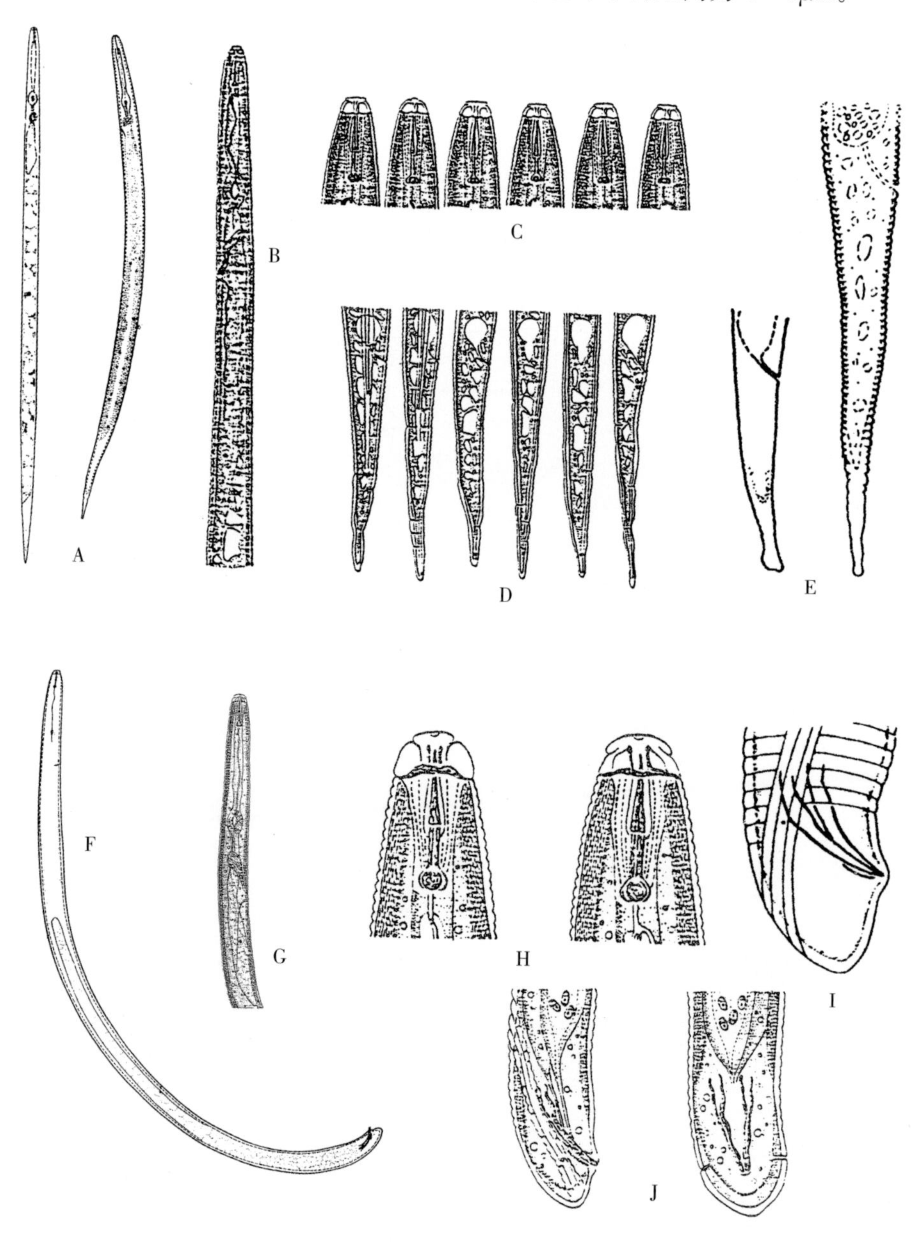

图2-7（a） 花生根结线虫形态

A. 二龄幼虫 B～C. 二龄幼虫头部 D～E. 二龄幼虫尾部

F. 雄虫 G～H. 雄虫头部 I～J. 雄虫尾部

（B～D、G～I仿Cliff and Hirschmann，1985）

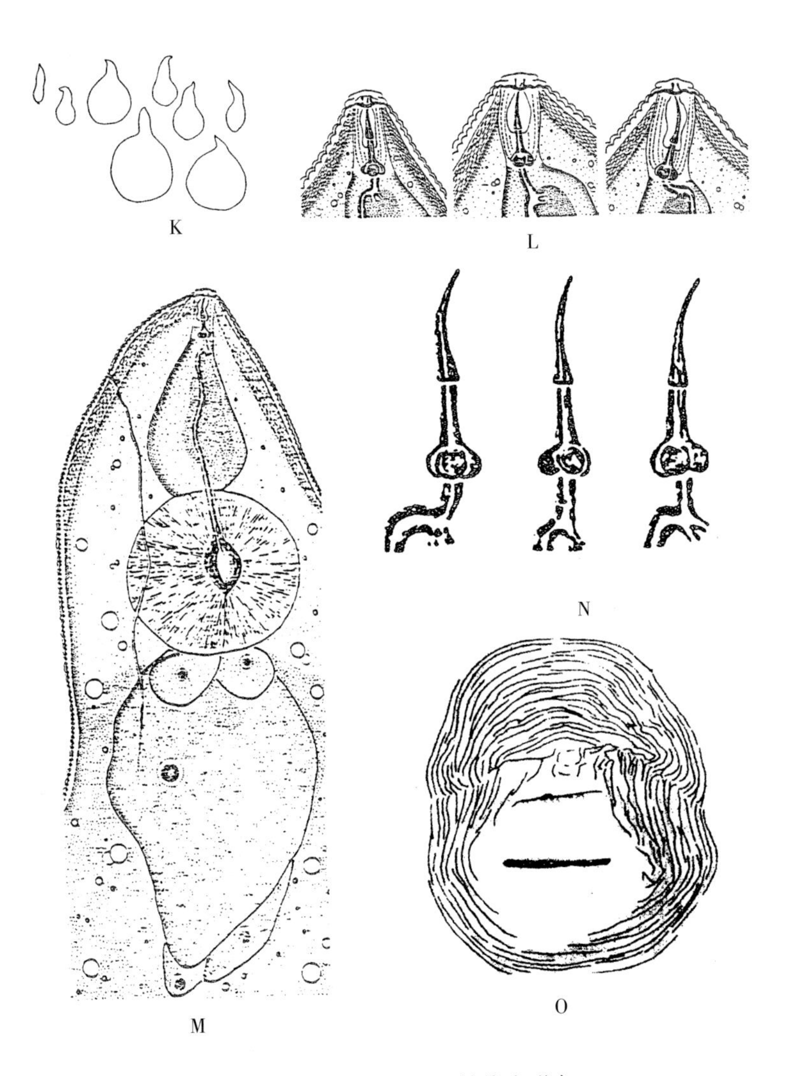

图 2-7（b）　花生根结线虫形态

K. 雌虫　L～M. 雌虫头部　N. 雌虫口针　O. 雌虫会阴花纹

（A、E、F、J、K 仿 Goeldi，1887；L～N 仿 Cliff and Hirschmann，1985；O 仿 Eisenback J D et al.，1981）

四、北方根结线虫

生活史与南方根结线虫相似。

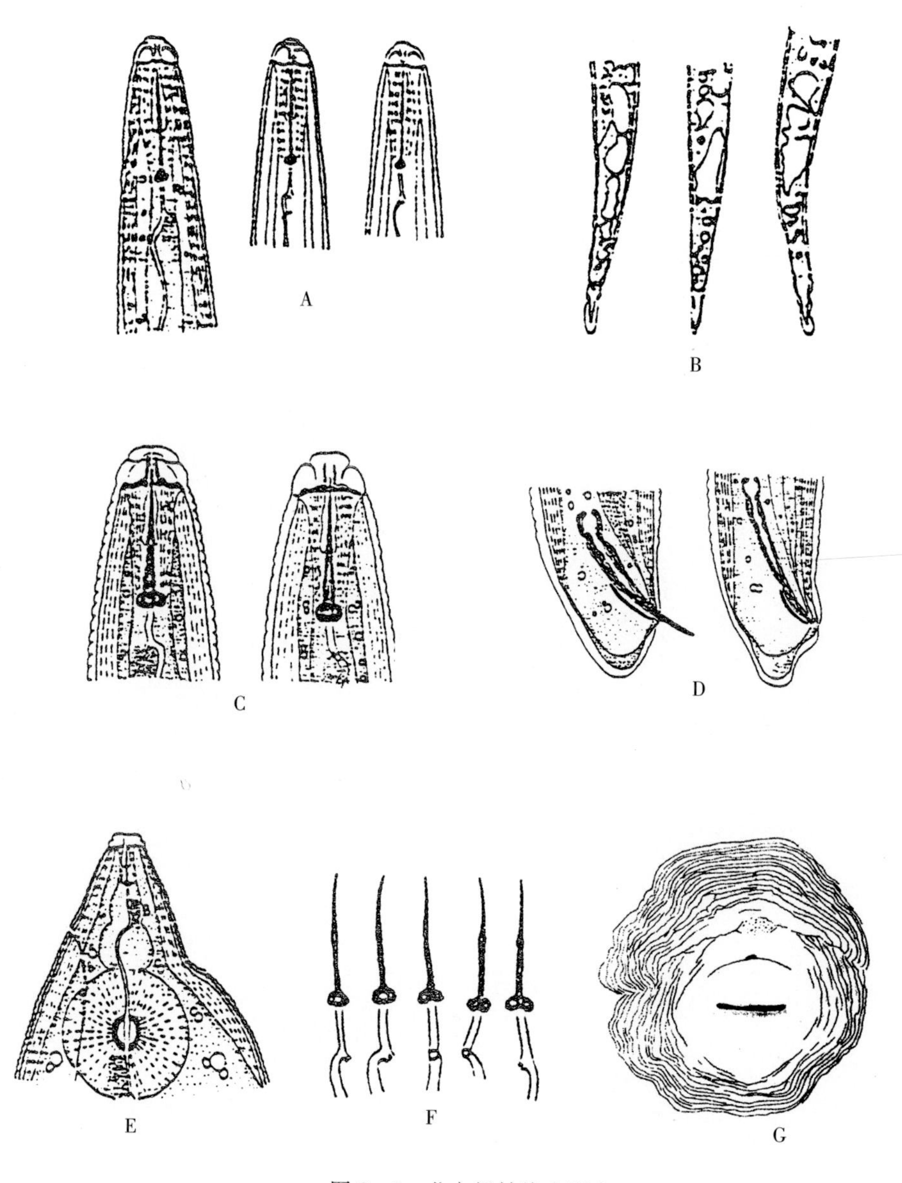

图 2-8 北方根结线虫形态

A. 二龄幼虫头部 B. 二龄幼虫尾部 C. 雄虫头部 D. 雄虫尾部

E. 雌虫头部 F. 雌虫口针 G. 雌虫会阴花纹形态

（A~F 仿赵洪海，1999；G 仿 Eisenback J D et al.，1981）

（一）二龄幼虫

体长 360～500μm，口针长 7.9～10.9μm，背食道腺开口到口针基部球的距离为 2.5～3.2μm。

（二）雄虫

体长 791～1 432μm，口针长 17.3～22.7μm，背食道腺开口到口针基部球的距离为 4～5μm。

（三）雌虫

雌雄异体，异形。雌成虫虫体膨大，近球形或袋形，颈部明显，唇区有 1 环纹。会阴花纹与南方根结线虫明显不同，花纹从近圆形的六边形到扁平的卵圆形，背弓扁平，背腹线纹相遇有一定的角度，侧线不明显。有些线纹可向侧面延长形成 1～2 个翼，线纹平滑至波浪状。尾端区有刻点，这是该种最为明显的鉴别特征。体长 419～845μm，口针长 13～17μm，背食道腺开口到口针基部球的距离为 4～6μm。

南方根结线虫（*M. incognita*）、爪哇根结线虫（*M. javanica*）、花生根结线虫（*M. arenaria*）和北方根结线虫（*M. hapla*）这 4 种为害蔬菜的根结线虫均雌雄异体，异形。各龄幼虫、雄虫和雌虫在外形上相似。但是，在二龄幼虫和雄虫的头部形态以及口针形态，雌虫的头部形态、口针形态和会阴花纹等局部结构上有一些差别，可以作为种类鉴定或种间鉴别的依据，尤其是会阴花纹是最显著的鉴别特征。这 4 种主要蔬菜根结线虫各虫龄形态之间的异同具体如表 2-1 至表 2-4 所示。

表 2-1　4 种蔬菜根结线虫二龄幼虫形态鉴别特征

单位：μm

根结线虫	头冠	头区	口针宽度	口针基部球	口针长	DGO	尾长	透明区	体长
M. incognita	前端平、宽	常有1～3个不完整环纹	锥部和杆部中等宽	突出，缢缩，圆，向背面倾斜	10～12	2～3	42～63	6～13.5	346～463
M. javanica	前端平、宽	通常光滑	针锥部和杆部中等宽	突出，圆，向背倾斜横向扩展	10～12	3～5	51～63	9～18	402～560
M. arenaria	前端平、宽	通常光滑	针锥部和杆部较宽	不突出，缢缩，圆，与基杆融合	10～12	3～5	44～69	6～13	398～605

（续）

根结线虫	头冠	头区	口针宽度	口针基部球	口针长	DGO	尾长	透明区	体长
M. hapla	圆、窄	通常光滑	口针针锥部和杆部窄	基部球突出，缢缩，小圆	10～12	3～4	46～69	12～19	357～517

表 2-2　4 种蔬菜根结线虫雄虫头部和口针形态鉴别特征

单位：μm

根结线虫	头冠	头区	口针锥	口针基杆	口针基部球	口针长	DGO
M. incognita	头部平到凹陷，不缢缩	不分离，常有 2～3 个不完全环纹	口针椎体部剑状，顶端钝	常为圆柱状，近基部球处变窄	基部球突出，缢缩，圆到横向延伸，有时前缘呈锯齿状	23～25	2～4
M. javanica	头部低到中等，向后倾斜，不缢缩	突出，平滑，或有 2～3 个不完全环纹	口针椎体部粗壮，直，顶端尖	常为圆柱状	基部球突出，不缢缩，向后倾斜，横向明显变宽	18～22	2～4
M. arenaria	头部高、圆，缢缩，向后部倾斜	不突出，平滑，或有 1～2 个不完全环纹	口针椎体部直、宽、强大，顶端尖	常为圆柱状，近基部球处变宽	基部球不突出，低，显著横向延伸面变宽，与基杆常融合	20～28	4～8
M. hapla	头部高、窄、缢缩	突出，平滑，直径大于第一个体环	口针椎体部细弱，顶端尖	常为圆柱状，近基部球处变宽	基部球突出，缢缩，小，圆	17～23	4～5

表 2-3　4 种蔬菜根结线虫雌虫头部和口针形态鉴别特征

单位：μm

根结线虫	头部形态	口针锥	口针基杆	口针基部球	口针长度	DGO
M. incognita	具有 2 个环纹，偶尔 3 个	前半部明显向背部弯曲	后部略宽	突出，圆形至横向扩大，前部有时锯齿形	15～17	2～4

（续）

根结线虫	头部形态	口针锥	口针基杆	口针基部球	口针长度	DGO
M. javanica	具有1个环纹	稍向背部弯曲	圆柱形	突出，横向扩大	14～18	2～5
M. arenaria	具有1个环纹	直、宽、粗壮	后部较宽	不突出，向后倾斜，与口针基杆合并	13～17	3～7
M. hapla	具有1个环纹	稍向背部弯曲，窄，细弱	后部稍宽	突出，小，圆	14～17	5～6

表2-4 4种蔬菜根结线虫雌虫会阴花纹形态鉴别特征

根结线虫	背 弓	侧 区	线 纹	尾 端
M. incognita	有一个明显的方形，高背弓	无明显侧线，平缓至波浪状	细至粗壮，有时明显锯齿状，一些线纹在侧面交叉，常有弯向阴门的线纹	常具轮纹
M. javanica	中等高，圆形	具明显侧线，将花纹背线和腹线分开为背部和腹部	粗，平滑至略波浪状，一般无线纹或很少通过侧线，一些线纹弯向阴门	常具明显轮纹
M. arenaria	低圆形，至高方形	无侧线，具有短、不规则的叉状线纹	粗壮，平滑至略波浪状，在侧线附近少有分叉；背线和腹线在侧线附近交叉相遇，呈一定角度，侧区的线纹通常向阴门处弯曲	通常不具明显轮纹
M. hapla	近圆形的六边形到扁平的卵圆形	侧线不明显	细，平滑至略波浪状，有些线纹可向侧面延长形成1～2个翼；尾端区常有刻点	无轮纹，具有明显的下皮层刻点

第三章
蔬菜根结线虫生物学特性及其病害发生规律

第一节　蔬菜根结线虫的生物学特性

一、蔬菜根结线虫的生活史

蔬菜根结线虫的一生可分为卵、幼虫和成虫3个阶段（图3－1）。其中幼虫阶段又可分为一龄、二龄、三龄和四龄4个龄期。在田间，蔬菜根结线虫常以卵和卵内的幼虫在土壤中越冬，即使在土壤里无寄主植物存在的条件下，仍可存活1～3年。南方根结线虫主要以卵、卵囊或二龄幼虫随病残体在土壤中越冬，而北方根结线虫主要以卵随病残体或粪肥在土壤中越冬。

当土壤温度达10℃以上时，卵囊内的卵开始孵化发育形成一龄幼虫，并在卵壳内蜕皮1次，破卵出壳的为二龄幼虫。栖息在土壤中的二龄幼虫，一部分继续生活在土壤之中，另一部分在条件适宜时伺机侵染寄主。当土壤温度达13～15℃时，二龄幼虫开始侵染，22～28℃是最适宜侵染的温度。二龄幼虫通常从根尖侵入，定居并生长在根内。侵入根内的二龄幼虫再经两次蜕皮变成四龄幼虫。四龄幼虫阶段的后期，雄幼虫逐渐地变为细长形，而雌幼虫膨大为长梨形。四龄幼虫经最后1次蜕皮后，分别形成细长形雄成虫和梨形雌成虫。发育成熟的雌雄性成虫均定居在寄主根部根结内，条件适宜时完成交配。此后雄成虫离开根在土壤中活动，不久即死亡；雌成虫则继续留在寄主根内组织中产卵。环境条件适宜时，部分雌成虫也可不经交配以孤雌生殖的繁殖方式产卵。通常每头雌成虫可产卵300～500粒。每头雌成虫2～3个月内可连续多次产卵。通常卵产于尾端分泌出的胶质卵囊内。卵囊长期留在衰亡的小根上。卵在卵囊内或在根瘤中的雌成虫体内可以长期存活。但也有大量卵直接被排出体外进入土壤活动。根结线虫完成上述生活周期一般需要30d左右，条件适宜时21～28d或更短时间完成一代。我国北方保护地栽培条件下蔬菜根结线虫每年可完成5～10个世代。

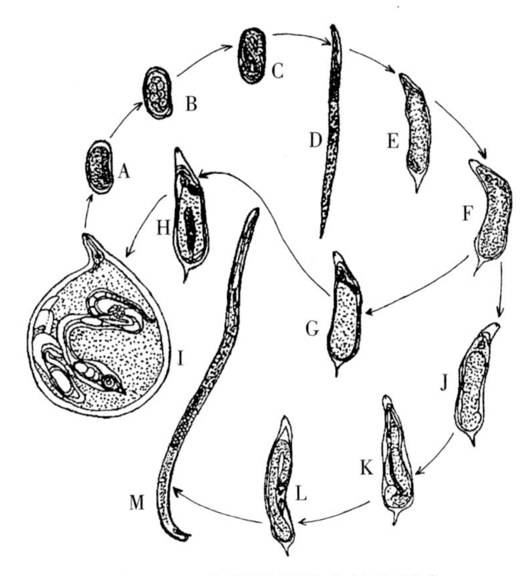

图 3－1　蔬菜根据线虫的生活史

A. 单胞期　B. 多胞期（桑葚期）　C. 一龄幼虫期　D. 线形二龄幼虫　E. 豆荚状二龄定居幼虫　F. 三龄幼虫　G～H. 四龄幼虫（雌性）　I. 雌成虫　J～K. 四龄幼虫　L. 未脱皮雄虫　M. 雄成虫

（仿裘维蕃）

（一）生殖

大多数植物线虫以有性生殖方式繁衍后代。蔬菜根结线虫雌雄异体、异形，通常可进行兼性生殖。在条件不适宜的情况下进行有性生殖，雌性根结线虫产生卵，雄性根结线虫产生精子，精子与卵子结合为受精卵（或合子），从而发育为新个体；在营养充足、条件适宜的情况下，雌性根结线虫往往直接进行孤雌生殖，即雌性根结线虫产生的卵可不经雄性线虫受精而直接发育为新个体，也称单性生殖。这种情况下根结线虫以侵染取食和生长发育为主，形成的雄性成虫数量少或没有。在进行有性生殖时，雌性成虫可能在寄主内部与寄主内部的雄性成虫交配后产生卵；也可能是末端露出寄主外部的雌虫与土壤中的雄虫进行交配，产生卵。而孤雌生殖基本都在寄主组织内部完成，产生卵块或卵囊（图 3－2）。

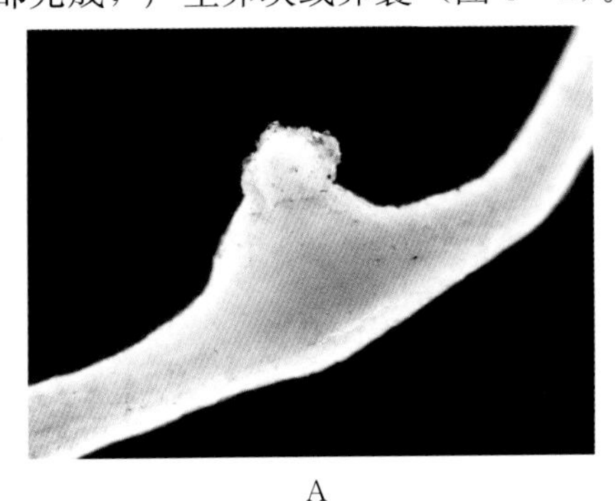

A

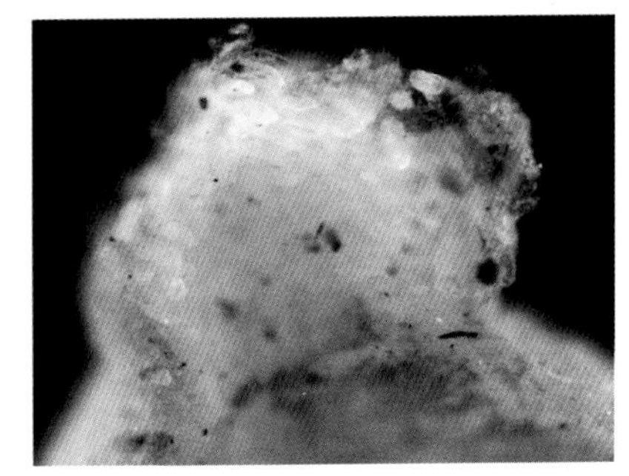

B

图 3－2　寄主根部根结线虫卵块

A. 病根卵块　B. 卵块放大

（二）生长发育

与其他大多数线虫一样，根结线虫的发育也由一粒受精卵开始，经过一系列变化，发育为新的个体。根结线虫的发育可明显分为孵化前和孵化后两个阶段。孵化前主要是卵内胚胎的发育以及一龄和二龄幼虫的形成；孵化后发育主要指二龄、三龄、四龄幼虫的生长和成虫的形成与发育。

1. 卵内发育 根结线虫卵经过一系列的分裂，由单胞期经二胞期、三胞期、四胞期逐步分裂形成多胞，并排列成线虫形状，再经过胚层分化和原肠形成两个阶段，最终发育为成型幼虫即一龄幼虫。一龄幼虫经 1 次蜕皮发育为二龄幼虫，这些生长发育过程全部在卵壳内完成（图 3－3）。

（1）胚胎期发育。温度合适的条件下，卵开始发育。卵内最初均匀的物质逐步凝聚形成小颗粒，沿着卵长轴的垂直方向进行第一次分裂，形成前后两个相连的球体，称为二胞期。这个时期细胞核大而圆，位于细胞中央；第二次分裂时前面的细胞分裂为前胞和中胞，后面的细胞也分裂为两个细胞，此为四胞期。此后，胚胎前部分迅速发育，连续发生分裂形成众多小细胞，而另一部分发育缓慢，不久将出现较大型的暗色内胚层细胞和相对小而明亮的外胚层细胞；随后在前部出现发亮的组织，即由外胚层细胞构成的肠；之后幼虫慢慢形成，这一阶段相对较长。在胚胎整个发育过程中，卵和胚胎的体积基本保持不变。

（2）一龄幼虫期。初形成的一龄幼虫粗壮，微弱活动。头架有所分化，但未角质化，口针尚未形成，中食道球大多未出现。经过一个阶段发育，各部分器官逐步发育成熟，开始蜕皮。在此过程中幼虫的口针和中食道球慢慢形成。一龄幼虫在卵内常蜷缩成 8 字形。

（3）二龄幼虫期。与一龄幼虫相比，二龄幼虫在体长、体宽等形态上没有显著变化，但是身体前部半透明体段缩短。头架继续发育呈明显角质化，口针发育完成，中食道球明显，肠内物质逐步由半透明状变为充满颜色的颗粒。二龄幼虫在卵内剧烈活动。

A1

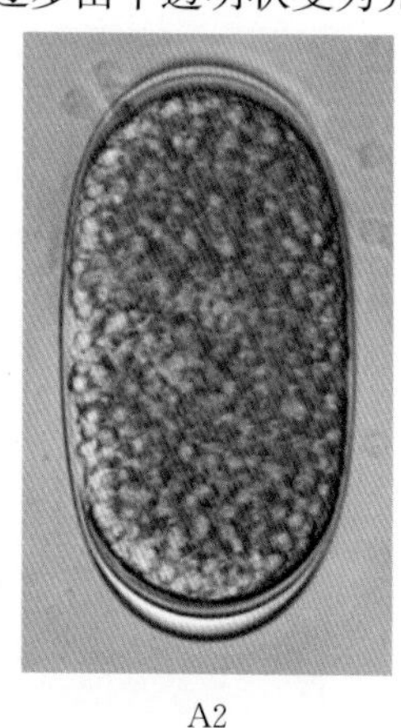
A2

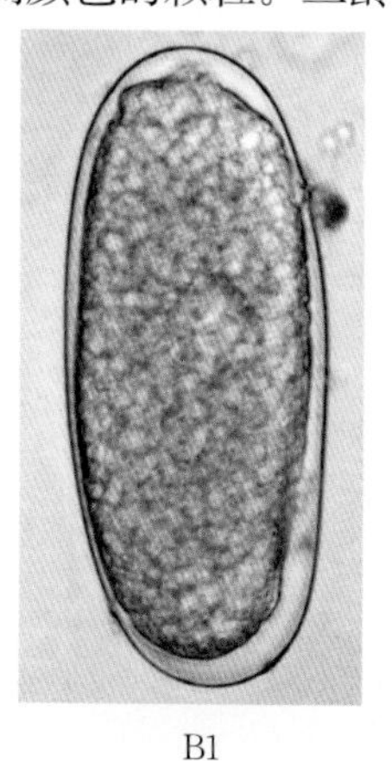
B1

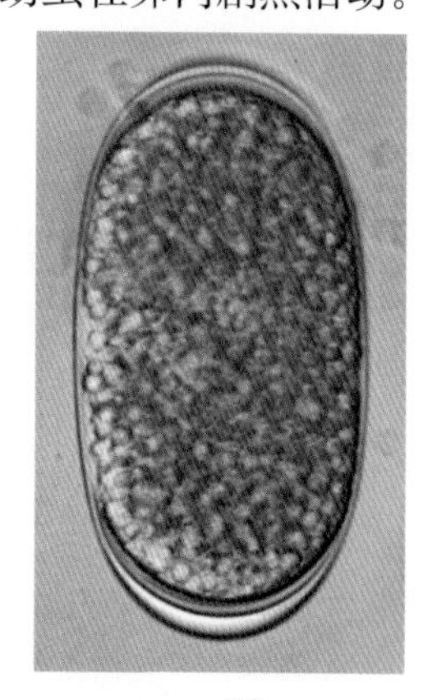
B2

图 3－3（a） 根结线虫胚胎发育

A1～A2. 未发育的卵 B1～B2. 单胞期

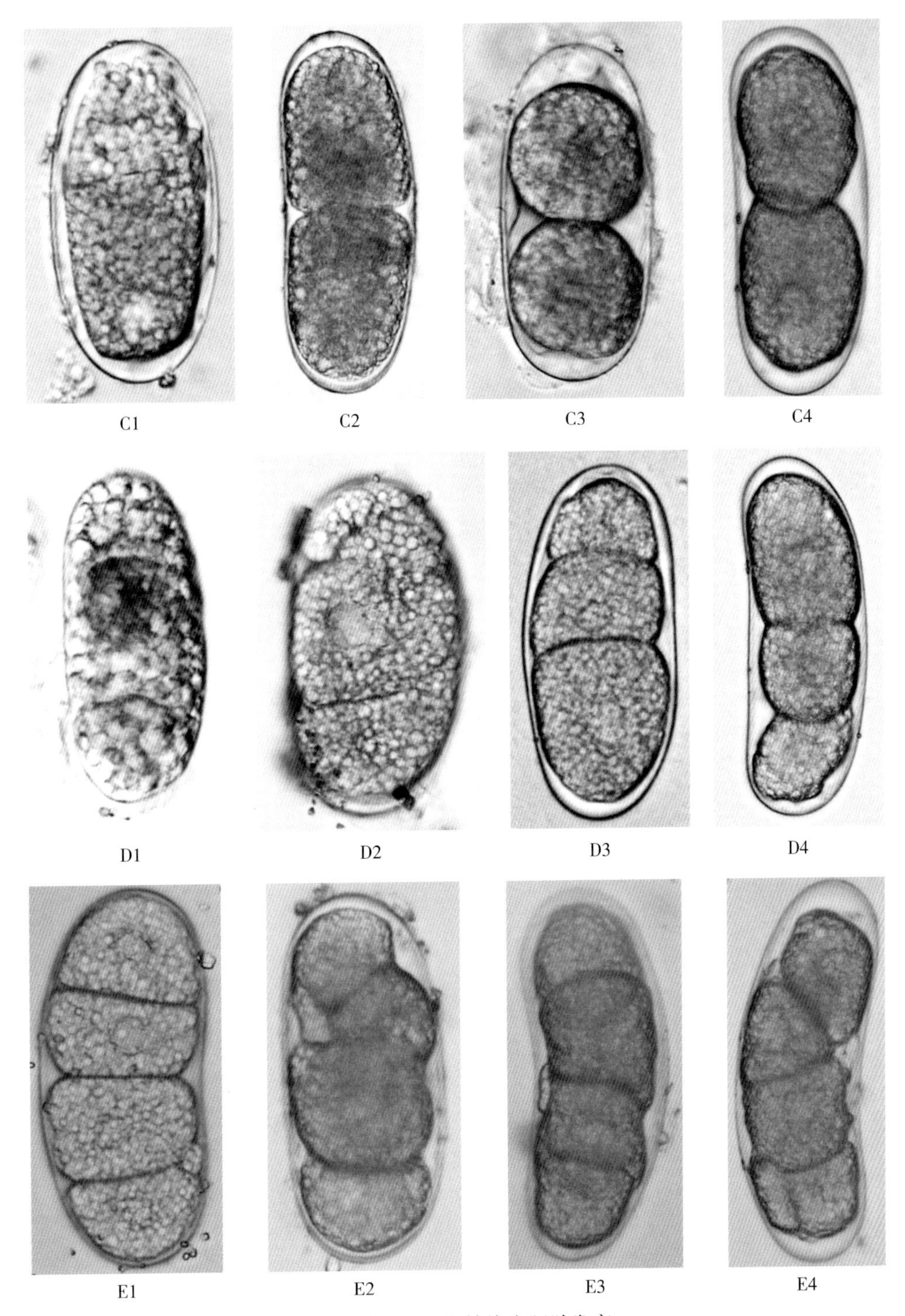

图 3-3（b） 根结线虫胚胎发育

C1～C4. 二胞期 D1～D4. 三胞期 E1～E4. 四胞期

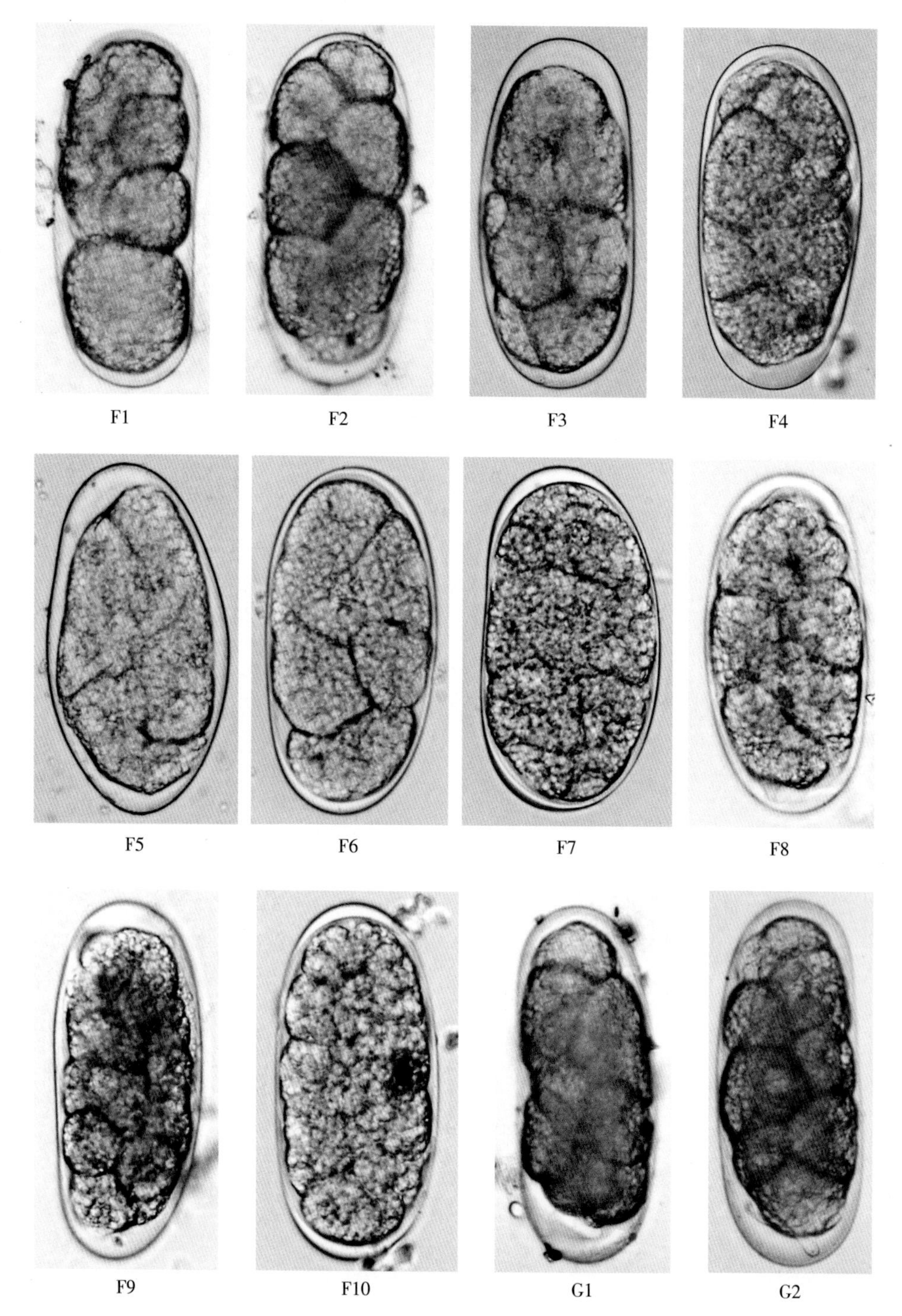

图 3-3（c） 根结线虫胚胎发育

F1～F10. 多胞期 G1～G2. 胚层分化期

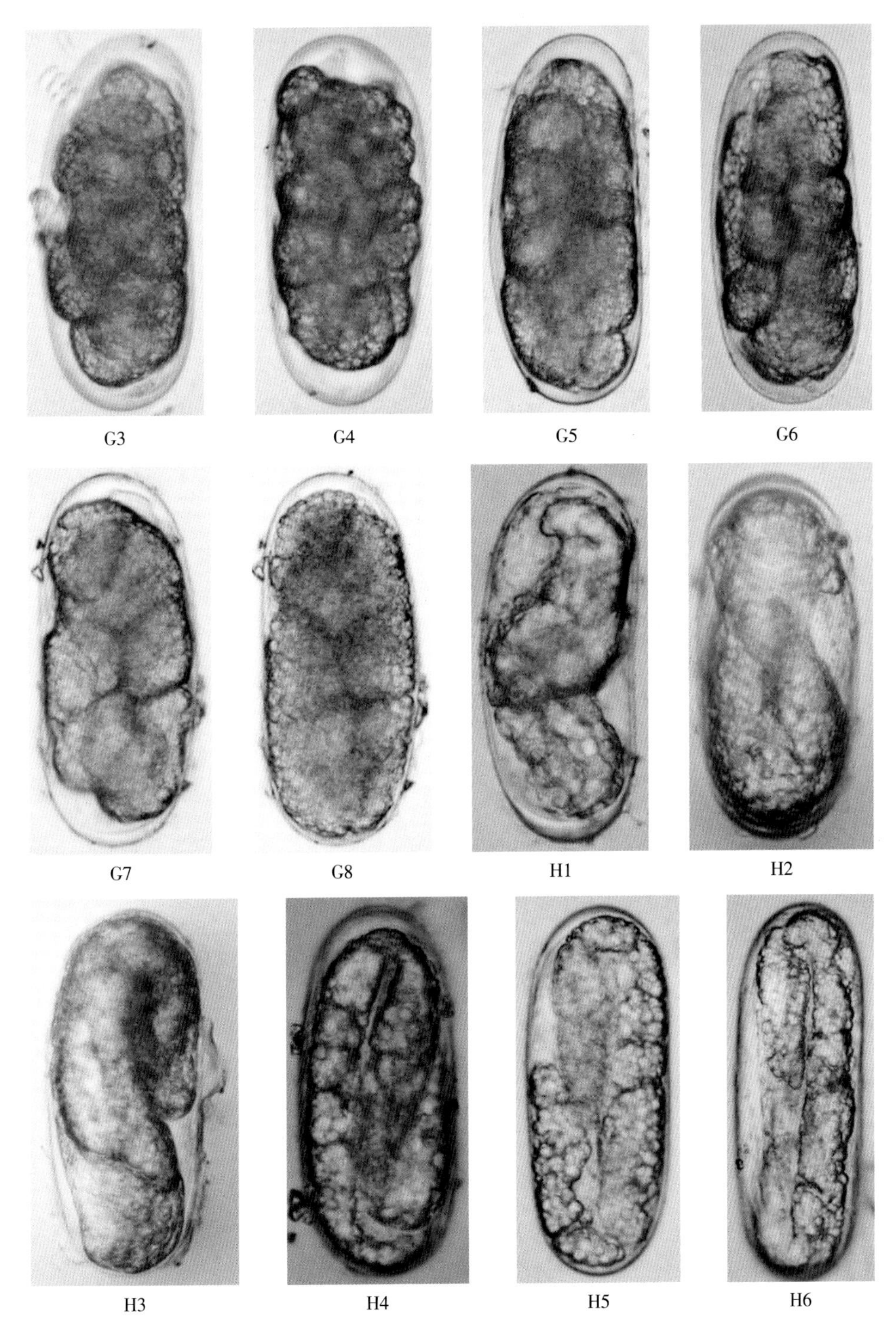

图 3-3（d）　根结线虫胚胎发育

G3～G8. 胚层分化期　H1～H6. 原肠形成期

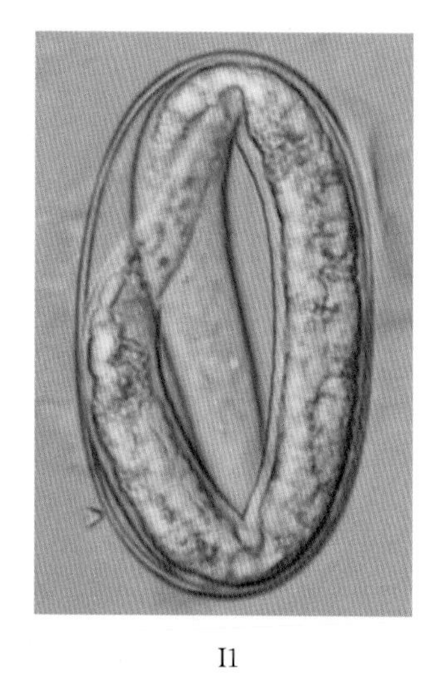

I1

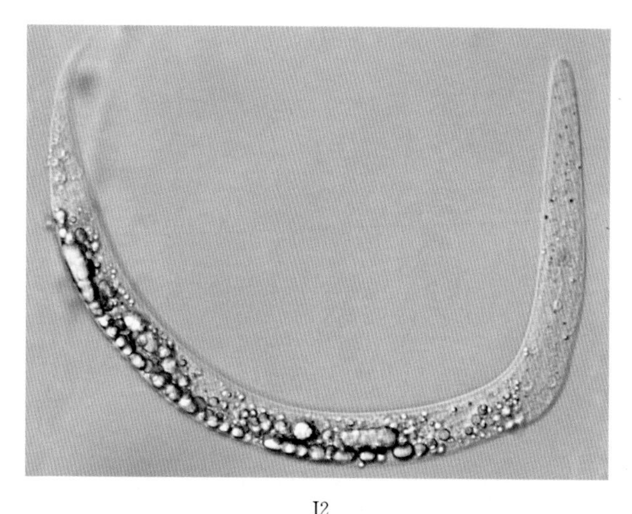

I2

J

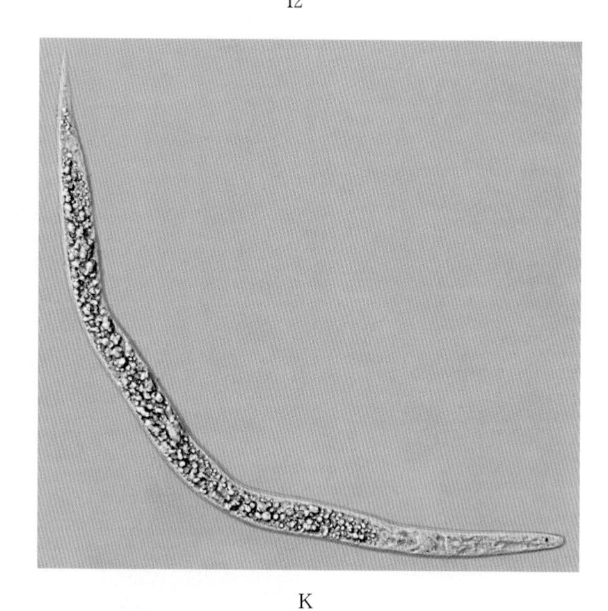

K

图 3-3（e） 根结线虫胚胎发育

I1～I2. 初发育的一龄幼虫 J. 正在蜕皮的一龄幼虫 K. 初形成的二龄幼虫

2. 孵化 胚胎发育完成后，卵内幼虫经过一个阶段发育破壳而出，这一过程称为孵化（图 3-4）。一般植物线虫的卵壳有 3 层：最外层为蛋白质，中间为几丁质层，最里面为类脂层。垫刃线虫卵的类脂层内含有脂蛋白膜，可能对卵的渗透等起着调节作用。植物线虫通常以物理或化学的方法穿透卵壳孵化。因种类不同，孵化时间从几分钟到几小时不等。在外界环境条件适宜时，二龄幼虫开始慢慢活动，并越来越剧烈，然后用唇区顶压住卵壳的一端，依靠口针迅速不断的穿刺卵壳，形成一排或集中的穿刺孔，造成卵壳破裂，并由此处大幅活动破壳而出。根结线虫直接破壳而出的是在卵内经一龄幼虫蜕皮 1 次而发育的二龄幼虫。这是根结线虫对寄生生活的一种适应性。

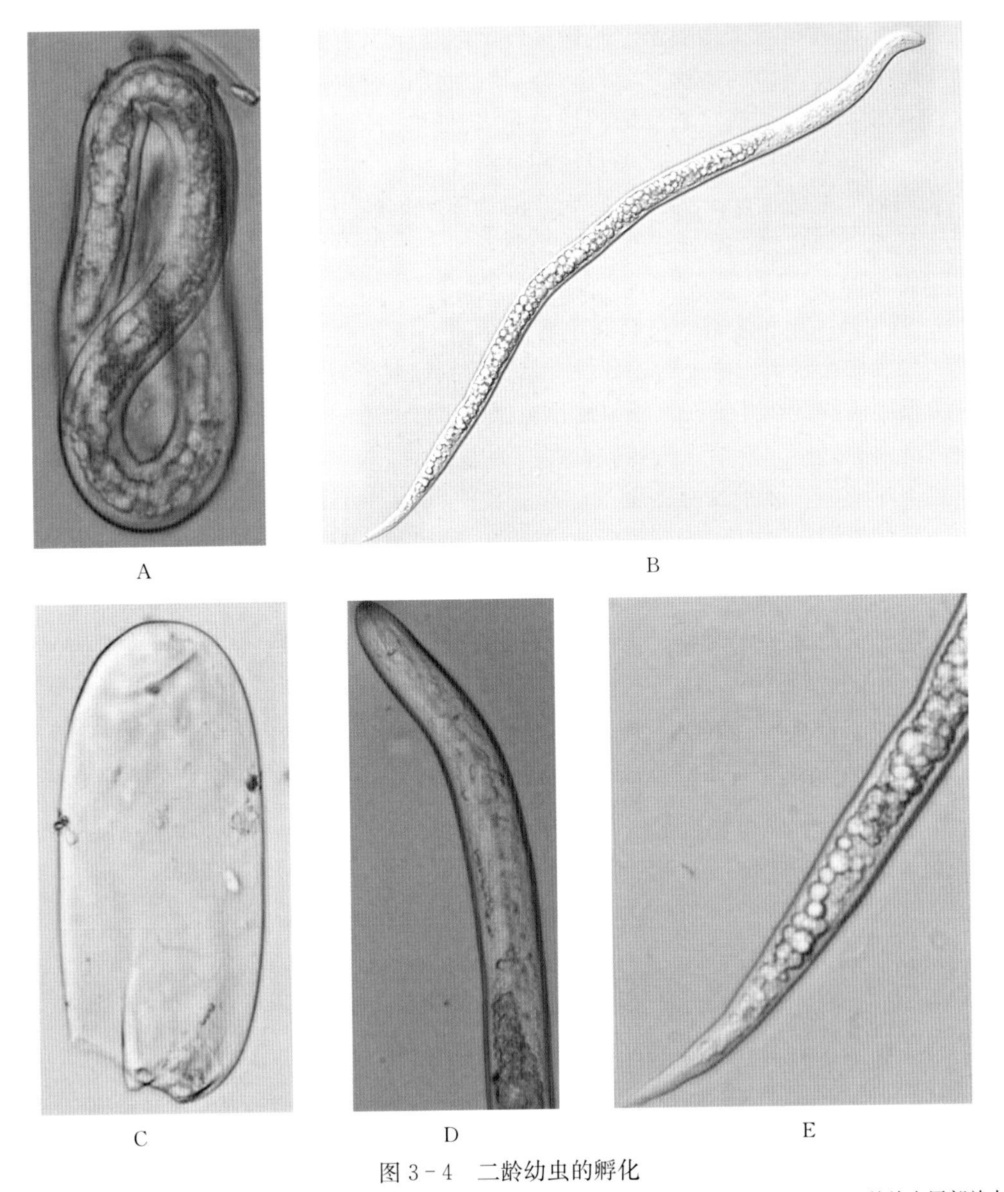

图 3-4 二龄幼虫的孵化

A. 卵内成熟的二龄幼虫 B. 孵化出的二龄幼虫 C. 卵壳 D. 二龄幼虫头部放大 E. 二龄幼虫尾部放大

寄主根部的一些分泌物对根结线虫卵的孵化具有引导和刺激作用，使卵壳的渗透性发生变化，卵壳变软，卵内幼虫代谢活动增强，并最终破壳孵化。植物根系分泌的刺激物质通常在其生长旺盛期产生，一般在种苗根开始生长后的3～6周之内最多。即使在寄主植物从田中移除之后，根的分泌物还可以在土壤中保持几十天甚至上百天。有报道称，寄主植物地上部分也能分泌孵化刺激的物质，但是浓度和活性较低。通常孵化刺激物质要在一定适宜浓度范围内才能起积极作用，太高或太低都会抑制和降低卵的孵化率。

土壤温、湿度也是影响卵孵化的重要因子。一般来说适宜作物生长的气候条件，也适合线虫卵的发育和孵化。通气状况同样影响根结线虫卵的孵化，土壤中的氧气浓度与卵孵化有密切关系。松散通气的沙性土壤有利于卵孵化，而潮湿黏重的土壤不利于或抑制卵的孵化。此外，有研究表明，线虫卵和幼虫本身能够分泌出卵孵化的刺激物质。这些物质使卵内幼虫始终能够保持孵化状态，即使没有寄主植物的刺激，只要环境条件适宜，本身也能够孵化。所以，线虫卵在水中也能孵化，只是孵化率可能偏低而已。因此实际生产的菜田中，最初侵染种苗的二龄幼虫除土壤中原有的之外，更多的可能是由于人为调整温、湿度等环境因子准备种植而导致线虫自主孵化的幼虫。

3. 孵化后的生长发育 根结线虫孵化后的生长和发育主要在寄主根内部组织中完成。二龄幼虫侵入寄主根内，寻找合适部位开始建立取食位点。在进入根内为建立定殖关系之前的最初几天内，根结线虫虫体有可能变小；从巨型细胞中吸收其生长发育所需的营养开始，根结线虫在取食期间固着不动，虫体不断发育，体长基本不变，但体宽不断增加，逐步发育，至第二次蜕皮之间为一个快速生长期。侵入14～15d后，二龄幼虫蜕皮（生活史的第二次蜕皮），口针和中食道球开始萎缩并逐步消失；

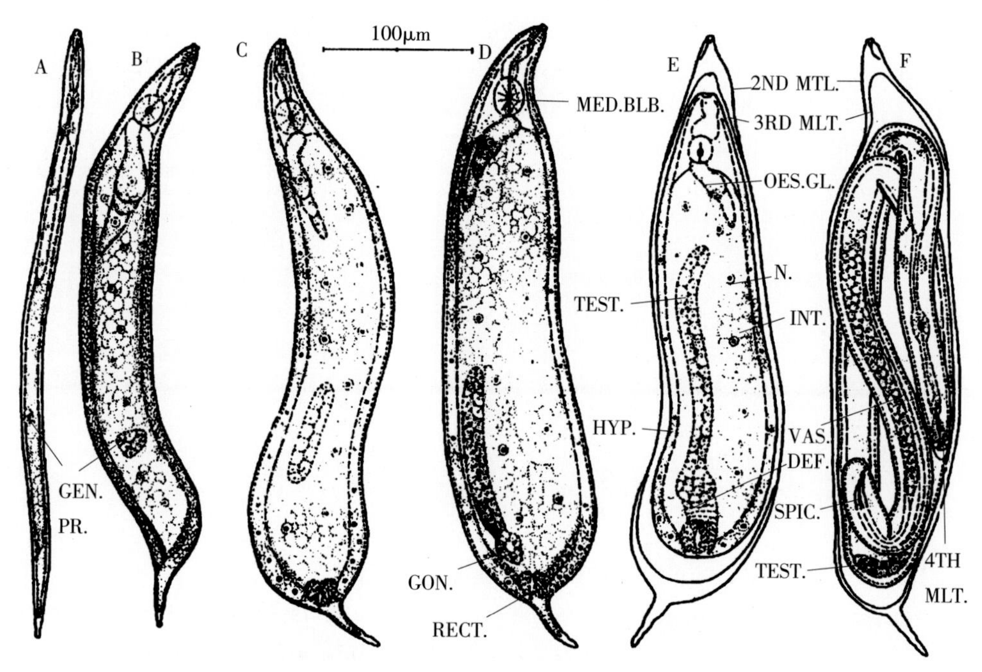

图3-5 南方根结线虫（*Meloidogyne incognita*）雄虫的发育

A. 带有生殖原基的侵染性二龄幼虫 B. 膨大的尚未性分化的寄生性二龄幼虫
C. 向雄性分化的早期寄生性二龄幼虫 D. 即将第二次蜕皮的二龄雄幼虫
E. 早期四龄雄幼虫 F. 第四次蜕皮后不久的雄成虫 缩写词：GEN. PR. 生殖原基；GON. 生殖腺；HYP. 下表皮；INT. 肠；MED. BLB. 中食道球；N. 核；OES. GL. 食道腺；RECT. 直肠；SPIC. 交合刺；TEST. 精巢；VAS. DEF. 输精管；2ND MLT. 第二次蜕皮；3RD MLT. 第三次蜕皮；4TH MLT. 第四次蜕皮

（引自 Triantaphyllou AC and Hirschmann H，1960）

此后至第19d左右，虫体迅速蜕皮两次（生活史的第三次和第四次蜕皮）。从第二次蜕皮开始至第四次蜕皮结束，根结线虫停止取食活动，生长基本停滞。第四次蜕皮后不久，口针和中食道球重新出现，雌虫生殖系统形成，会阴花纹可见，虫体迅速生长、膨胀，最后发育成梨形成虫（南方根结线虫雄虫发育过程如图3-5所示，雌虫发育过程如图3-6所示）。有研究表明，根结线虫的蜕皮与虫体新的生长与扩展是分不开的，同时也可能受内部器官、自身分泌物、外界寄主分泌物等因素影响。根结线虫是否正在蜕皮，可根据表皮是否紧贴头的末端，同时口针前端与表皮贴附的情况进行判断。

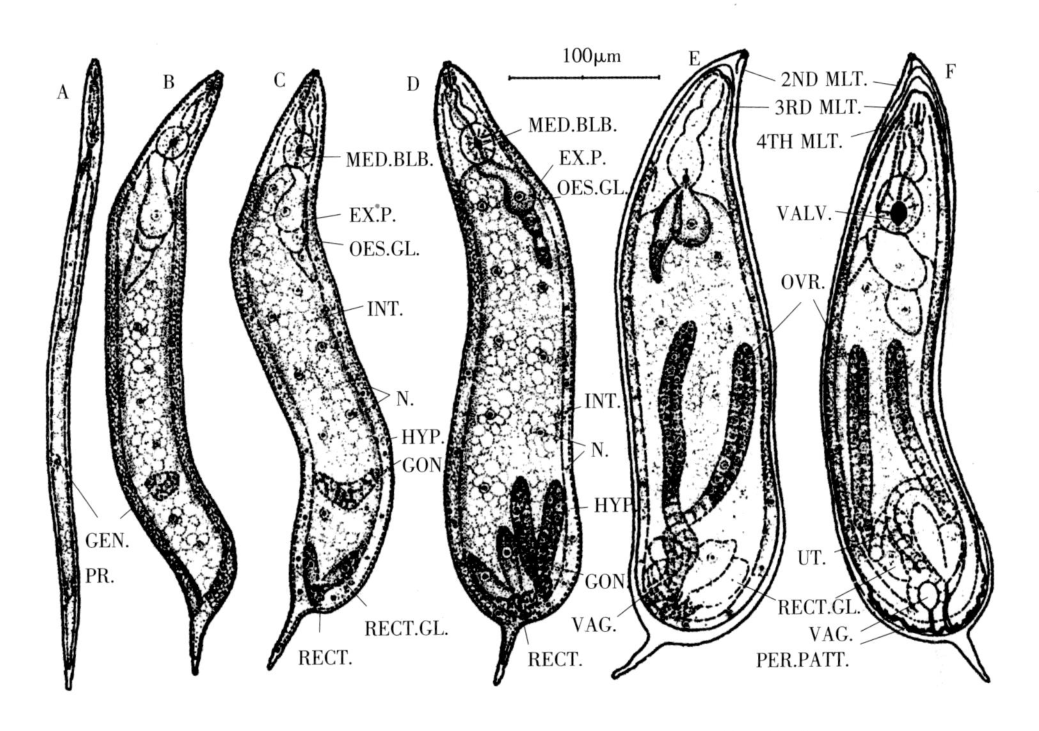

图3-6 南方根结线虫（*Meloidogyne incognita*）雌虫的发育

A. 带有生殖原基的侵染性二龄幼虫 B. 膨大的尚未性分化的寄生性二龄幼虫

C. 向雌性分化的早期寄生性二龄幼虫 D. 即将第二次蜕皮的二龄雌幼虫

E. 四雌雄幼虫 F. 刚第四次蜕皮的雌成虫

缩写词：EX. P. 排泄孔；GEN. PR. 生殖原基；GON. 生殖腺；HYP. 下表皮；INT. 肠；MED. BLB. 中食道球；N. 核；OES. GL. 食道腺；OVR. 卵巢；PER. PATT. 会阴花纹；RECT. 直肠；RECT. GL. 直肠腺；UT. 子宫；VAG. 阴道；VALV. 瓣门；2ND MLT. 第二次蜕皮；3RD MLT. 第三次蜕皮；4TH MLT. 第四次蜕皮

（引自 Triantaphyllou AC and Hirschmann H，1960）

根结线虫幼虫发育的性分化，受寄主植物和周围环境影响。在二龄幼虫性分化阶段，若外界环境条件有利于其迅速发育，则幼虫大量分化为雌性成虫，且形成双卵巢；在生长发育不利的条件下，则大多发育为雄性成虫，形成一个精巢。有报道，在特定条件下，已出现雌性性分化的部分幼虫可以发生性逆转，完全逆转为雄性成虫；有些由于逆转时期以及周围环境等问题可能逆转不完全，最终形成两性中间体。引发雌性向雄性性逆转的最根本原因是性分化开始不久，根结线虫发育的条件由有利迅速变为不利，比如外界环境因子急剧变化、寄主的生长和代谢突然变化、大量幼虫拥挤在一起等，最终导致取食条件变差或恶化。

（三）衰老死亡

线虫的衰老与死亡指的是在一定条件下，线虫以正常代谢进行生活史循环，经历从形成到死亡的过程。线虫的这一过程与环境条件有着密切的关系。因此，要准确了解和掌握线虫的寿命是一件不容易的事情。在温湿度、寄主等条件适宜的情况下，线虫发育和繁殖迅速，衰老和死亡过程相对较短。在饥饿或条件不良的情况下，线虫的代谢活动会缓慢降低，有些时候以其体内储存的脂类物质为基本能量来源。在一些极端不良或者无寄主的情况下甚至可能停止代谢，进入休眠或隐生状态，这时反而延缓了线虫的衰老，推迟了死亡进程，寿命得以延长。针对根结线虫的具体寿命，由于各种原因，截至目前还未有深入的、专门的、针对性的研究。

二、蔬菜根结线虫的生活习性

（一）根结线虫在土壤中的活动和分布

1. 根结线虫在土壤中的活动 根结线虫是典型的土传习居性生物，在土壤中自主活动能力有限，范围很小，一年内最大的移动范围为 1m 左右。但是有报道称，土壤中的线虫在感受到寄主根系分泌物刺激时，甚至能在 10d 内向根完成 25cm 左右的移动距离。根结线虫远距离移动主要靠外力影响，如自然界风、雨，灌溉水，动物携带，人类活动等。

2. 根结线虫在土壤中的分布 菜田中根结线虫的数量随土层的变化而不同。一般以表层土最多，随土层的加深呈明显减少（刘鸣韬，2009）。垂直方向主要分布在 0～40cm 范围内，极少量分布在 40cm 或更深的土层。在菜田绝大多数寄居在土壤 5～30cm的耕作层范围内，其中 95%的线虫集中在耕作层 20cm 厚的土壤范围内。在水平方向，一般呈不均匀分布，多呈聚集块状。作物生长期，根结线虫主要分布在寄主根部周围，与种植作物、种植模式、土壤类型等有密切关系。同时，也受温室内部小气候环境、灌溉方式等因素影响。

（二）环境因子对根结线虫的影响

1. 温度对根结线虫活动的影响　土壤温度是影响线虫生长发育和活动的重要因素。对于植物线虫来说，处于活动阶段时，在冰点或略低于冰点的温度即能杀死线虫；在线虫处于休眠状态时，则可忍耐很低温度。一般来说，卵或卵囊内的卵忍耐极限温度的能力远远大于二龄幼虫。根结线虫生活的适宜土壤温度为20～30℃，高于40℃或低于5℃时很少活动，55℃左右持续10min可导致根结线虫死亡；－20℃持续2h，各龄线虫均死亡。因此，实际生产中采取低温的办法杀灭根结线虫难度很大，较可行的办法是正常条件下突然降温或者突然升温。

2. 湿度对根结线虫活动的影响　线虫的生活离不开水，根结线虫也是如此。在土壤当中活动时，根结线虫表面有一层水膜，有利于运动，也是对虫体保护。根结线虫生活的适宜土壤湿度为40％～80％，过湿或过干的土壤，根结线虫的生长和繁殖均受会到抑制。有研究表明，连续覆没淹水4个月可致幼虫死亡，连续淹水22个月可致卵和幼虫全部死亡。因此，通过水旱轮作短期的效果差，长期轮作可起一定作用，并不是彻底解决根结线虫的理想办法。

3. 其他环境因子对根结线虫活动的影响　根结线虫适宜的土壤酸碱度为pH 4～8，过度酸性或碱性的土壤均不适合根结线虫存活。根结线虫需要呼吸氧气，通气性对根结线虫也很重要，也可以在氧气较低的环境下存活。有研究表明，在二氧化碳气体中24h即可杀死线虫。通常地势高、土壤干燥、土质疏松、盐分低及沙质疏松的土壤有利于根结线虫的生长和繁殖，发病往往较重；黏土透气性差，不利于线虫繁殖，病害发生相对较轻。

第二节　蔬菜根结线虫病发生规律

线虫多属于专性寄生，难以人工培养。根结线虫通常以寄主植物进行活体培养。不同种类线虫的寄主一般不同。总体上可分为外寄生线虫和内寄生线虫。外寄生线虫的虫体保持在寄主体外，或以虫体的一小部分侵入植物体内，有些种类取食于表皮细胞和根毛，有的头部部分深入皮层组织取食，还有的虫体部分深入根组织内取食；内寄生线虫的虫体完全或者大部分进入植物组织，有些种类的线虫在根内取食寄生过程中仍会在根内部迁移。另外，一些在建立取食关系后雌虫便固定在取食部位不动。根结线虫属于固着内寄生性线虫。但是，也受环境条件影响，雌虫有时候也会有小部分露出寄主体外。不同种类垫刃目线虫在寄主根部组织取食位点如图3－7所示。

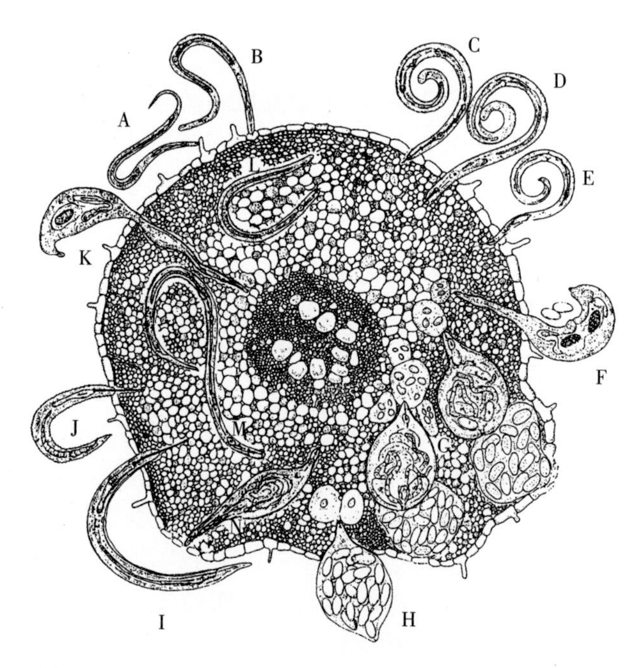

图 3-7 不同种类垫刃目线虫在寄主根系组织取食位点

A. 茎线虫（*Ditylenchus*） B. 矮化线虫（*Tylenchorhynchus*） C. 盘旋线虫（*Rotylenchus*）
D. 纽带线虫（*Hoplolaimus*） E. 螺旋线虫（*Helicotylenchus*） F. 肾形线虫（*Rotylenchulus*）
G. 根结线虫（*Meloidogyne*） H. 胞囊线虫（*Heterodera*） I. 鞘线虫（*Hemicycliophora*）
J. 小环线虫（*Criconemella*） K. 半穿刺线虫（*Tylenchulus*） L. 根腐线虫（*Pratylenchus*）
M. 浅根线虫（*Hirschmanniella*） N. 珍珠线虫（*Nacobbus*）
（仿 Siddiqi M R，1986）

一、蔬菜根结线虫的侵染规律

（一）侵入

二龄幼虫是根结线虫唯一的侵染形态。在不取食的情况下，二龄幼虫依靠消耗自身的脂类物质可以在土壤中存活一段时间。但是其自身储存的能量有限，而且能量的消耗会减弱根结线虫的侵染能力。在根结线虫移动过程中，能量消耗更大。因此，通常情况下根结线虫移动较少，多呈休眠状态。

根结线虫接触寄主根系并非是盲目运动的偶然事件，而是在根系分泌物的引导下逐步向根部靠近的必然结果。二龄幼虫头部具有发达的受神经支配的头感器，具有化学感受性，能准确定位分泌引诱物质根的位置。不同植物根的分泌物对不同种类线虫的作用不同；同一株植物根部不同部位分泌的物质对根结线虫的影响也不同。此外，不同生长阶段和状态的根对线虫的引诱作用也不同。生长发育中的根尖部位引诱作用最强，老根和停止生长的根作用很小或没有作用。研究表明，植物根的分泌物是非专化性的。Klinger（1965）认为可能是某些氨基酸和二氧化碳等物质。不仅寄主植物根系的分泌物对根结线虫有诱导性，非寄主植物也能把根结线虫诱集在其根部，只是虫量不同。有研究报道，北方根结线虫等种类可以侵入非寄主植物。对于寄主植物，感病的寄主诱导的根结线虫数量更多，侵入数量的也更多。条件适宜时，土壤中存活的部分二龄幼虫依靠其头部敏感的化感器（Amphid）感应植物，并在寄主植物根系分泌的一些特殊物质的诱导下，朝着寄主新生根尖部位移动，直至其身体前端靠近寄主幼根根端的伸长区。完成这一过程大概需要1～2d的时间。

内寄生类线虫侵入植物的途径有多种。包括伤口和裂口侵入、气孔侵入、皮孔侵入、表皮细胞直接侵入、幼嫩部位侵入等。不同种类线虫侵入途径不尽相同。根结线虫可以通过伤口或裂口侵入，但通常通过根尖幼嫩部位直接侵入。根结线虫二龄幼虫接触根冠部位后，先要对根进行试探。先用口针刺探几个位点，然后在其中一个位点上用口针用力刺穿寄主幼嫩表皮。根结线虫直接侵入是依靠口针的穿透作用，但是也可能包括口针分泌的特殊酶的消解作用，在表皮上形成孔洞，虫体由此得以进入根内。不同种类线虫侵入根内所需时间可能不同。但是，可以肯定的是这一过程将消耗线虫身体的大量储备能量，甚至耗光而至线虫无法侵入。根结线虫侵入速度相对较快，完成这一过程大概需要12～24h。先进入根内的根结线虫形成的表皮洞孔，可能会成为随后进入线虫的便捷通道，从而快速侵入。根结线虫在进入根内后，在皮层通过挤压细胞壁之间的空隙移动，造成周围细胞崩溃或消解，形成通道和不规则的腔穴。也有报道称，只是造成皮层细胞间的分离而非细胞破裂。刚侵入的根结线虫，穿过生长锥向伸长区移动，寻找适宜的细胞侵染位点，然后长期定殖于此处。同一条根内侵入的根结线虫数量有一定限度。太多了则可能产生相互抑制作用。此外，有报道称，根结线虫在侵入时也会使寄主根系组织结构出现巨型细胞，形成膨大的根结。

在根结线虫侵入寄主以及以后在寄主内寄生的过程中，口针和食道腺是其必需的两个专化、有效工具（茆振川，2006）。口针主要是穿刺、输出分泌物质和吸食营养物质的主要器官；食道腺是分泌关于寄生物质的器官。有报道认为，侵染前期线虫大量分泌颗粒物，并将其存储于侧腹食道腺中，其中亚腹食道腺（SVG）分泌物在侵染早期阶段起到重要作用。

（二）定殖

根结线虫在根内移动的过程中一般不取食，直至寻找到合适的取食位点形成巨型细胞而定殖下来。定殖位点通常在分化区的皮层组织内，头部位于维管束组织的外围，身体其余部分在皮层内。通常根结线虫可以侵入大多数植物的根内，但是只有在感病寄主内，二龄幼虫才能诱导产生永久性取食位点—巨型细胞。1999年，袁斌报道，线虫在侵入感病品种24h后即可形成巨型细胞，而抗病品种在线虫头部周围的根细胞没有形成巨型细胞为其提供取食位点。通常侵入过抗病品种的线虫在离开抗病品种根组织后，仍然能够保持其侵染力。巨型细胞通常产生于韧皮部和邻近的薄壁组织，在每个线虫头部一般形成5～7个巨型细胞以供其取食。如果寄主根内没有足够的营养储备，部分二龄幼虫会从根内移出，再去寻找其他适合的根并侵入进去。

1. 根结线虫的取食 线虫的取食是一个复杂过程。对于根结线虫，在形成巨型细胞进行取食时，先将口针刺入巨型细胞，同时向内分泌一些物质使得胞内物质便于通过口针吸食。也有报道称，这些口针分泌物将在寄主巨型细胞的原生质中硬化形成口针末端延长的取食管。在中食道球有规律鼓动的牵引下，连续吸食液态食物10～40s，至食道球停止活动后将口针缩回；一段时间之后再将口针刺入同一细胞，或者转动头部将口针刺入另一巨型细胞，继续吸食。

2. 巨型细胞 巨型细胞是根结线虫的“粮仓”，在根结线虫生长发育过程中，起着最为关键的作用。1886年，Treub首次报道，根结线虫的取食位点为巨型细胞；1961年，线虫学家Bird对于巨型细胞的组织学以及亚显微结构进行报道。自此人们对巨型细胞的形成、结构、与线虫的交互作用等进行了大量研究和报道，从20世纪60、70年代的组织化学水平发展到80年代以后的分子水平。巨型细胞的分子水平研究对于揭示巨型细胞形成的机制发挥了非常大的作用。但是，由于巨型细胞是由根结线虫诱导植物细胞发生改变而形成的，因此分子水平的研究难以直观揭示巨型细胞形成与根结线虫的关系，许多线虫学家只能采用组织学的方法对巨型细胞的形成与根结线虫的关系进行探讨。

一般情况下，根结线虫头部附近5～7个相连的巨型细胞，每个巨型细胞都有各自完整的细胞壁，都是独立的单个细胞。巨型细胞体积巨大，细胞壁加厚，具有多个细胞核、核糖体等，细胞质浓密，具有显著的特点：①细胞壁。成熟巨型细胞的细胞壁是不规则的，大部分部位的厚度是周围正常细胞的几倍至十余倍。但是，也有些部位与周围正常细胞的厚度相差不大。巨型细胞的细胞壁上有很多突起，伸入到细胞质中。Jensen等用PAS的染色技术进行染色，发现巨型细胞的细胞壁比正常细胞的细胞壁聚集了更多糖类，包括形成细胞壁的多聚糖以及果胶糖等。②细胞质。成熟的巨型细胞，细胞质浓密，高度颗粒化，且包含较多的蛋白质，并且含有RNA、糖类和脂类、线粒体、原生质体、高尔基体以及内质网结构。③细胞核和核仁。每个巨型细胞都包含多个核，形状类似于正常的细胞核。但是，巨型细胞的细胞核大而不规则，且没有核膜，由两层组成，外层是浓密的皮层，内层是淡色的中心核，含有RNA。

巨型细胞具有极高的代谢活性，能够合成大量的蛋白质，还能从维管组织中卸载大量的碳水化合物和矿物质（Armengaud P et al.，2004；Vovlas N et al.，2005），通过营养转移为根结线虫提供生长发育的营养。对寄主来说，巨型细胞消耗寄主营养，同时由于破坏了根组织正常结构而影响营养和水分的运输（Huang C S，1969）。关于根结线虫导致寄主植物枯萎死亡原因，有研究认为，其机理是根结线虫通过吸收巨型细胞中的营养，消耗寄主营养而导致寄主枯萎死亡（董娜，2003；王新荣，2006）。刘奇志等（2008）通过病理组织切片研究认为，根结线虫侵染寄主形成的巨型细胞、次生维管组织、皮层中的新维管组织等共同消耗寄主植物营养直至枯竭，从而影响植株的正常生长发育。同时，寄主细胞分化而来的巨型细胞不仅影响根中多种细胞的正常分化和组织器官的形成，而且还隔断正常维管组织的排列，迫使导管迂回连接或在皮层中形成阻碍，从而严重影响寄主根系的正常吸收与运输，这些因素导致寄主最终枯萎死亡。此外，有研究认为，根结线虫分泌物可诱发寄主病理变化，可与其他病原相互作用引起复合病害（董娜，2003）。

一般情况，巨型细胞的形成过程在5d之内完成，第9～12d基本发育成熟，至根结线虫完成生活史开始崩解（Bird A F，1961；Siddiqui I A，1970）。巨型细胞的形成和衰老过程：①在根结线虫形成侵染位点之后迅速激活数个已经或未分化的薄壁细胞进入细胞分裂周期，经重复无胞质分割的有丝分裂，1～2d内即可形成有多个基因组拷贝的初始巨型细胞（Bird A F，1961；Jones M G K，1981；William R N，1991）。初始巨型细胞的尺寸为正常细胞的4～8倍，此时的细胞壁和细胞质与正常细胞相比，没有明显变化（王燕，2007）。②随着时间的推移，初始巨型细胞逐渐发育，体积不断增大，细胞核的数量不断增加，巨型细胞的细胞壁不规则地加厚，细胞质增多，周围开始出现特异的木质部细胞。③巨型细胞慢慢成熟，体积显著大于周围正常细胞十几至几十倍，并保持恒定，体积基本不再增大（通常大小600～800μm× 200～300μm，细胞核数量60～150个）。此时根结线虫往往仍然停留在幼虫阶段。随后，巨型细胞的细胞质变得高度颗粒化并且浓密，细胞质中逐渐有空泡出现，大多二龄幼虫完成蜕皮，进入到三龄或四龄阶段，线虫周围的皮层细胞因为线虫的长大而被压缩或者崩解。④随着根结线虫的不断吸食和发育，雌成虫开始出现，巨型细胞的细胞质浓度达到顶峰，周围被反常的木质部包围着。⑤巨型细胞的细胞质、细胞核逐渐消失，巨型细胞出现空洞（vagc），胞中营养被侵入的根结线虫耗尽，细胞衰老，逐渐崩解。雌成虫的卵块开始出现，寄主更多的皮层细胞崩解，皮层出现坏疽。此时被侵染植株根系已经异常，地上部分生长也已经受到影响乃至枯萎死亡。有研究认为，巨型细胞空洞化是寄主植物的一种抗性机制，因为作为根结线虫唯一生活来源的巨型细胞一旦空洞，根结线虫因将失去营养来源而死亡。但是，也有研究认为，巨型细胞空洞化对寄主植物是否有积极意义主要决定于空洞化出现的时间。如果在根结线虫侵入的早期，幼虫尚未发育为成虫之前，巨型细胞死亡对寄主植物具有积极意义。如果根结线虫侵入时间过长（约30 d以后），线虫已经发育为孕卵的成虫，并已经开始产卵，此时空洞的巨型细胞对寄主的意义还有待于观察研究。

关于巨型细胞的形成机制目前尚未完全清楚。但是，研究发现在巨型细胞形成过程中食道腺细胞相当活跃，说明食道腺分泌物可能参与诱导巨型细胞形成（应喜娟，2007），在形成和保持巨型细胞中起到重要作用。Bingli Gao et al.（2002）、Barrel Vanholme et al.（2004）认为，巨型细胞（Giant cell，Gc）是根结线虫食道腺分泌物诱导植物细胞形成的一个异常细胞；Bird A F（1962、1974）认为，巨型细胞的维持似乎依赖于线虫分泌物的不断刺激，当线虫被针刺死或44℃的高温杀死后，巨型细胞就崩溃，并且其空间即被正常的植物细胞占领。Byrne等曾对植物巨型细胞的形成机制进行研究，认为巨型细胞是植物受刺激后（如，蛋白、碳水化合物，包括巨型细胞形成的信号物质和寄生所需相关的酶，如吲哚乙酸等），由靠近根结线虫头部的几个细胞去分化、细胞核连续分裂而细胞质不分裂所形成的多核细胞，代谢旺盛（Joseph A V，1969；Byrne J M，1977；Kerry R，2004），成为根结线虫的取食位点。

（三）被侵染根部变化

在根结线虫发病田，作物定植或种苗出土后 1 周左右，种苗的根尖部位就会产生微小的肿大颗粒，根结直径大于附近正常根的直径。随后几天内根尖部位及远离根尖的部位均会产生明显根结。此后随着时间的推移，侧根上根结数量逐步增多，根结直径也逐渐增大。一般情况下作物主根被侵染较少，根结不明显。根结主要分布在各级侧根尖端的分生区及伸长区，有时整个侧根都将因根结串联而变粗肿大。不同类蔬菜作物根部症状不完全相同。大部分出现明显根结，症状显著；有的表现不明显，根结小，次生根丛生，如甜椒、胡萝卜等；有的甚至不表现明显症状，如芦荟等。

根结线虫侵染形成的根结相对于被为害的根来说，有些是对称的，另外一些则明显偏于根的一侧。这种情况与根结线虫侵染位置和巨型细胞的分化来源有关。正常情况下，伸长区原形成层细胞发育至成熟区时应为后生木质部导管的细胞。当根结线虫在根尖分生区、伸长区部位定殖取食时，巨型细胞正是分化于这些原形成层细胞，这种情况下巨型细胞就出现在寄主根系中央，根结与根系中心对称。当根结线虫侵染寄主根系的成熟区或以上部位时，巨型细胞由维管柱外侧韧皮薄壁细胞、中柱鞘及皮层细胞分化而来，根结就偏于根系中心，出现在根的维管柱一侧（图 3-8）。轻轻剥开新鲜的膨大根结，可见乳白色梨形正在寄生的根结线虫雌成虫（图 3-9）。

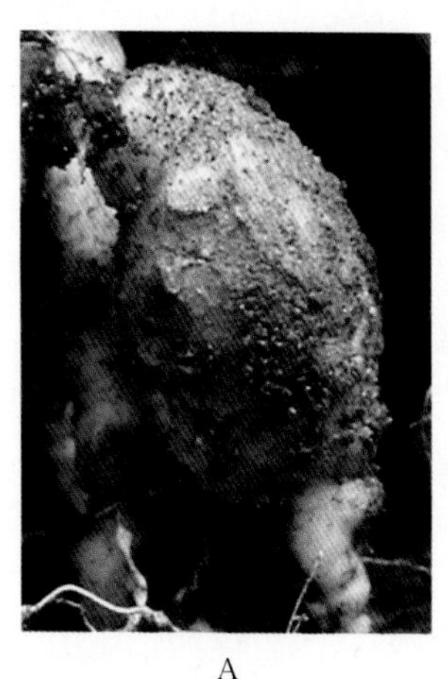

A

B

图 3-8 根 结

A. 对称根结 B. 不对称根结

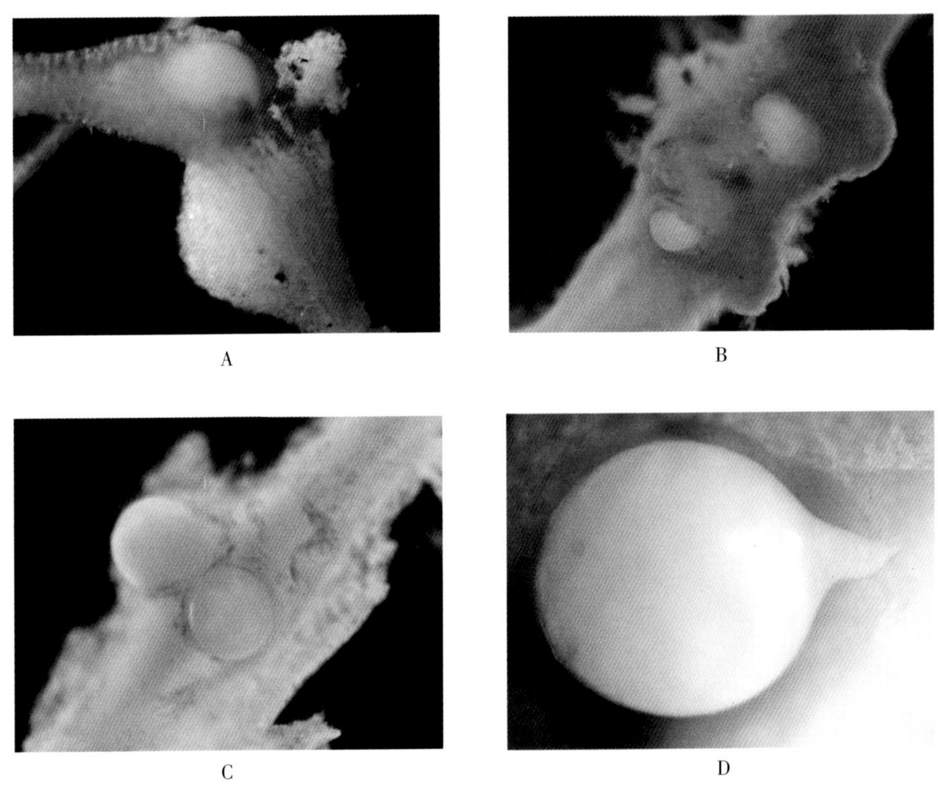

图 3－9　根结线虫产生的根结和根结中的雌虫

A～B. 根结　C. 根结组织中的雌虫　D. 根结中正在寄生的雌虫

巨型细胞是根结线虫定殖后在根内部诱导产生的最显著结构，集中在根中央微管部位出现（图 3－10）。在巨型细胞前期，其周围没有维管组织分化。随着根的生长，侵入的根结线虫数量不断增加，巨型细胞的数目也随之增多，在巨型细胞占据的后生木质部周围有 3 束（三原型）原生木质部导管。正常情况下，三原型初生木质部导管和初生韧皮部应相间排列。因此，有分析认为，巨型细胞可能是由原形成层细胞中本应分化为后生木质部导管的细胞（维管组织外围的薄壁细胞）转分化形成，而巨型细胞所在的相应部位应该是后生木质部的位置。此后随着病情的发展，根中央的巨型细胞将隔断后生木质部上下相通的导管。出于某种补偿，无论在根中央或是偏于一侧的巨型细胞将导致次生木质部导管的形成，提早致使根部分化产生次生维管组织，并且随着时间的推移而产生更多次生木质部导管。巨型细胞数量增多、体积的增大，维管组织外围细胞大量分化而产生的次生维管组织，皮层中新维管组织，致使根的中柱过度膨大，导管分子排列完全扭曲，维管组织上下迂回连通，而皮层相对变薄，这些结构与雌虫一起形成外部可见的根结。

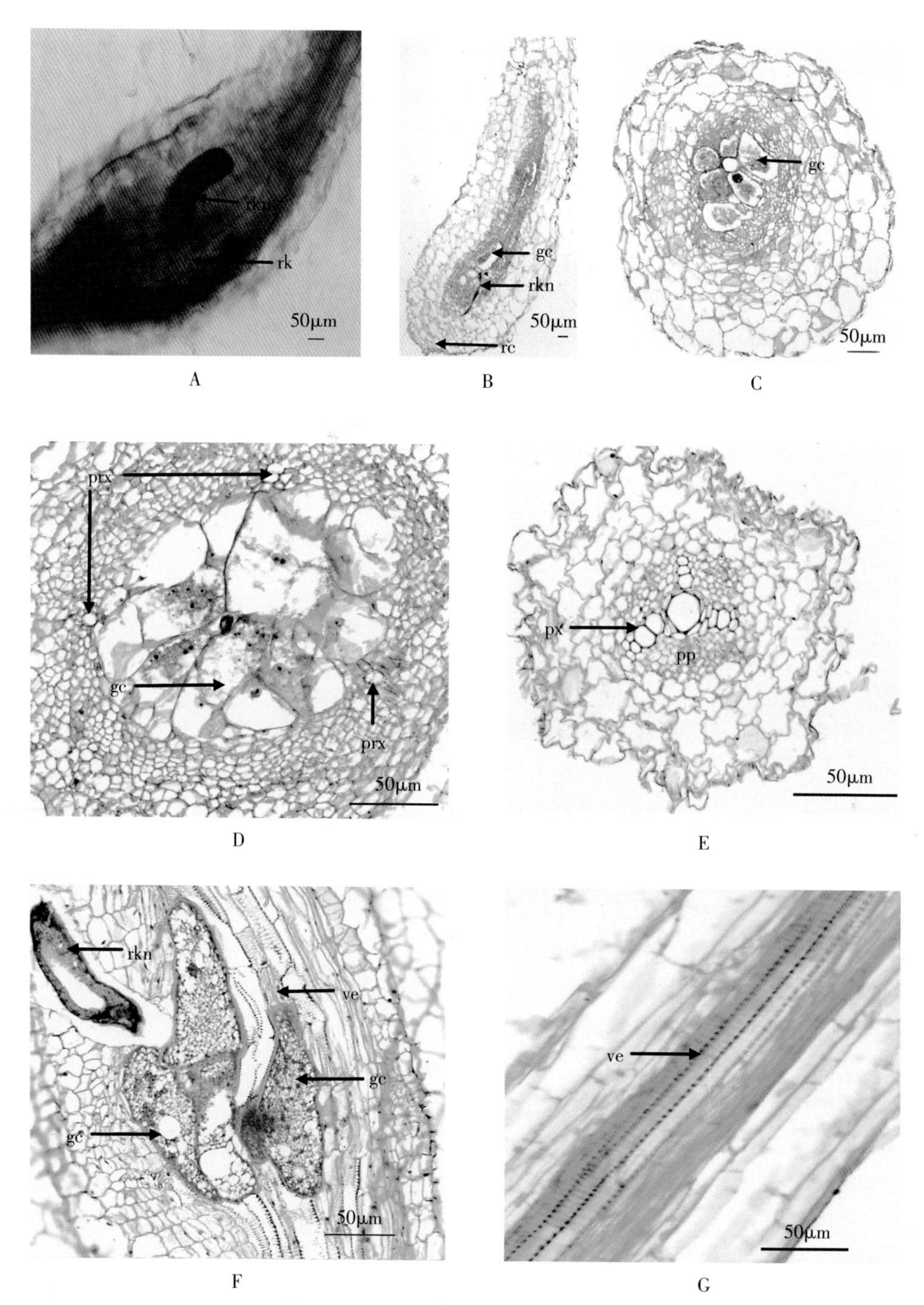

图 3-10（a） 被侵染根内部结构变化

A. 病幼苗根尖形成根结 B. 形成巨型细胞 C. 横切面——未见次生微管组织
D. 病根横切面——巨型细胞占据后生木质部位置 E. 对照横切面——正常组织结构
F. 病根纵切面——巨型细胞阻断后生木质部导管 G. 对照根组织纵切面——导管上下贯通

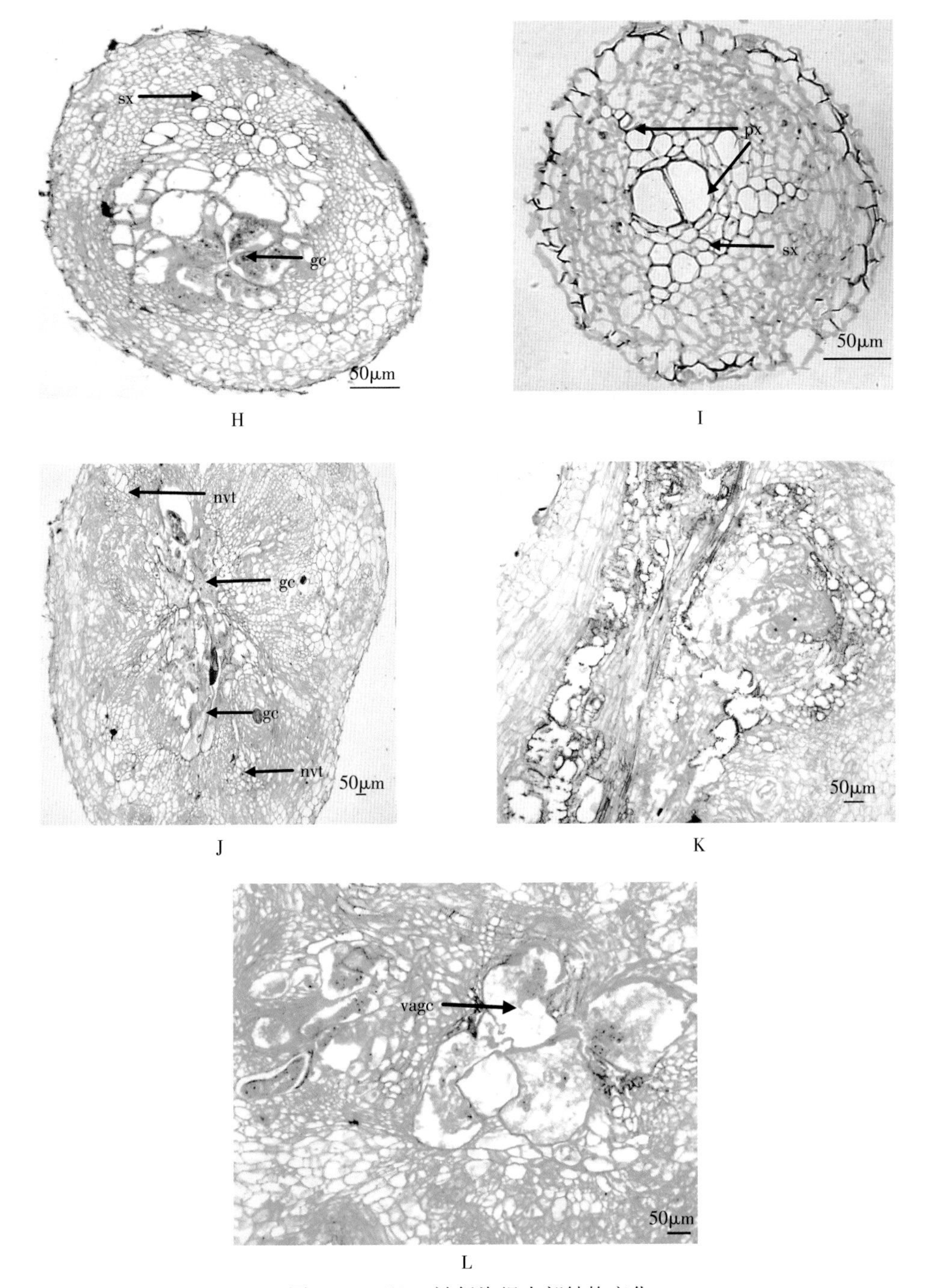

图 3-10（b） 被侵染根内部结构变化

H. 病根横切面——巨型细胞导致产生次生木质部导管 I. 对照根组织横切面——次生导管少量且有序

J. 病根横切面——巨型细胞导致大量新生微管 K. 根结病组织纵切面——巨型细胞导致 ve 扭曲

L. 病根横切面——后期巨型细胞出现空洞

缩写词：gc-giant cell. 巨型细胞；nvt. 新生微管组织；px. 初生木质部；pp. 初生韧皮部；prx. 原生木质部；rc. 根冠；rk. 根结；rkn. 根结线虫；sx. 次生木质部；vagc. 空泡巨型细胞；ve. 导管

二、蔬菜根结线虫病的传播和流行规律

土壤、病苗、灌溉水和农事活动是根结线虫传播的主要途径。根结线虫靠自主移动传播的能力有限。其远距离的移动和传播，通常是借助于浇水、病土搬迁和农机具（如旋耕机串棚使用）沾带病残体和病土、带病的种子、种苗（如定购的种苗），以及人的各类农事活动（如串棚等）。根结线虫繁殖速度快、寄主范围广，一旦土壤传入病原很快就能大量繁殖。此外，由于根结线虫是内寄生专性寄生物，不能长期脱离寄主单独生存。因此，当田间蔬菜寄主缺乏时，常在其他植物或野生杂草等寄主上生活。北京地区蔬菜根结线虫的病害流行，最初就是由 20 世纪 90 年代保护地大规模引种芦荟而引起的。

我国北方地区全年保护地蔬菜根结线虫病害发生呈现出明显的规律性。据调查，每年有两个明显的发病高峰期，其中 5～6 月份和 8～9 月份发病明显偏重（不同地区可能略有差异），其他时期相对有不同程度的减轻。蔬菜根结线虫的这种动态消长规律受土壤内根结线虫种群数量直接影响。究其原因主要有以下几点：一是受外界温度条件的影响，过冷或过热都不适合根结线虫的生长和侵染；二是作物茬口的影响，发病高峰的两个时段正值蔬菜生产旺季，而且也是病害的显症时期，生产间隔期土壤根结线虫种群数量较低。

三、蔬菜根结线虫与其他病原物的复合侵染

线虫生活在土壤中，与土壤微生物之间存在着千丝万缕的联系。根结线虫侵入时留下的伤口，有利于土壤真菌病害如枯萎病、立枯病等真菌的侵入（Kim J I，1989），造成对植物的复合侵染。同时，其他土壤微生物也会对线虫产生正面或负面影响。这种现象在自然界普遍存在。Bird and Koltai（2000）研究认为，根结线虫侵染可降低寄主植物对其他病原物，如寄主对真菌和细菌的抗性；David J C（2003）通过研究再次表明，土壤线虫常使真菌和细菌易侵染植物，是诱发植物病害的重要原因之一。

针对线虫与土壤病原真菌的复合侵染已有较多报道。有研究表明，由于根结线虫的侵染，原来抗枯萎病的品种可能会抗性降低和失去抗性，从而引发根结线虫和镰刀菌（*Fusarium* spp.）共同侵染，大大加重作物的枯萎病为害程度，而且不同种的根结线虫侵染对镰刀菌诱发萎蔫病的影响不同。李茂胜等（2001）研究表明，根结线虫和枯萎病菌在黄瓜上可以单独侵染，但是复合侵染引起的病株枯萎率明显高于单独侵染；李勋卓等（2007）研究表明，包括南方根结线虫在内的 6 种土壤线虫数量随季节的变化发生明显的变化，且其活动盛期与西瓜枯萎病田间发病相吻合，成正相关。复合侵染现象在豆科、葫芦科蔬菜中较为常见。根结线虫还可以加重轮枝孢（*Verticil-lum*）、丝核菌（*Rhizoctonia*）、腐霉（*Pythium*）等真菌病害。此外，根结线虫不仅

能和镰刀菌复合侵染加重根腐病，还能使一些正常情况下不致病的真菌变为致病菌。曲霉属（*Aspergillus*）、青霉属（*Penicillium*）、葡萄孢属（*Botrytis*）等真菌，在土壤中一般不侵染植株。但是，有些植株受到根结线虫侵染时，这些真菌就会趁机侵染引起植株根腐病。有研究称，某些作物的苗期立枯病和猝倒病常与线虫的为害有密切关系。在上述情况中，线虫和真菌的侵染起相互促进作用，可能是线虫侵入造成的伤口有利于真菌侵染，或者线虫携带真菌共同侵染。但是，线虫和真菌之间也有相互颉颃作用的报道。如某些真菌在番茄根部的侵染会造成线虫引起的未成熟巨型细胞的产生，从而破坏了取食位点，抑制了根结线虫为害。

关于线虫和细菌，有报道认为，线虫侵入植物形成的伤口可能有利于细菌更快捷地侵染寄主，或者线虫直接携带细菌联合侵染。例如南方根结线虫侵染番茄、茄子、辣椒等作物时会加重假单胞杆菌（*Pseudomonas solanacearum*）引起的青枯病病害（Lucas G B and Sasser J N，1955；Johnson H A，1969；连玲丽，2007）。廖月华等（1995）研究表明，蔬菜青枯病的发生与土壤中根结线虫量呈正相关。Orion D（1971）报道，爪哇根结线虫和根癌农杆菌可联合侵染。

此外，线虫可与病毒复合侵染。线虫携带病毒侵染具有一定专化性。剑线虫、长针线虫和拟长针线虫等带毒侵染较为常见。然而，有报道称，病毒对寄主植物的侵染可能会影响根结线虫等对寄主植物的侵入、生长发育和繁殖。有些病毒的侵染对根结线虫是有利的，例如，豆科植物感染 TRSV 病毒的植株比起未被该病毒侵染的植株，体内爪哇根结线虫的幼虫数量更多；有的发育速度也不相同，烟草花叶病毒（TMV）侵染番茄后，虽不影响爪哇根结线虫的侵入数量，但是线虫的发育速度加快，周期缩短。此外，有些病毒的侵染对线虫是有害的，例如烟草花叶病毒会减少侵入烟草的线虫数量。

第四章
蔬菜根结线虫病害田间诊断调查与试验设计

第一节　蔬菜根结线虫病害的诊断

一般情况下，根结线虫在菜田中常呈不均匀块状分布，虫口密度大的地方作物生长受到明显影响，密度小或者没有线虫的地方作物生长正常。这种不均匀分布现象在早期极易与缺肥、缺素、缺水或者一些土传真菌病菌引起的症状相混淆。田间作物生长期间进行病害诊断时，可先根据地上部情况初步判断，再挖出疑似植株根部，通过肉眼观察根结内是否有肉眼可见的乳白色鸭梨状雌虫和卵圆形卵囊。必要时，可进一步结合解剖镜检或者从病组织分离出活体幼虫，根据柯赫氏法则作出鉴定。

根结线虫病害发生初期，植株地上部症状表现不明显，尤其是发病程度较轻时难以觉察。随着病害的发展，病株因营养不良表现出不同程度的发育迟缓、矮小、瘦弱等症状。发病植株通常叶片黄化，大小不一，不整齐，中午温度高时植株萎蔫，早晚恢复。此外，有些茄果或瓜类植株还表现出生长点聚缩、花芽聚集、落花、落果、坐果果实小且畸形等现象，严重者后期全株枯死。

根结线虫直接为害蔬菜根部，通常以侧根和须根受害较重，主根受害较轻。但是，不同作物之间存在差别。根系是病害的直接体现部位，受害后发育不良、停止发育甚至坏死腐烂。通常表现为侧根增多，须根增多，前期侧根和须根的根尖伸长区瘤状突起，并逐渐膨大，出现串珠状、糖葫芦状、指状、鸡爪状或小甘薯状肿瘤，形成多个大小不等的瘤状根结。根结初为白色，质地柔软；发病中后期，剖开根部发病部位的根结，在显微镜下或者肉眼观察可见病部组织有很多的细小、乳白色、梨状或近球形颗粒物。梨状物为雌成虫，椭圆形或近球形粒状物为卵囊。这是鉴别蔬菜根结线虫病害最直接，也最可靠的方法。后期根结变为褐色至暗褐色，表面粗糙，有时龟裂，甚至完全干瘪、空洞、腐烂。

第二节　蔬菜根结线虫病害的调查

土壤样本的采集和保存：在田间进行土壤样本采集时一定要确保采集的土壤具有代表性，尽量不在过干或过湿的地方取样。最好应用专用土壤取样器（图 4－1）多点取样，避免一个点大量取样。在作物生产间期取土样，应先了解上茬作物的种植模式，对于密植的小型作物，可随机设点取样；而对垄播（或栽）的大型作物，如番茄、黄瓜等，则最好把取样点设置在生长作物的垄上。通常采用五点法取样，取土深度为 0～40cm，每个点取土样 250～500g。取土后将各点样本充分混合均匀，分成若干小份，用聚乙烯无色无味的塑料袋装好，并将袋口用橡皮筋扎紧。同时标注标签（详细记录：采样时间、地点、采样人以及其他相关情况），带回实验室尽快处理，或者放入 4℃冰箱内保存，备用。

发病根部样本的采集和保存：若在生产过程中取样，应根据不同的作物类型、不同的取样目的，选用不同的方法。对于密植的小型叶菜类作物，取样时可整株拔出，不影响生产；对于种植的大型作物，如黄瓜、番茄、西瓜等，则应根据不同目的来确定，可以在作物根系四周取部分侧根，必要时可拔出植株取整个根部，原则上尽量不要影响生产。若生产结束时取样，则可取整个植株根部。需要注意，一是所取土样应具有普遍性和代表性；二是要尽快保存，用聚乙烯无色无味的塑料袋装好样品，并将袋口用橡皮筋扎紧，标注标签，带回实验室尽快处理，或者放入 4℃冰箱内保存，备用。

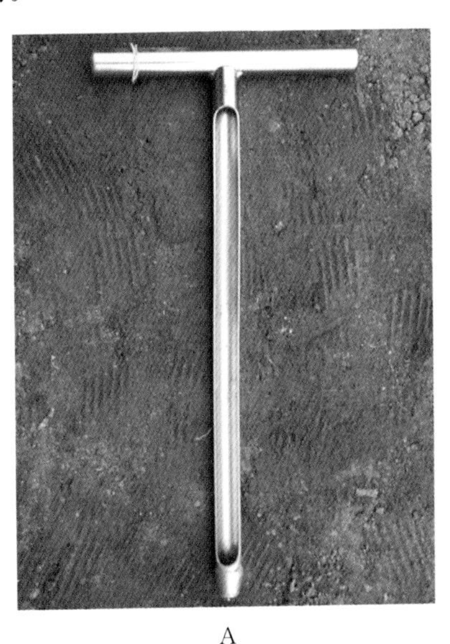

A

B

图 4－1　田间土壤取样

A. 专用取样器　B. 取样

一、田间样本的采集和保存

田间获取土样检查根结线虫具有不同目的。有时为了检验检疫，有时为了预测预报，有时为了病情调查，有时为了病害诊断。针对不同目的，应该采取相应的采样和调查方法，以提高工作效率，同时保证结果更为科学、准确、可靠。

（一）病害检疫

只需要弄清楚根结线虫在一个地区是否发病，即存在与否，不需要明确线虫病害的发生和损失程度等具体情况。此时，田间取样不需要全面覆盖，只需要在病害疑似发生点多取几次样品检测即可。可以在作物生长期对土壤和植株同时取样，也可以在生产间期对土壤取样进行检测和鉴定。

（二）虫口（卵）基数调查

种植前按照正常农事操作，将土地翻耕均匀，整理平整。首先把整块地均匀划分为若干长方形小区，每个小区面积15～20m^2。在北方保护地以地块宽度（日光温室一般坐北面南，南北方向为宽，东西方向为长）为小区的一边进行划分。然后应对小区进行编号，做好标记。取样时采取Z字形取样法，每个小区取样点分布如图4-2。每个点以梅花状取5次土样共200g以上，取样深度0～30cm。取土后将各点样本充分混合均匀，并标注，取样后应尽快把采好的样本带回实验室检测，不能立即检测的可先放入4℃冰箱内保存，备用。

收集虫体（卵）后，在显微镜下利用计数器进行计数。根结线虫密度单位通常以“条/克土”为单位计量。实际上这些数值反映的只是土壤中活体二龄幼虫的数量，以此为代表在一定程度上反映土壤根结线虫的虫口基数。调查表如表4-1。

表4-1 蔬菜根结线虫土壤虫口（卵）密度基数调查

单位：________ 地点：________ 日期：________ 调查人：________

小区	类型田	上茬作物品种	拟种植期	虫口（卵）密度					平均虫口（卵）密度	备注
				1	2	3	4	5		
1										
2										
3										
…										

注：表中“虫口（卵）密度”栏中“1、2、3、4、5”分别代表5个取样点。

（三）病情调查

病情调查多在作物生长期间进行，作物定植后 30～60d 即可开始取样。根据具体情况可以将整块地划分为若干小区（每个小区面积 20～50m²），采取 Z 字形或平行曲线法取样进行调查（图 4－2、图 4－3）。根据作物种类的不同、种植模式的不同，应选择恰当的调查方法。对于小型撒播种植的作物，如菊科、十字花科作物等，可采用 5 点法获取土样和病根，每个点调查 5 株植株，必要时可整体拔出植株进行调查。而对于成垄栽种的大中型蔬菜作物，如茄科、葫芦科、豆科等蔬菜，可采用平行曲线法沿着种植垄获取土样调查土壤中虫和卵密度（图 4－4）。调查根部病级时可采用五点法取样获取病根，生长中前期或盛产期调查时尽量不要连根拔出整个植株，可调查病株率，采用切根数根结分级法（更适合病害前期，具体方法见本章下述“三、病情记载方法”）或切根百分数分级法（适合病害中后期）进行调查。植株病害分级可采用 5 级、7 级或 9 级标准进行，按表 4－2“生长期间根结线虫病情调查取样统计表”统计。

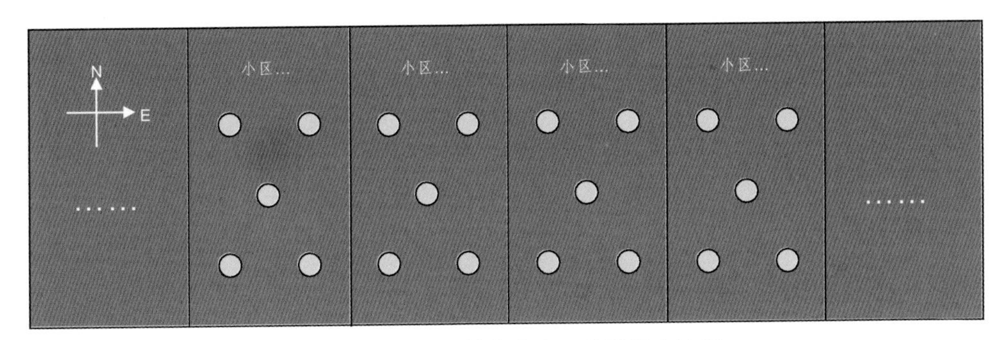

图 4－2　土壤根结线虫虫口基数调查取样

图中“○”代表一个土壤取样点

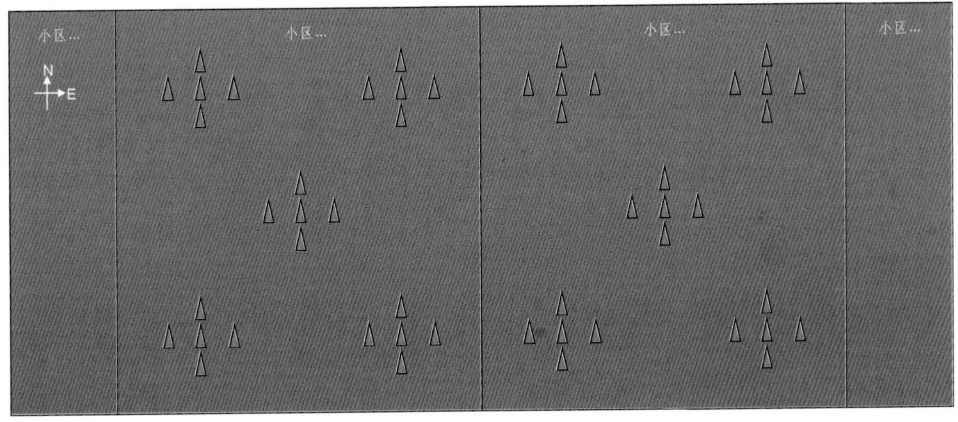

图 4－3　小型蔬菜作物生长期间根结病情调查取样示意图

图中“▲”代表植株样本

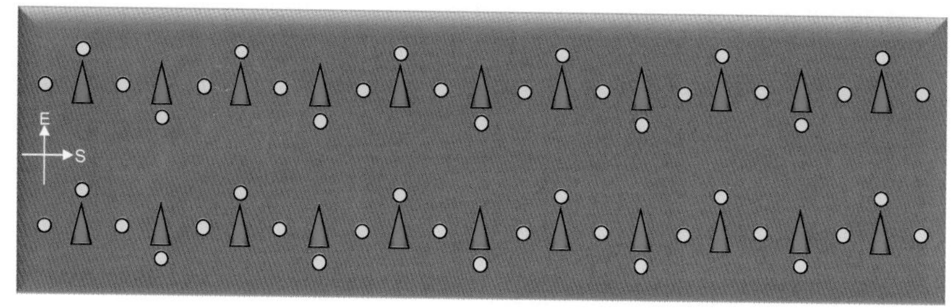

图 4-4 垄栽大中型蔬菜作物生长期间根结线虫（卵）密度调查取样示意图
图中“▲”代表一株植物；“○”代表植株样本周围的一个土壤取样点

表 4-2 生长期间作物根部病级调查统计

单位：＿＿＿＿＿＿地点：＿＿＿＿＿＿ 日期：＿＿＿＿＿＿调查人：＿＿＿＿＿＿

调查日期	类型田	蔬菜品种	播种期	移栽期	生育期	调查株数	病株数	病情分级					病情指数	备　注
								0	1	2	3	…		
1														
2														
3														
…														

二、蔬菜根结线虫虫体的分离

（一）土壤中线虫虫体回收

常用的有直接过筛法，Cobb 于 1918 年首创。漏斗分离法，可用于土壤和病组织分离虫体，只适用于分离活动性较大的线虫；浅盘分离法，可用于土壤和病组织分离虫体，只适用于分离活动性较大的线虫；离心漂浮分离法，其原理是采用蔗糖溶液，利用比重差异离心达到回收目的。以上方法均存在耗时长、回收率低等缺点。这里介绍一种土壤中根结线虫快速回收法（简恒，未发表资料）：将有线虫的土壤加水搅拌均匀，放置 30s，收集上层液；之后再按上述步骤重复一次；将收集的液体过 20 目筛，除去杂物；再离心 3min，上清液过 500 目筛，收集筛上物；离心管中的沉淀用 60%蔗糖溶液充分溶解，离心 3min，上清液过 500 目筛，收集筛上物；以上两次用 500 目筛子筛选过滤的都是根结线虫的活虫体。此方法回收率可达到 50%以上。

（二）纯种二龄幼虫的获取

先收集成熟的卵囊，将其置于常温下，让成熟的卵囊在清水中自然孵化，破壳而出的即为纯种二龄幼虫。也可以从病组织上直接解剖分离，具体步骤是先将新鲜带有卵块的发病根部洗净，放在盛有适量水的培养皿中，置于体视镜下，用解剖针刺破根结组织，可见卵块和单个卵，有游离出来的二龄幼虫，用挑线虫的细挑针挑取或毛细吸管吸取即可获得。

（三）雌成虫的获取

选取新鲜膨大的中、后期病变根部（最好表面突出有白色卵块的），将其置于解剖镜下，用解剖针先将表皮剥开，露出乳白色的圆形物，再缓慢剔除周围根组织即可获得鸭梨形雌成虫。卵囊为淡黄色、卵圆形胶质体。

（四）从病组织上直接获取卵囊和卵

选取新鲜病变膨大的中、后期根部，掰开病组织直接挑选卵圆形的淡黄色胶质颗粒即可获得卵囊；挑选表面突出有白色卵块的部位直接用解剖针挑取即可获取卵块；若要获得单个卵，可将卵块置入0.5%的次氯酸钠溶液中，不停搅拌，即得。

（五）从土壤中获取卵囊和卵

取混匀的100mL土样放入1 000mL的烧杯中，加入500mL水，用力搅拌，使卵块与土壤和植物组织分离，静置2～3min，将土壤悬浮液过200目筛，收集筛上组织和卵块等于小烧杯中。加入0.5%的次氯酸钠溶液，并不停的搅拌，使卵块溶解成单个卵。再过200目筛，除去杂物，即得。

三、病情记载方法

根结线虫病害可用发病面积、病棚率、病株率等来表示；土壤中根结线虫的密度通常用单位体积或单位重量的土壤含有根结线虫或卵量来计量；根部症状可用病级来表示。

（一）根结线虫病害宏观记载

宏观上描述线虫病害发生情况的方法有发病面积（发病率）、病棚率、病株率等，可以针对一个大范围的地区，或描述一个小规模的地块，实时描述某个时间点根结线虫病害的情况。蔬菜根结线虫发病面积指的是一定范围内有根结线虫病害发生的菜田面积总和；发病率指的是发病菜田面积总和占该地区菜田面积总和的百分率；蔬菜根结线虫病棚率，针对的是保护地菜田，描述的是特定地区发生根结线虫病害的菜棚占当地总菜棚的百分率；蔬菜根结线虫病株率是，可以特指一个地区，但通常用来针对性描述特定田块已发病的植株数占该菜田植株总数的百分率；产量损失率通常为过程性统计数据，用来描述一个阶段或者整个生长季产量损失百分率。实际生产中，土壤根结线虫的多少，与发病轻重和产量损失具有一定相关性，但并不完全正相关。这种相关性不仅受气候因子、土壤环境、寄主种类等客观因素的影响，而且也可能由于人为取样等主观因素造成一定误差。因此，单独凭借土壤中线虫的数量或者根结等级来评价作物病情和损失的做法是不全面、不科学的，应进行综合评价。

（二）根结线虫虫体计数

二龄幼虫的计数：从土壤中获得二龄幼虫后，若样品虫量不多，则可以直接放在小皿中于解剖镜下计数。若线虫数量太多，则应把样品充分搅匀并适当稀释，吸取一定量的线虫悬浮液，在专门的计数皿中计数。多取几次样品，重复计数，然后再根据体积比推算出线虫的数量。计量单位通常为“条/克土”。

卵的计数：卵的计数方法与上述二龄幼虫的计数方法相似。但是，关键要把卵充分分散，避免黏接在一起。可选择用0.5%的次氯酸钠作为分散溶液，使卵块完全成为单独的形态存在，以利于计数。计量单位通常为“粒/克土”。

寄主根组织内线虫的计数：首先应先将寄主根部组织做透明处理，并进行染色，使线虫呈现特定颜色（具体染色方法可参考有关书籍），然后在解剖镜下进行计数。

（三）蔬菜根结线虫病害分级

蔬菜根结线虫病害分级是评价寄主受害程度的一种常用方法。主要以根结为参考依据和指标。关于根结线虫病害及其防治的各种试验研究都要涉及并用到分级方法。长期以来，人们主要采用的根结线虫病害分级方法有如下几种：一是拔出植株记录根结数量，根据根结数量进行病害分级，根结数越多的病级越高；二是拔出植株后计量病株生有根结的根占总根数的百分率，以此进行分级，病根占有率越高的根病级越高。采用这两种方法进行病害分级精确度高，可信度大，能比较客观地反映寄主受害程度。但是，这两种方法均需要连根拔出整个植株，对于生长期的作物往往会造成缺苗，带来产量损失，不适合在作物生长期应用。肖炎农等针对这些问题，通过研究，在传统分级方法的基础上进一步优化创新，提出切根数根结分级法和切根百分数分级法（肖炎农等，2000）。切根数根结分级法，指在不拔出整株植物的情况下扒开土壤从不同根系侧面切取植株约1/3的根，针对切取的根，用数根结法分级，以此代表整个根系的分级；切根百分数分级法，切取操作与切根数根结分级法相同，然后通过测量根结长度之和占总所取根系长度的百分数进行分级。这两种切根分级法避免了拔出整株植株，在实际生产中可操作性强，而且从效果上看基本能替代传统的拔株数根结和拔株百分率分级方法，相对科学地反应了寄主受害程度。此外，还有以植株地上部长势为分级依据，但是应用较少。

病情级别与蔬菜的生物学产量之间有密切关系。通常随着病情级别的增加，植株高度和地上部重量相应下降，而地下部为害呈上升趋势（根部腐烂之前的特定阶段可体现在根部重量上）。但是，当病级上升到一定程度之后，这种相关性逐渐减小。有研究指出，百分数法的相关系数往往比数根结法大，表明百分数法更能客观地反映植株的真实受害情况。

进行根结线虫病害分级应根据具体情况灵活选用不同的方法。若进行病害防效试验，在生长期间可选用肖炎农等提出的切根分级法，在收获时可用拔株分级法；若进行抗病性鉴定试验一般采用拔根分级法。针对不同作物，若研究对象为大型瓜果或茄果类作物，建议选用切根分级法；若研究对象为小型叶菜类作物，则可选用拔根分级法。具体到病害的分级数，也应根据不同的试验对象、不同的虫口基数、不同的试验目的，科学设置。通常可进行 7 级或 9 级划分（表 4－3）。一般将完全没有发病的植株病级设为 0 级，病害越重，病情越复杂，设置的级数应越多。

表 4－3　根结线虫病 9 级病情分级标准

感染级别	指数值	症状描述
0	0	无根结
1	1	根结微量，少于 5 个
2	5	根结很少，不超过 25 个
3	10	根结少，26～100 个
4	25	中等，有大量根结，但大多数不连接在一起
5	50	较严重，有大量根结，多连接在一起，根生长受到轻微阻碍
6	75	严重，根结非常多，大多连在一起
7	90	非常重，大量侵染，根生长微弱
8	100	极严重，大量侵染，根生长停滞

病情指数计算公式：

$$根结指数=\frac{\sum（各级植株数量 \times 相应的级数）}{调查总株数 \times 最高病级数}\times 100$$

第三节　蔬菜根结线虫病害防治田间试验设计与分析

一、试验设计

由于根结线虫的分布、为害和发病规律不同于常规病虫，因此开展根结线虫病害防治田间试验应特别注意以下几点。

（一）地块选择

在田间，根结线虫一般呈不均匀块状分布，没有明显的发病中心或中心病株。开展试验研究时，最好选择发病 3 年以上、线虫分布均匀的地块。同一组试验最好安排在同一个地块内进行。

（二）处理设计

一般应包括空白对照、常规处理对照、试验处理3部分。空白对照，即未经任何处理，使作物在自然条件下生长；常规处理对照，即采用生产中常用的、效果比较稳定、效益比较突出的技术进行处理，如非熏蒸性化学药剂噻唑啉（10%）处理、熏蒸性化学药剂棉隆（98%）处理等，常规处理也可设定为需替代的靶标技术；试验处理，即试验研究的主体部分，初试验一般需要设计3个以上的量度梯度（或处理方式）以探索最有效处理量（或处理方式）。

每个处理至少设置3个重复。若为平地种植，每个重复面积一般不低于20m²；若为起垄沟种植，每个重复一般不低于3行，通常为3～5行。所有试验重复的位置应统一随机抽取设定。此外，开展试验区域的周边应设置保护行。

（三）试验调查

试验结果调查可以在产前、产中和产后进行。根据不同研究目的和处理技术选择适宜调查时期。但是，一般情况下都需要做根结线虫基数调查，靶标为土壤二龄幼虫和虫卵数量（密度，单位：条/克土、粒/克土）。

以研究防效为目的试验，处理之前进行土壤根结线虫基数调查，处理后立即开展土壤中残留二龄幼虫和虫卵密度调查，生产结束（或生产后期）展开根部病害分级调查，同时测产计量作物产量。若需要继续研究处理对于下茬作物的防效，应在不采取任何处理措施的情况下针对下茬作物开展以上调查内容。通过试验处理与对照和常规对照之间各项数据对比分析评价防治效果。

以研究土壤根结线虫种群动态为目的试验，处理之前进行土壤根结线虫基数调查，处理后立即开展土壤中残留二龄幼虫和虫卵数量调查，作物生长期间定期（一般两次调查间隔25～30d）取样调查。作物生长期间可同时开展根部病级调查。

对于产前各种处理，如化学熏蒸、高温物理处理等，应在处理之前进行土壤根结线虫基数调查，处理后立即开展土壤中残留二龄幼虫和虫卵数量调查，产后开展土壤根结线虫密度、根部病级、作物产量的计量。

对于产中处理，如化学施药、抗性品种、抗性砧木处理等，应在处理之前进行土壤根结线虫基数调查，产中定期开展土壤根结线虫密度、根部病级、作物产量的计量。

二、数据统计分析

土壤中根结线虫二龄幼虫、卵密度、作物根部病级、作物产量的调查可参考表4－4至表4－6计量。

表 4-4　根结线虫二龄幼虫（条/克土）、卵密度（粒/克土）调查统计

单位：________地点：________日期：________调查人：________

类　别	空白对照					常规处理对照					试验处理					备　注
	R1	R2	R3	…	A	R1	R2	R3	…	A	R1	R2	R3	…	A	
虫口（卵）密度																
备　注																

注：R. 重复；A. 平均值。

表 4-5　作物根部病级调查统计

单位：________地点：________日期（生长期）：________调查人：________

类　别	病情分级					病情指数	备　注
		0	1	2	…		
空白对照	R1						
	R2						
	R3						
	…						
	A						
常规处理对照	R1						
	R2						
	R3						
	…						
	A						
试验处理	R1						
	R2						
	R3						
	…						
	A						
备　注							

注：R. 重复；A. 平均值。

表 4-6　作物产量调查统计

单位：________地点：________日期：________调查人：________

类　别	空白对照					常规处理对照					试验处理					备　注
	R1	R2	R3	…	A	R1	R2	R3	…	A	R1	R2	R3	…	A	
产　量																

注：R. 重复；A. 平均值。

备注中可记录第一次和最后一次采收日期、采收的果穗数等。

三、效益评价

蔬菜根结线虫病害的防效并不完全等于效益，即高防效不一定产生高效益。简恒、王仁刚等研究（未发表资料）表明，不同技术对根结线虫病害的防效和产生的效益不仅不完全呈正相关，甚至相差较大。因此，在实际生产中进行蔬菜根结线虫病害防治时，应综合考虑投入产出比，不要将高防效作为唯一追求目标，应以获得最高经济、社会和生态综合效益为目的。

第五章
蔬菜根结线虫病害田间症状

第一节　蔬菜根结线虫的寄主

线虫种类不同，寄主的范围和种类也不同，甚至相差很大。有些种类的寄主较多，有的较少，但是都只能寄生一定种类的植物。这种现象被称为线虫寄生的专化性。根结线虫也是专化寄生性线虫，而且不同种之间差异很大。常见的南方根结线虫、爪哇根结线虫、北方根结线虫和花生根结线虫的寄主范围均较广，多达3 000余种植物；而根结线虫的另外一些种，如短小根结线虫（*Meloidogyne exigua*）、咖啡根结线虫（*M. coffeicola*）等，寄主范围很窄。

不同植物对线虫的反应存在很大差异（图5-1）。有些植物本身对线虫不存在吸引作用，即使线虫最终能达到根部甚至侵入根内，植株也会在最短的时间内阻止线虫的寄生，致其难以发育和繁殖，从而保障本身不被损害。这种特性被称为免疫（immunity）。具有这种特性的植株常被称为非寄主（nonhost）。而自然界中大多数植物对线虫具有吸引力，能在不同程度上允许线虫侵入和繁育，这些植物被称为寄主。1971年，Taylor创建了一个以比率为标准进行分级的方法来鉴定植株对根结线虫的反应，即事先设立感病品种的线虫繁殖率为对照，待评品种的线虫繁殖率与感病品种的线虫繁殖率的百分比即为比率：感病：比率为50%以上；微抗：比率为25%～50%；中抗：比率为10%～25%；非常抗：比率为1%～10%；高抗：比率为1%；免疫：线虫可以侵入根内，但没有繁殖。1985年，Barker根据根系具有根结的百分率创建了5级划分标准，通过根结指数划分病情指数，依据病情指数划分植物对根结线虫的敏感性，0为免疫、25以下为高抗、25.1～50为中抗、50.1～75为中感、75以上为高感。通常，根据寄主植物对根结线虫病害的反应程度，可将寄主分为抗病性、耐病性和感病性3类。

抗性（resistance）。通常指植物因其自身的原因可以限制或阻止线虫繁育。植物对根结线虫的抵抗机制，总体可包括先天的被动抗病性和根结线虫侵入后引发的主动抗病性两方面。这种抗病性机制是多种抗病方式共同或相继作用的结果，任何单一方式均无法独立完成对根结线虫的完全抵御作用（符美英，2008）。而且，植物本身涉及的抗病方式越多，抗病性强度就越高、越稳定、越持久（许志刚，1997）。被动抗性指植物在受到根结线虫侵染前已经存在的抗性，主要包括植物组织结构、生理和化学等方面对根结线虫生存环境所设置的障碍，可能抑制线虫卵的孵化、阻止线虫侵入或扰乱个体发育进程（刘维志，2000）。主动抗性与根结线虫的侵染有关。植物受到刺激后，形成过敏性坏死反应（HR，hypersensitive response），生理代谢发生系列变化，侵染点周围的植物组织坏死，从而将根结线虫与活的植物细胞隔开，使根结线虫因无法建立稳定的取食位点，或者破坏已经建立的取食位点，限制根结线虫的发育和繁殖。不同植物的抗性能力不同。若细分，抗性品种又可分为高抗、中抗和低抗 3 等。高度抗性的植物可能会被线虫侵入，但是不允许或只允许极少量线虫繁殖；中低等抗性的植物允许线虫进入并少量繁殖，但是对寄主正常生长构不成威胁。抗性品种能够在不采取其他额外防治措施的情况下正常生产。

耐病性（tolerance）。是不同于抗病性的一个属性，具有耐病性的植物允许线虫在寄主上寄生和繁殖。这类寄主（有些甚至是感病植物）通常受根结线虫的危害，但是它们忍受或补偿修复线虫损害的能力较强，在土壤线虫密度不是特别大的情况下，基本能保持正常生产或不受大影响。不同于抗性寄主，当土壤中线虫密度达到一定程度，为害特别严重时，耐病寄主的忍耐或补偿作用就可能会失去作用。

感病性（susceptibility）。通常指寄主植物对线虫无抗性或者具有一定的亲和性。感病寄主允许线虫依赖其正常发育，大量繁殖。很多种蔬菜都属于感病品种，尤其是茄果类和葫芦科作物，很易受根结线虫为害，造成产量损失。根据感病性寄主植物对根结线虫的敏感程度，又可将其细分为高感、中感和低感 3 种寄主（图 5-1）。

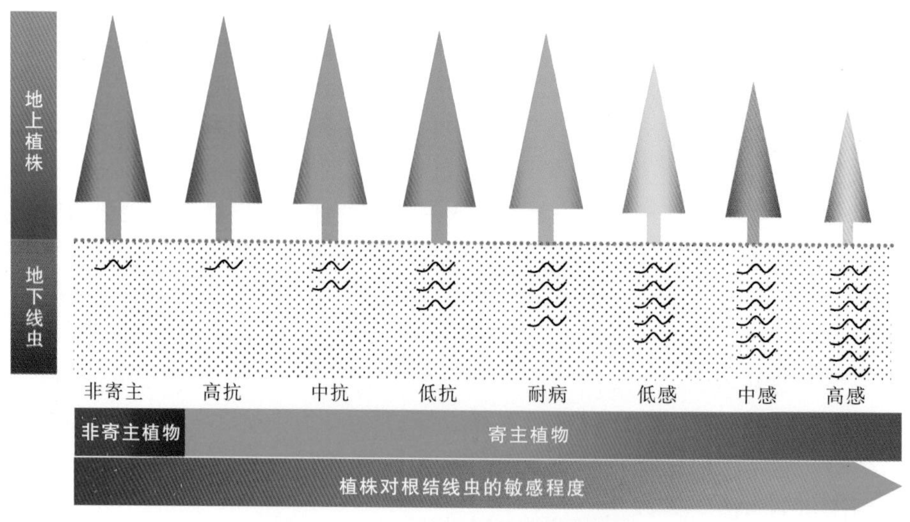

图 5-1 不同植物对根结线虫敏感性

根结线虫的寄主范围非常广泛，能侵染自然界多种植物。据报道，自然界约 114 个科的超过 3 000 种植物遭受根结线虫为害。这些植物包括粮食作物、经济作物、蔬菜以及各种花卉和果树。常规种植的几乎所有种类蔬菜都能被根结线虫侵染。其中又以经济价值高的茄科、葫芦科、菊科蔬菜受害严重。

为害蔬菜的 4 种主要根结线虫，尤其是南方根结线虫能寄生绝大多数种类的蔬菜。据调查，北京地区菜田常见 50 多种植物可被南方根结线虫寄生。其中包括十多个科的 40 余种常见蔬菜：黄瓜、西瓜、南瓜、丝瓜、冬瓜、苦瓜、西葫芦、番茄、樱桃番茄、茄子、马铃薯、甜椒、辣椒、蛇豆、豇豆、扁豆、莴笋、茼蒿、花叶莴苣、结球莴苣、皱叶莴苣、苦苣菜、胡萝卜、芹菜、茴香、角茴香、香菜、小白菜、油菜、乌塌菜、菜心、芥蓝、水萝卜、白菜、结球甘蓝、青花菜、菠菜、木耳菜、苋菜、马齿苋、花椰菜、番杏等；十多个科的 10 余种菜田常见杂草：小藜、灰绿藜、龙葵、鹅绒藤、打碗花、铁苋菜、反枝苋、凹头苋、苘麻、风花菜、刺儿菜、荠菜、陌上菜、牵牛、朝天委陵菜、地丁草、狗尾草、红花酢浆草、墨旱莲、小飞蓬等。

对于南方根结线虫，葱、大蒜、韭菜等百合科蔬菜具有较高抗病性，基本不受其为害，而且对根结线虫具有一定的抑制作用；番茄、甜椒等蔬菜较为耐病，虽然受线虫为害且表现症状，但是具有较强的忍耐力，轻度为害对产量影响不大；西瓜、甜瓜、黄瓜、丝瓜等为感病种类，易受为害，产量损失严重；芦荟等作物虽被侵染，但是不表现明显症状。

第二节　蔬菜根结线虫病害症状

不同作物受到根结线虫为害后会表现出某些明显的共性症状。如地上部黄化，大小不一，不整齐，中午温度高时萎蔫，早晚恢复，地下根部出现大量根结。但是，不同种类作物受害后的反映和症状不尽相同，甚至差异显著。实际生产中，早期的根结线虫病常不易与其他根部病害进行区别，尤其是对于农民或者没有经验的技术人员来说，容易将根结线虫病和根肿病、茎瘤病、根瘤菌共生根瘤，甚至某些生理性病害混淆，应注意辨别。

一、茄科（Solanaceae）蔬菜受害症状

茄科蔬菜极易受根结线虫为害，症状表现特别明显。初期在侧根上形成颗粒状肿瘤，表面白色光滑，后期根结部位通常极度膨大，呈串珠状、指状或小白薯状，变为褐色，根结表面粗糙皱缩。当前，茄科蔬菜是种植范围最广泛、面积最大、经济产值最高的蔬菜种类之一，但因根结线虫病而产生巨大损失。

（一）番茄根结线虫病

【症状】番茄对根结线虫高度敏感，根结线虫病为番茄重要病害，露地和保护地均可发生，尤其在保护地内尤为严重。根结线虫为害番茄根系，整个生育期均可为害。苗期主根、侧根和须根均可受害，根尖有小根瘤；中、后期以侧根和须根受害为

主。受害根系表现为侧根和须根增多，病部形成串珠状瘤状物或者整条根肿大形成指状物。受害根部中、后期常因体积严重畸形膨大而致使根围土壤胀裂，或者畸形根部直接凸出地表。番茄根结初期为白色至浅黄色，表面光滑；后期颜色变褐，表面粗糙龟裂，剥开根结可见鸭梨状乳白色雌虫。番茄自身有一定耐病性，受害前期或者轻度受害时，植株地上部一般症状不明显；重病时株植矮小，黄化，中午植株叶片萎蔫，近底部叶片极易脱落，开花迟或不能结实，果实未熟先衰；病害后期，植株叶片变黄，焦枯，直至全株死亡（图 5－2）。

【病原】南方根结线虫（*Meloidogyne incognita* Chitwood）。

【发病规律】根结线虫主要以卵囊、卵，或者二龄幼虫在土壤内越冬。多分布于 20cm 表层土内。温度回暖，土温升高，土壤中原有或者新孵化出的二龄幼虫开始侵染寄主幼根，形成初侵染循环。二龄幼虫在番茄根内经三、四龄幼虫逐步发育成熟，部分雄虫离开寄主进入土壤后不久死亡，部分雄虫继续留在寄主根内交尾，继续产卵繁殖，形成新一轮侵染。北京地区保护地番茄根结线虫 1 年内多发生 5～10 代。通过土壤、灌溉水、农具和农事操作等传播。通常温室病害重于大棚，而大棚内病害又重于露地。土壤含水量对番茄根结线虫病害有一定影响。郑长英等（2004）研究表明，土壤含水量在 39.0%～89.8%是番茄根结线虫病发生的最适湿度，土壤含水量低于 39.0%病害会延缓发生。

A

图 5－2（a） 番茄根结线虫病

A. 全田症状

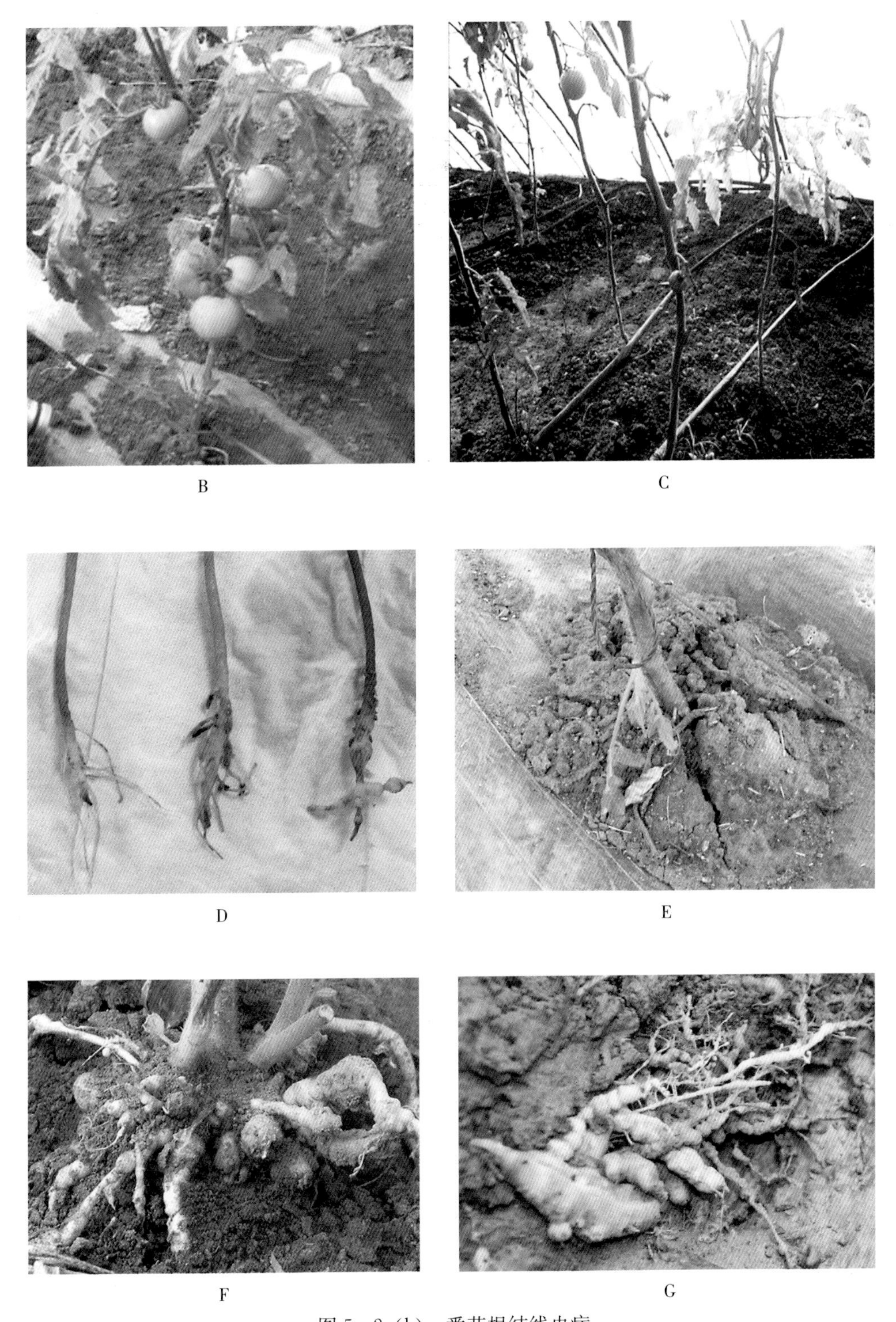

B C D E F G

图 5-2（b） 番茄根结线虫病

B. 轻度受害株 C. 重度受害株 D. 幼苗病根 E. 病株病根膨大胀裂土表 F～G. 肿大根结露出土表

H

I

J

图 5-2（c） 番茄根结线虫病

H～J. 严重肿大的根部

（二）樱桃番茄根结线虫病和根肿病

根结线虫病为樱桃番茄重要病害。部分地区发生，露地、保护地均有发生。秋茬较重，病株率常达80%以上，严重的甚至100%发病。连茬种植受害严重，显著影响樱桃番茄生产。

根肿病也是樱桃番茄的重要病害。在局部地区发生，病株率常在60%以上，显著影响樱桃番茄生产。

根结线虫病和根肿病均为樱桃番茄的重要病害。二者之间既有联系，又有不同（表5-1，图5-3，图5-4）。

表5-1　樱桃番茄根结线虫病和根肿病的异同

内容	根结线虫病	根肿病
症状	为害樱桃番茄根系，主要在侧根或须根上产生浅黄色串珠状或肿大畸形根结，剥开根结可见乳白色鸭梨状雌虫。根结之上可生细弱新根，并再次造成侵染。发病部位之后逐步变褐腐烂。轻度发病时地上症状不明显，重病时幼苗矮小、畸形、黄化、叶片类似于蕨叶病毒病症状，果实不结或者少。高温、干旱时植株萎蔫，最后枯死	根肿病只在樱桃番茄苗期时发生，仅为害幼苗根部。病害初期无明显症状，随着病害发展病幼苗侧根肿大呈短楔状；重病苗根部肿大呈外突近球形肿瘤，大小和形状差异较大，颜色由乳白变成黄褐，最后呈暗褐色，直至腐烂。病苗地上部生长缓慢，叶片窄细，呈蕨叶状扭曲，严重时萎蔫死亡 樱桃番茄的根结线虫病与根肿病症状有一定相似性：为害部位均在根部，均表现为根部肿大。区别在于根结线虫造成的肿瘤主要在侧根和须根上，根结串珠状或畸形；根肿病的肿瘤在侧根上，呈短楔状或近球状。二者最直接、最根本的症状区别在于剥开肿大根瘤，若可见乳白色鸭梨状颗粒，为根结线虫雌虫，否则为根肿病
病原或病因	南方根结线虫（*Meloidogyne incognita* Chitwood）	*Spongospora subterranea*（Wallr.）Lagerh. 鞭毛菌亚门马铃薯粉痂菌纲真菌。病原在寄主细胞内形成多角形、不规则、少数球形休眠孢子囊。孢子囊无色或略灰色，大小2.5～4.5μm；孢子囊聚集成孢子囊堆。孢子囊堆球形、长形、不规则，形状变化大，多长形。一个孢子囊堆占据一至多个细胞，大小15～110μm×10～95μm
发病规律	详见番茄根结线虫病	该病发生规律尚未完全清楚，病菌可能为土壤习居菌。以休眠孢子囊在土中越冬。病残体和未腐熟粪肥均可带菌。条件适宜时休眠孢子萌发产生游动孢子形成侵染，侵入后刺激寄主薄壁细胞分裂膨大形成肿瘤。肿瘤内病菌发育成熟，形成新一轮侵染。田间传播主要依靠雨水、灌溉水、农具和农事操作等。实际生产中，低洼、潮湿、连作、偏酸性的菜田有利于该病害发生

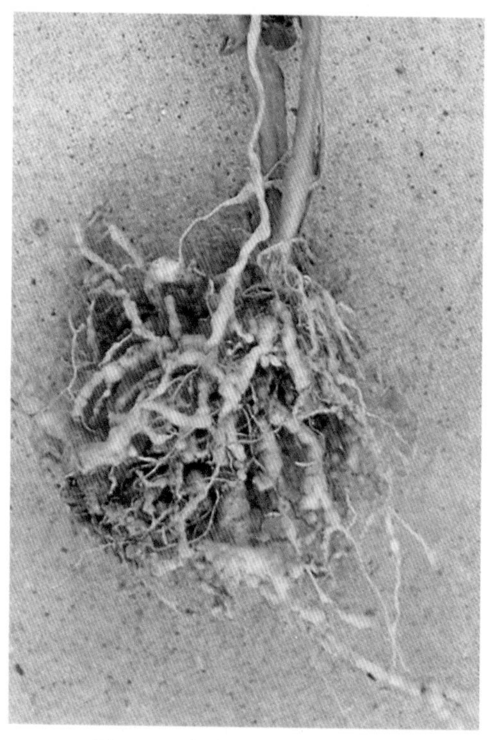

图 5-3 樱桃番茄根结线虫病

A

B

C

D

图 5-4（a） 樱桃番茄根肿病

A. 根肿病病苗 B. 初期病苗根部

C. 中后期病苗根部 D. 幼株病根放大

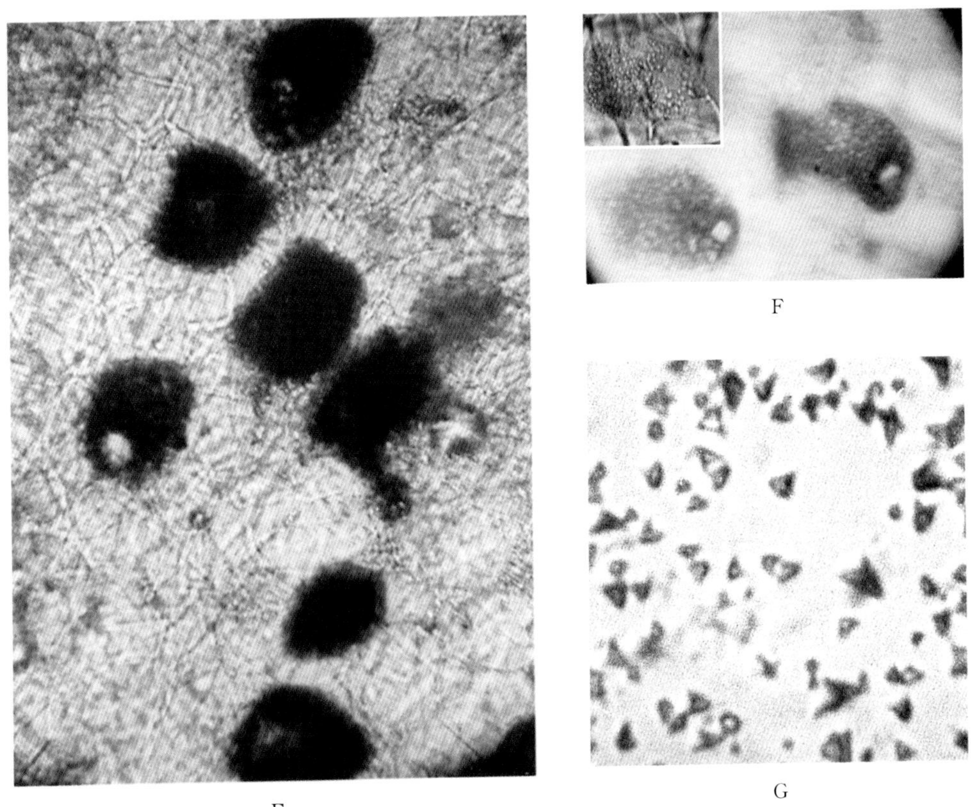

图 5-4（b） 樱桃番茄根肿病

E. 病菌休眠孢子囊堆 F. 休眠孢子囊堆放大 G. 休眠孢子囊显微放大

（三）茄子根结线虫病

【症状】茄子对根结线虫高度敏感。根结线虫病为茄子重要病害。露地和保护地均可发病，保护地内严重发生。以苗期为害为主，主根、侧根和须根均可受害。主要发生在须根或侧根上。根部形成根结，侧根和须根增多，一般在根结上可生出细弱新根，整个根系成为一个“须根团”（孔凡彬，2005）。受害病部形成串珠状瘤状物或者整条根肿大形成指状物。根结初期浅黄色，后期颜色变褐，表面粗糙龟裂，病部腐烂。受害前期或者轻度受害时，地上部症状不明显；重病时株植严重黄化，矮小，下部叶片极易脱落，果实未熟先衰；病害后期，整个植株变黄，焦枯死亡（图 5-5）。

【病原】南方根结线虫（*Meloidogyne incognita* Chitwood）。

【发病规律】详见番茄根结线虫病。

图 5-5 茄子根结线虫病

A. 地上部全田症状 B. 局部症状 C. 病株 D. 群体成株病根 E. 后期病根坏死腐烂

（四）甜椒根结线虫病和根肿病

根结线虫病为甜椒一般性病害。部分地区发生，露地、保护地均有发生，秋茬较重。一旦发病病株率较高。但是，通常不表现症状或者症状不显著。病害严重时显著影响甜椒生产。

根肿病为甜椒一般性病害，局部地区发生，病害严重时影响甜椒的生产。

甜椒根结线虫病与根肿病的区别见表5-2和图5-6、图5-7。

表5-2 甜椒根结线虫病和根肿病的异同

内容	根结线虫病	根 肿 病
症状	侵染甜椒根部。主要在苗期形成为害。侧根增多，在侧根上形成淡黄色的小型链珠状根结，有的病苗主根也略显粗大，幼叶表现出轻微畸形，严重时整个幼株枯萎死亡，田间表现为缺苗现象。后期可能由于甜椒根部木质化程度加重等原因，线虫为害几率减小。总体上甜椒根结较小、较少，症状不明显。然而实践表明甜椒可致使土壤中根结线虫大量迅速繁殖。种植甜椒后的发病田不易连茬种植感病作物	根肿病只在甜椒苗期时发生。仅为害幼苗根部。病害初期无明显症状，随着病害发展病幼苗侧根肿大，地上部生长缓慢，叶片窄细、增厚，叶色变淡，有时呈蕨叶状扭曲，严重时萎蔫死亡 甜椒根结线虫病与根肿病症状有一定相似性，为害部位均在根部，均表现为根部肿大。区别在于根结线虫造成的肿瘤主要在侧根和须根上，成小颗粒链珠状；根肿病症状为侧根肿大。必要时可借助解剖镜镜检鉴别
病原或病因	南方根结线虫（*Meloidogyne incognita* Chitwood）	鞭毛菌亚门马铃薯粉痂菌纲真菌［*Spongospora subterranea*（Wallr.）Lagerh.］。详见樱桃番茄根肿病
发病规律	甜椒根结线虫病在沙质土壤中发生严重，具体规律目前不详	详见樱桃番茄根肿病

A

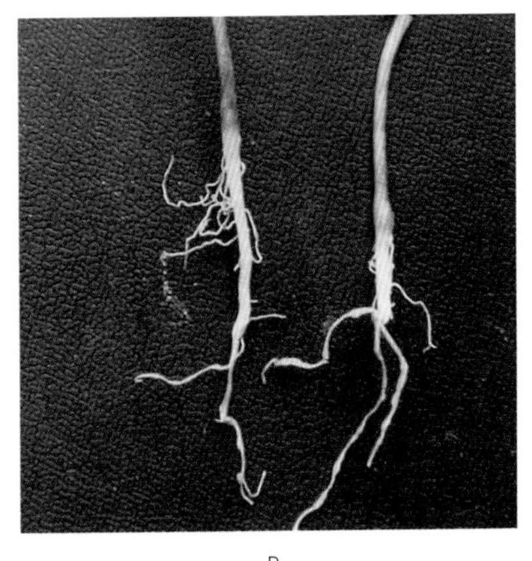

B

图5-6（a） 甜椒根结线虫病

A. 幼苗期田间症状 B. 病苗根部

C

D

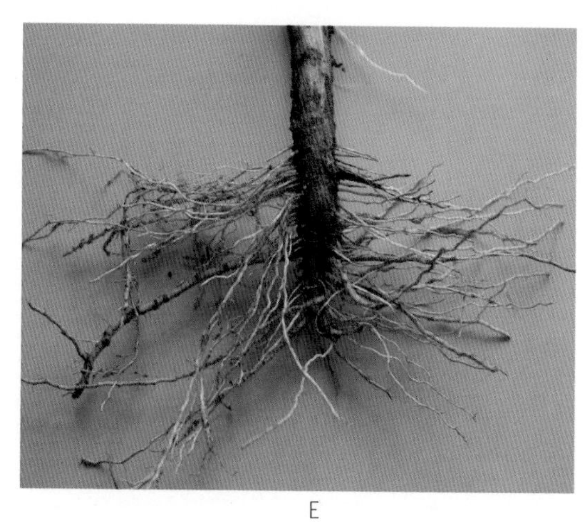

E

图 5－6（b） 甜椒根结线虫病

C. 病成株田间症状 D. 幼株病根 E. 成株病根

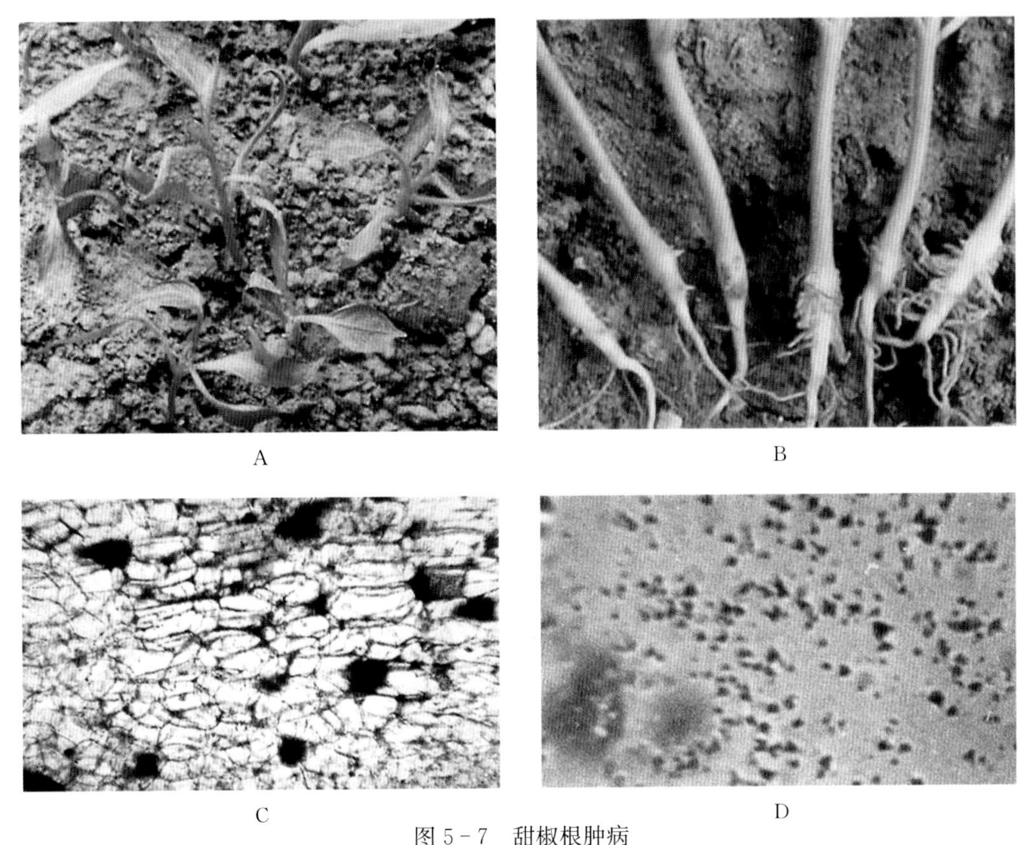

图 5-7　甜椒根肿病

A. 病苗　B. 病根　C. 孢子囊堆显微放大　D. 休眠孢子囊显微放大

（五）变色虎豆椒根结线虫病

根结线虫病为变色虎豆椒的次要病害。局部地区发生与分布。露地和保护地均可发病，尤以保护地发病严重，一定程度上影响生产。

【症状】根结线虫为害变色虎豆椒根部，侧根和须根增多，在侧根上形成串珠状瘤状物。根结初期浅黄色。受害植株前期或者轻度受害时，地上植株一般症状不明显，重病株植株矮小，中午植株叶片萎蔫。病害后期，植株叶片变黄、枯萎、直至全株死亡。

图 5-8　变色虎豆椒根结线虫病病根

【病原】南方根结线虫（*Meloidogyne incognita* Chitwood）。

【发病规律】发病规律详见甜椒根结线虫病。

二、葫芦科（Cucurbitaceae）蔬菜受害症状

葫芦科蔬菜极易受根结线虫为害。症状表现特别明显。葫芦、西瓜、黄瓜等根部受害后，初期在侧根上形成绿豆粒大小的瘤状物，表面白色光滑，后期根结部位通常极度膨大，呈不规则形状，变成褐色，根结表面粗糙不平，严重时甚至整个根连接成一大块，重达数斤。根结线虫为害不仅造成减产，还对产品质量造成影响。李文超（2006）、邹金环（2007）报道，根结线虫侵染后，黄瓜中可溶性蛋白含量在线虫密度较大时下降，维生素C、游离氨基酸含量下降，在一定程度上降低了黄瓜的营养品质。李文超等（2005、2006）研究还表明，根结线虫为害对黄瓜叶片光合作用有抑制作用，对黄瓜茎叶中的微量元素也产生影响。

（一）葫芦根结线虫病

【症状】葫芦对根结线虫高度敏感。根结线虫病是其重要病害。露地和保护地均可形成为害，尤其保护地受害严重。根结线虫为害葫芦根部，整个生长期均可侵染，以苗期染病危害较重。苗期为害，主根、侧根和须根均可被侵染；病害中、后期以侧根和须根受害为主。根结之上一般可长出细弱的新根，再度受侵染。根结通常严重膨大畸形，龟裂。根结初期乳白色至乳黄色，质地柔软，后期褐色，剥开根结可见鸭梨状乳白色雌虫。初期病苗表现为叶色变浅，叶缘枯黄，重病苗枯死；成株发病，轻度为害即可表现症状，叶色变浅，高温时中午萎蔫；重病植株显著矮化、瘦弱、叶片垂萎，生长点缩节，不结瓜、少结瓜或瓜很小（图5-9）。

A

B

图5-9（a） 葫芦根结线虫病

A. 病株上部叶片黄化、枯萎 B. 病株下部细弱

C

图 5-9（b） 葫芦根结线虫病病根

C. 根部严重肿大、畸形

【病原】南方根结线虫（*Meloidogyne incognita* Chitwood）。

【发病规律】根结线虫主要以卵囊、卵或者二龄幼虫在土壤中越冬。温度回升后，二龄幼虫开始侵染寄主幼根，形成初侵染循环。保护地内葫芦根结线虫1年内发生多代。病原多分布于20cm表层土内。通过土壤、灌溉水、农具和农事操作等传播。通常温室病害重于大棚，而大棚内病害又重于露地。

（二）黄瓜根结线虫病

【症状】黄瓜对根结线虫高度敏感。根结线虫病是其重要病害。露地和保护地均可形成为害，尤其在保护地内是黄瓜最严重的病害之一。根结线虫为害黄瓜根部，整个生长期均可侵染，以苗期染病为害较重。苗期为害，主根、侧根和须根均可被侵染；病害中、后期以侧根和须根受害为主。根结之上一般可长出细弱的新根，再度受侵染（刘桂玲等，2003）。根结通常呈串珠状，随着病害发展，侧根和须根增多，根结数量增多，根结体积增大，有时严重膨大畸形、龟裂，整个根部腐朽，成为一个“须根团”（陈艳珍，1997）。根结初期乳白色至乳黄色，质地柔软；后期褐色，剥开根结可见鸭梨状乳白色雌虫。初期病苗表现为叶色变浅，叶缘枯黄，重病苗枯死；成株发病，轻度为害即可表现症状，叶色变浅，高温时中午萎蔫；重病植株显著矮化、瘦弱、叶片萎垂，生长点缩节，花朵聚集，不结瓜、瓜很小或者为畸形瓜（图5-10）。

图 5-10（a） 黄瓜根结线虫病

A. 病苗期全田症状 B. 轻度受害病苗 C. 枯死病苗 D. 病幼株
E. 幼株严重受害枯死

图 5－10（b）　黄瓜根结线虫病

F. 成株重度受害全田症状　G. 生长点聚集　H. 聚花　I. 聚果

J. 各种畸形果　K. 幼苗病根

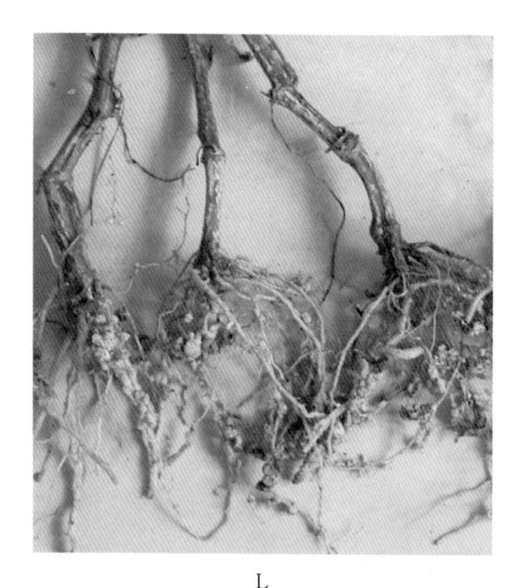

L

M

图 5 - 10（c） 黄瓜根结线虫病
L. 幼株病根 M. 成株病根

【病原】南方根结线虫（*Meloidogyne incognita* Chitwood）。

【发病规律】根结线虫主要以卵囊、卵或者二龄幼虫在土壤内越冬。温度回升后，二龄幼虫开始侵染寄主幼根，形成初侵染循环。保护地内黄瓜根结线虫 1 年内发生多代。病原多分布于 20cm 表层土内。通过土壤、灌溉水、农具和农事操作等传播。通常温室病害重于大棚，而大棚内病害又重于露地。

（三）迷你黄瓜根结线虫病

根结线虫病为迷你黄瓜的重要病害。局部地区发生与分布。露地和保护地均可发病，尤以保护地发病严重，病株率最高可达 100%，严重影响生产。

【症状】根结线虫为害迷你黄瓜根部，侧根和须根的幼嫩根尖形成串珠状瘤状物。根结初期乳白色至乳黄色，质地柔软，后期黄褐色。剥开根结可见乳白色鸭梨状雌虫。随着病害发展，根结之上将长出细弱新根，并再度受到侵染，形成根结。受害植株前期或者轻度受害时，地上植株一般症状不明显，重病株植株矮小，中午植株叶片萎蔫。病害后期，植株叶片变黄、枯萎、直至全株死亡（图 5 - 11）。

【病原】南方根结线虫（*Meloidogyne incognita* Chitwood）。

【发病规律】详见黄瓜根结线虫病。

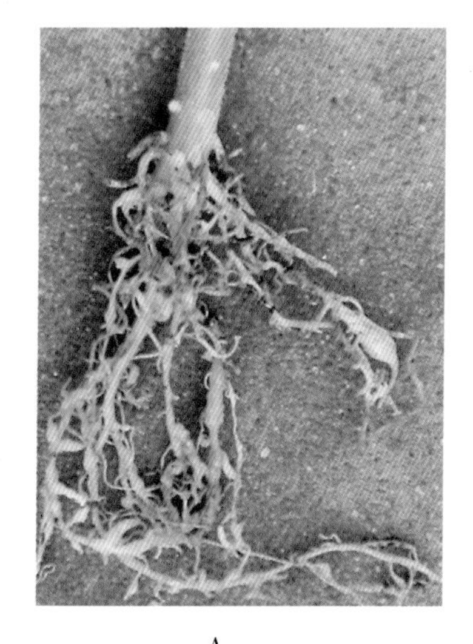

A B

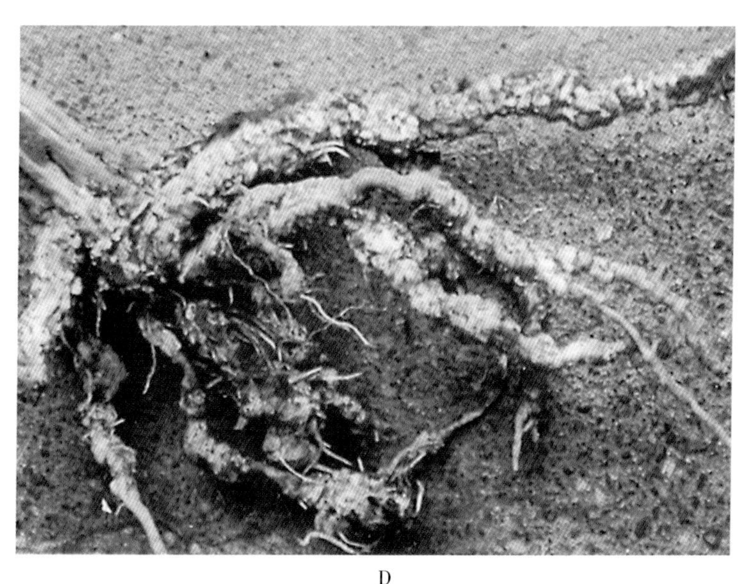

C D

图 5－11 迷你黄瓜根结线虫病

A. 初期病苗病根 B. 初期病株病根 C. 中期病株病根 D. 后期病株病根

（四）西瓜根结线虫病

根结线虫病是西瓜的重要病害。局部地区发生与分布。露地和保护地均可发病，尤以保护地发病严重。田间一旦发病，病株率往往很高，多在80%以上，最高可达100%，严重影响生产。通常温室病害重于大棚，大棚病害重于露地；秋茬病害重于春茬。西瓜和其他瓜类以及茄科、菊科等多种敏感作物连茬时，病害会加重。

【症状】根结线虫为害西瓜根部。整个生长期均可侵染。以苗期染病为害较重。

主根、侧根和须根均可被侵染，多发生在侧根或须根上。病害末期，病株主根多腐朽，侧根和须根增多，根结数量增多，体积增大。根结开始如针头般大小，以后增生膨大呈指状、小白薯状、球状等形状，有的严重膨大畸形。根结前期表面光滑，后期表面龟裂；根结早期为淡黄色，质地柔软，逐渐变为黄褐色，后期褐色，剥开根结可见鸭梨状乳白色雌虫。初期病苗表现为叶色变浅，叶缘枯黄，重病苗枯死。成株发病，轻度为害症状不明显，高温时中午萎蔫，似缺水缺肥状，不结瓜或结瓜少。重病植株显著矮化、瘦弱、叶片萎垂，嫩叶有时畸形，不结瓜或结瓜少（图 5－12），多数早期枯死。温室小西瓜受害也表现出类似症状（王青秀，2008）。此外，西瓜根结线虫病常与西瓜枯萎病复合发生（图 5－13）。

图 5－12（a） 西瓜根结线虫病

A. 病株 B. 幼株病根 C. 成株前期病根 D. 成株中期病根

E

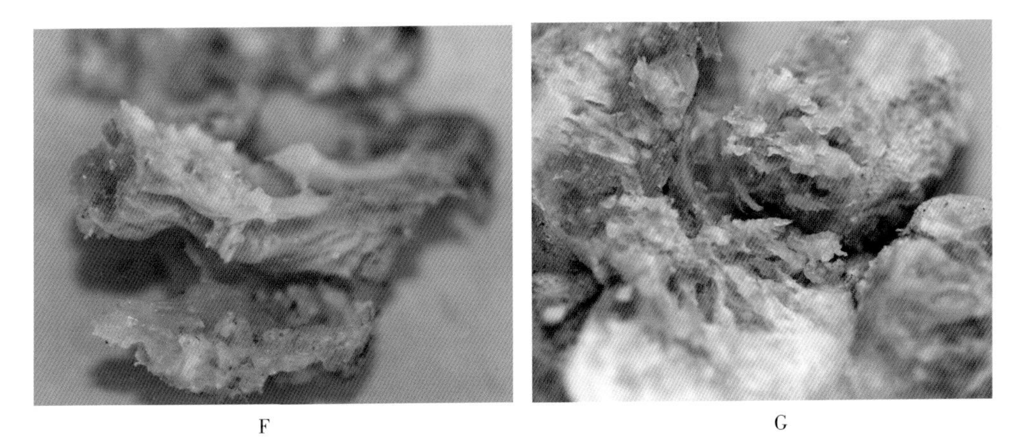

F　　G

图 5-12（b）　西瓜根结线虫病

E. 成株后期病根　F. 病根内部组织腐烂　G. 严重肿大根结内部组织

图 5-13　西瓜根结线虫—枯萎病复合病害

【病原】南方根结线虫（*Meloidogyne incognita* Chitwood）。

【发病规律】详见黄瓜根结线虫病。

（五）甜瓜根结线虫病

根结线虫病为甜瓜的重要病害，局部地区发生与分布。一旦发病，病株率常达100%，严重影响生产。

【症状】根结线虫为害甜瓜根部，以苗期染病为害较重。主根、侧根和须根均可被侵染，以侧根和须根受害为主。根结呈淡黄色葫芦状，前期表面光滑，后期表面龟裂、褐色，剥开根结可见鸭梨状乳白色雌虫。根结上通常可长出细弱的新根，并再度受到侵染，最终形成链珠状根结。初期病苗表现为叶色变浅，高温时中午萎蔫。重病植株生长不良，显著矮化、瘦弱、叶片萎垂，由下向上逐渐萎蔫，影响结实，直至全株枯死（图 5-14）。

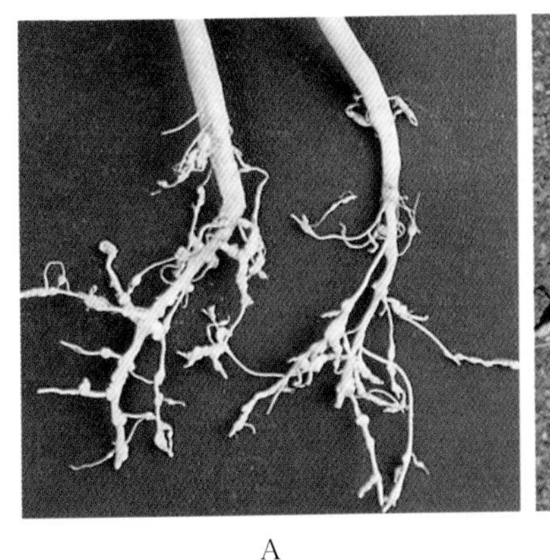
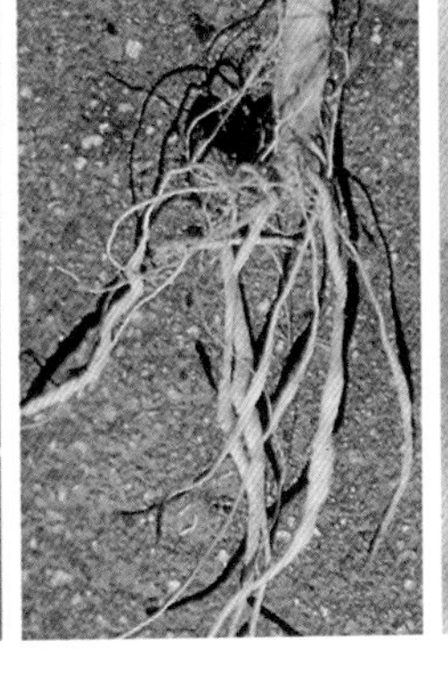
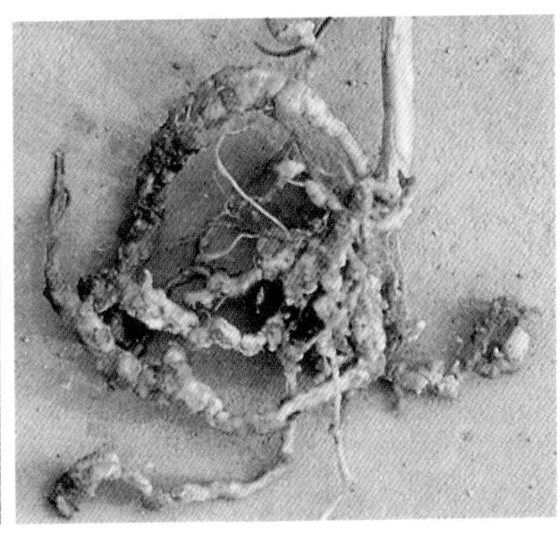

A　　B　　C

图 5－14　甜瓜根结线虫病

A. 幼苗病根　B. 幼株病根　C. 成株病根

【病原】南方根结线虫（*Meloidogyne incognita* Chitwood）。

【发病规律】详见黄瓜根结线虫病。

（六）小西葫芦根结线虫病

根结线虫病为小西葫芦的次要病害。

【症状】根结线虫为害小西葫芦根部，在幼苗侧根或须根上形成大小不均匀的肿瘤，初期乳白色至乳黄色，后期为黄褐色。剥开根结可见乳白色鸭梨状雌虫。小西葫芦受害症状一般不明显，作物能正常生长，严重为害时生长缓慢或停止生长，最后植株萎蔫枯亡（图 5－15）。

【病原】南方根结线虫（*Meloidogyne incognita* Chitwood）。

【发病规律】详见黄瓜根结线虫病。

图 5－15　小西葫芦根结线虫病病根

（七）苦瓜根结线虫病

根结线虫病为苦瓜的重要病害。局部地区发生与分布。露地和保护地均可发病，尤以保护地发病严重。尤其是近年来随着保护地苦瓜种植面积的扩大，苦瓜根结线虫病愈发严重。一旦发病，病株率可达 80％以上，造成减产 30％～60％，甚至绝产。

【症状】根结线虫为害苦瓜根部。受害植株的侧根和须根比正常植株增多，在幼嫩的须根上形成球状或者不规则的瘤状物（图 5－16）。肿瘤单生或串生。根结初期乳白色，质地柔软，后期褐色或者暗褐色，表面粗糙，龟裂。受害植株前期一般不表现症状，结瓜后地上部长势衰弱，叶片由植株下部向上逐渐变黄、枯萎，直至全株萎蔫死亡。

【病原】南方根结线虫（*Meloidogyne incognita* Chitwood）。

【发病规律】详见黄瓜根结线虫病。

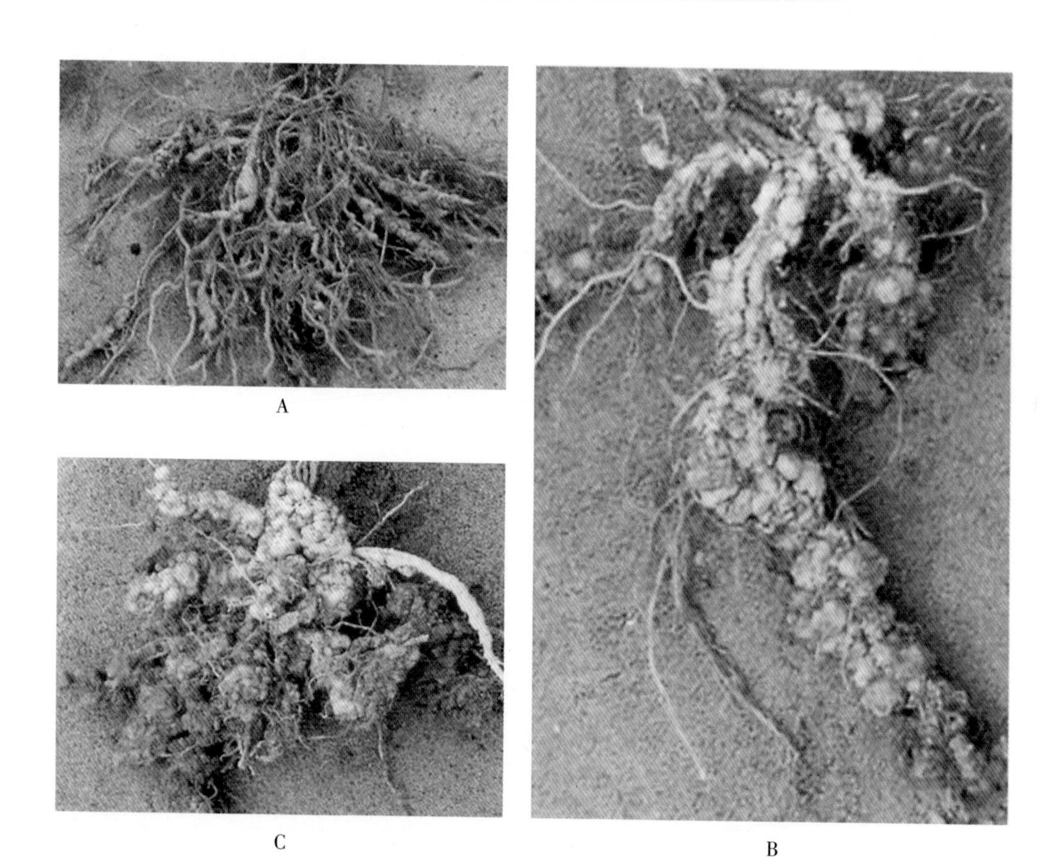

图 5-16 苦瓜根结线虫病
A. 轻度病株根部 B. 中度病株根部 C. 重度病株根部

（八）哈密瓜根结线虫病

根结线虫病为哈密瓜的重要病害，局部地区发生与分布。苗期病株率常达 60% 以上，显著影响生产。

【症状】根结线虫为害哈密瓜根部，以苗期染病为害较重。主根和侧根均可被侵染。根结呈乳白色，后期表面龟裂、褐色（图 5-17），剥开根结可见鸭梨状乳白色雌虫。病苗矮化、瘦弱，叶色逐渐变浅，高温时中午萎蔫，叶片由下向上逐渐萎蔫，直至全株枯死。

【病原】南方根结线虫（*Meloidogyne incognita* Chitwood）。

【发病规律】详见黄瓜根结线虫病。

图 5-17 哈密瓜根结线虫病

（九）丝瓜根结线虫病

根结线虫病为丝瓜的重要病害，局部地区发生与分布，显著影响生产。

【症状】丝瓜对根结线虫敏感。根结线虫为害丝瓜根部，整个生长期均可侵染，以苗期染病危害较重。主根、侧根、须根以及藤蔓节叶接触土壤产生的次生假根均可被侵染。根部受害后侧根和须根增多。根结不规则畸形膨大呈花椰菜状，有时被害部分出现比根的直径大数倍至数十倍的肿瘤。根结前期表面光滑，后期表面龟裂；初期乳白色，质地柔软，后期褐色，露出地表的根结呈青色。剥开根结可见鸭梨状乳白色雌虫。初期病苗表现为叶色变浅，叶缘枯黄，重病苗枯死。成株发病，轻度被害叶色变浅，高温时中午萎蔫。重病植株显著矮化、瘦弱、叶片萎垂，不结瓜或者瓜很小，多数早期枯死（图 5－18）。

A

B

图 5－18 丝瓜根结线虫病

A. 病株 B. 藤蔓次生根受害状

【病原】南方根结线虫（*Meloidogyne incognita* Chitwood）。

【发病规律】详见黄瓜根结线虫病。

三、豆科（Leguminosae）蔬菜受害症状

豆科蔬菜架豆、豇豆、扁豆等都比较易受根结线虫侵染。豆科作物的侧根和主根上都可能发生根结线虫病，被害部分往往出现球形或近球形颗粒状膨大。此外，豆科作物还易受胞囊线虫为害，常与根瘤菌共生形成根瘤。因此实际生产中应注意区分豆科作物的根结线虫病、胞囊线虫病和共生根瘤，以避免错防、误防，及时采取措施，正确防治。

（一）豇豆根结线虫病

根结线虫病为豇豆的重要病害，局部地区发生与分布，显著影响生产。

【症状】根结线虫为害豇豆根部。主要在幼苗期和生长前期发病。主要为害侧根和须根。病根上常串生大小不等葫芦状或不规则肿大根结。肿瘤初期乳白色至乳黄色，后期为黄褐色至褐色。病害初期，植株地上部矮小，黄化；病害后期严重时，植株生长缓慢或停止生长，植株显著矮化，根系腐烂，最后植株萎蔫枯亡（图 5－19）。

【病原】南方根结线虫（*Meloidogyne incognita* Chitwood）。

A

B

图 5－19　豇豆根结线虫病

A. 病株群体　B. 成株病根

【发病规律】主要以卵囊、卵或者二龄幼虫在土壤内越冬。温度回升后，二龄幼虫开始侵染寄主幼根，形成初侵染。线虫在植株体内经二、三、四龄幼虫和成虫交配产卵后产生卵和二龄幼虫，开始新的循环。

（二）架豆根结线虫病

根结线虫病为架豆的重要病害。局部地区发生与分布，显著影响生产。

【症状】根结线虫为害架豆根部。主要在幼苗期和生长前期，中后期侵染较少。主根、侧根和须根均可受害。病根肿大呈指状、串生呈大小不等葫芦状或者花椰菜状不规则畸形肿瘤。剥开根结可见乳白色鸭梨状雌虫。肿瘤初期乳白色，后期为灰白色至褐色。病害初期，地上植株矮小，黄化；病害后期严重时，植株生长缓慢或停止生长，显著矮化，根系腐烂，最后植株萎蔫枯亡（图 5－20）。

A

图 5－20（a）　架豆根结线虫病

A. 田间受害状

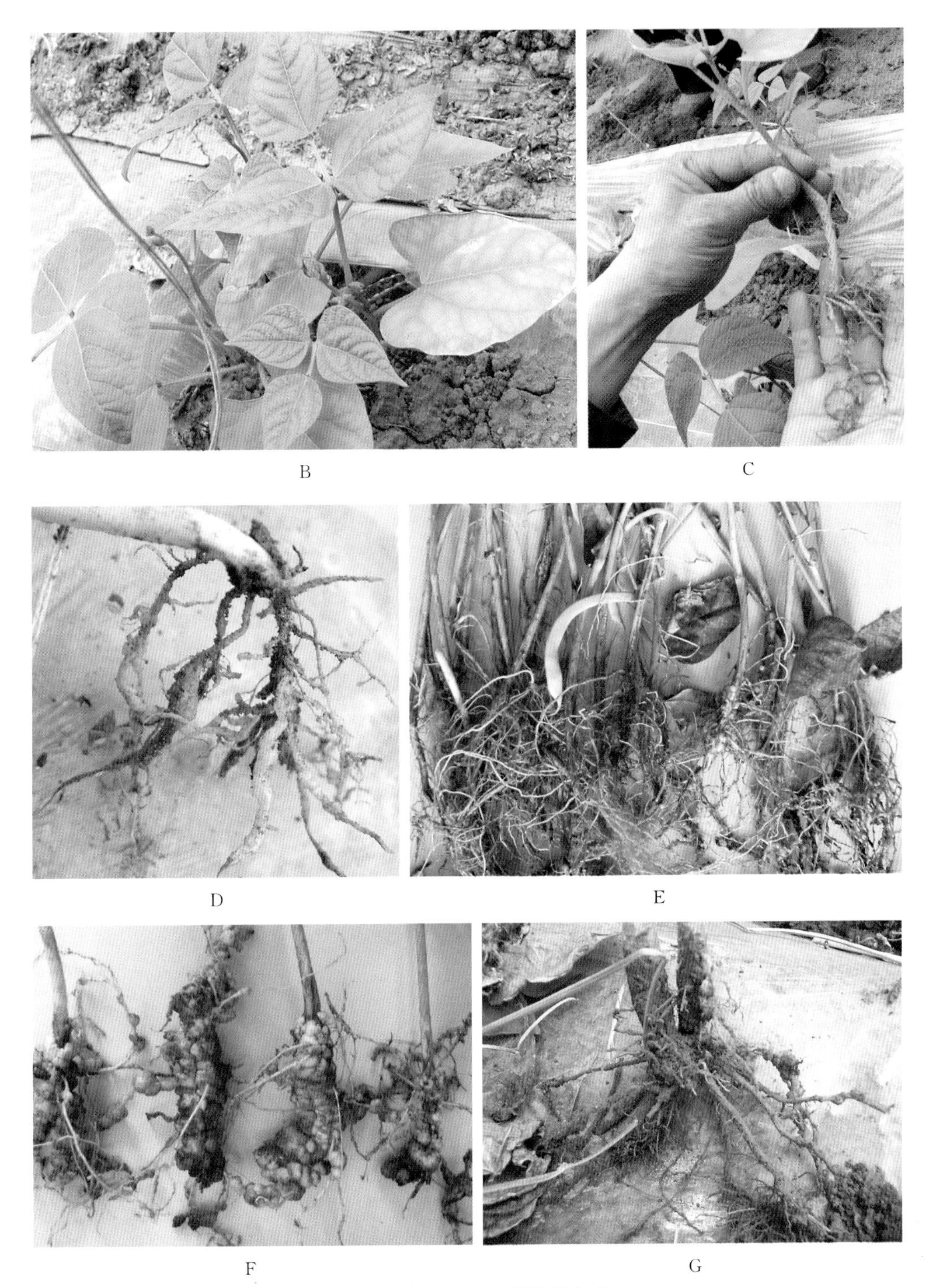

图 5－20（b） 架豆根结线虫病

B～C. 病苗 D. 病苗根部 E. 病株群体 F. 病株群体病根 G. 成株病根坏死腐烂

【病原】南方根结线虫（*Meloidogyne incognita* Chitwood）。

【发病规律】详见豇豆根结线虫病。

（三）扁豆根结线虫病

根结线虫病为扁豆的重要病害。局部地区发生与分布。病害轻度发生时一般不影响生产；重度发病时病株率可达 80%～100%，常造成病株早衰死亡，显著影响生产。

【症状】根结线虫为害扁豆根部，主要在幼苗期和生长前期发病。侧根和须根多受为害。病根上常串生大小不等葫芦状根结，或者形成花椰菜状肿瘤，剥开根结可见乳白色鸭梨状雌虫。肿瘤初期乳白色至乳黄色，后期为黄褐色至褐色。病害初期，地上植株黄化，矮小；病害后期严重时，植株生长缓慢或停止生长，植株显著矮化，根系腐烂，最后植株萎蔫枯亡（图 5－21）。

图 5－21 扁豆根结线虫病病根

【病原】南方根结线虫（*Meloidogyne incognita* Chitwood）。

【发病规律】详见豇豆根结线虫病。

（四）四棱豆根结线虫病

根结线虫病为四棱豆的重要病害。局部地区发生与分布。病害轻度发生时一般不影响生产；重度发病时病株率可达 80%以上，常造成病株早衰死亡，显著影响生产。

【症状】根结线虫为害四棱豆根部，主要在幼苗期和生长前期发病。侧根和须根受害，病根上常串生大小不等葫芦状根结，剥开根结可见乳白色鸭梨状雌虫。肿瘤初期乳白色至乳黄色，后期为黄褐色至褐色。轻度病害地上症状一般不明显，作物能正常生长；严重危害时植株生长缓慢或停止生长，植株显著矮化，结荚瘦小或不结荚，最后植株萎蔫枯亡（图 5－22）。

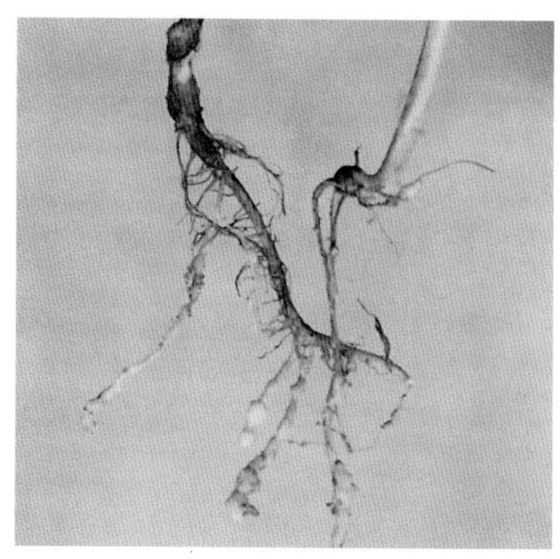

图 5－22 四棱豆根结线虫病病根

【病原】南方根结线虫（*Meloidogyne incognita* Chitwood）。

【发病规律】详见豇豆根结线虫病。

（五）菜用大豆根结线虫病、胞囊线虫病和共生根瘤

根结线虫病为菜用大豆的重要病害（图 5－23）。局部地区发生与分布。病害轻度发生时一般不影响生产。胞囊线虫病为菜用大豆的重要病害（图 5－24）。局部地区发生与分布。病害常造成 10%～20%的减产，甚至 50%以上，显著影响生产。共生根瘤为豆科植物的有益共生菌，其固氮作用，可有效促进豆科植物生长。三者田间根部症状有一定相似性和区别（表 5－3）。

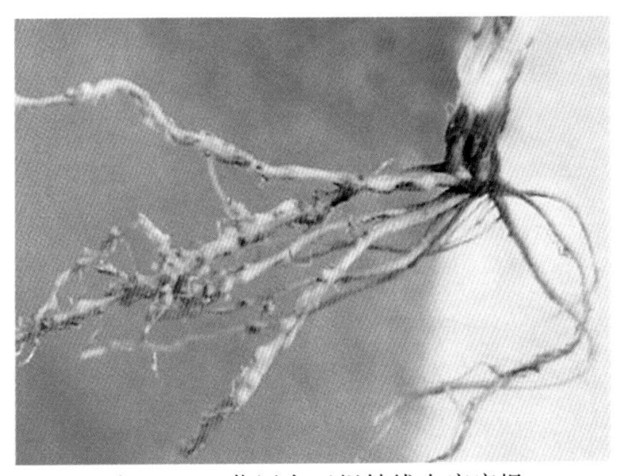

图 5－23　菜用大豆根结线虫病病根

表 5－3　菜用大豆根结线虫病、胞囊线虫病和共生根瘤的异同

内容	根结线虫病	胞囊线虫病	共生根瘤
症状或特征	为害根系，幼株受害较重。被害植株矮小，叶片由下向上黄萎，下部叶片逐渐焦灼脱落。拔出根部可见主根和侧根上诸多大小不等近葫芦状根结，初期为白色，表面光滑，后期颜色加深变褐，表皮粗糙，最后腐烂	大豆整个生育期均可受害，侵染根部。受害植株矮小，茎叶黄化，之后萎蔫死亡。花器群生，豆荚和种子皱缩瘪小，结实少或不结实。幼苗感病表现为子叶和真叶黄萎，生长迟缓。田间植株连片变黄，植株根部主根和侧根减少，须根增加，根瘤数减少，根表附有白色颗粒状物，即为病原线虫雌虫胞囊。此特点为区别根结线虫病重要症状	共生根瘤菌为豆科植物有益共生菌，革兰氏阴性细菌。共生植株长势通常优于甚至显著优于非共生植株。共生根瘤豆状，侧生于豆科植物主根和侧根上，以主根为主。淡粉色至灰褐色（图 5－25）
病原或共生因子	南方根结线虫（*Meloidogyne incognita* Chitwood）	*Heterodera glycines* Ichinohe 属大豆胞囊线虫。雄成虫线形，皮膜质透明，尾端略向腹侧弯曲，平均体长 1.24mm。雌成虫柠檬形，先白后变黄褐，大小 0.85～0.51mm。卵长椭圆形，一侧稍凹，皮透明，大小 108.2μm×45.7μm。一龄幼虫在卵内发育，蜕皮成二龄幼虫，二龄幼虫卵针形，头钝，尾细长，三龄幼虫腊肠状，生殖器开始发育，雌雄可辨。四龄幼虫在三龄幼虫旧皮中发育，不卸掉蜕皮的外壳	豆科根瘤菌 *Rhizobium* spp.

（续）

内容	根结线虫病	胞囊线虫病	共生根瘤
发病或共生规律	详见上述豇豆根结线虫病	主要以胞囊在土中越冬。带有胞囊的土块可混杂在种子间成为初侵染源。线虫在田间传播主要通过田间作业时农机具和人、畜携带含有线虫或胞囊的土壤，其次为排灌水和未经充分腐熟的肥料。通气良好的沙土和沙壤土、碱性土壤更适于线虫的生活，pH<5线虫几乎不能繁殖，土温影响线虫发育速度。连作地发病重，轮作地发病轻，作物种类对土壤中线虫的增减有明显影响	主要在苗期形成共生结构，即共生根瘤。后期坏死，失去活性，颜色常呈灰色

A

B

C

图 5-24 菜用大豆胞囊线虫病

A. 田间为害状 B. 病苗 C. 病根和胞囊

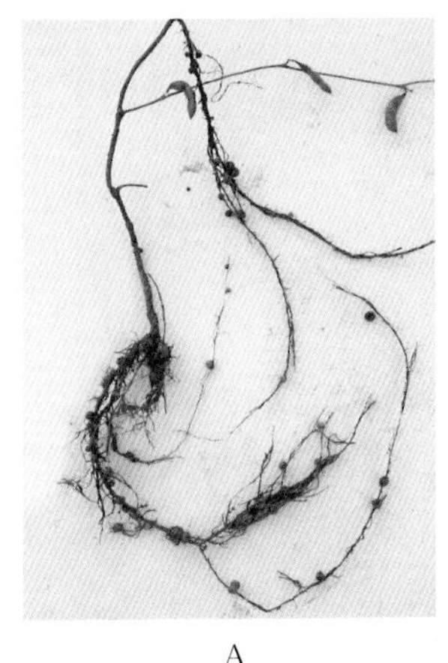

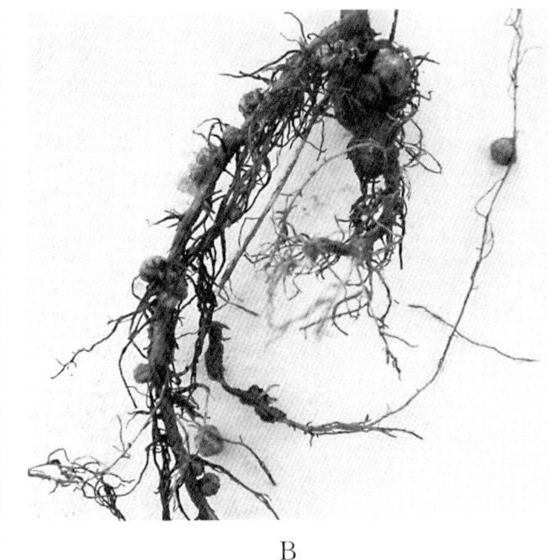

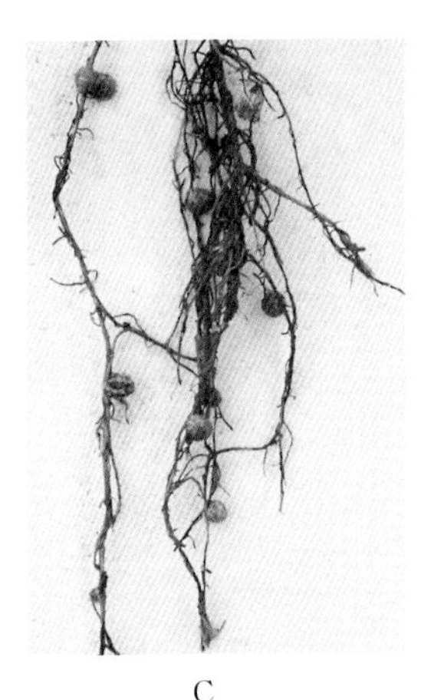

A　　B　　C

图 5－25　野生大豆与根瘤菌共生

A. 共生植株　B. 共生根部　C. 共生根瘤

四、十字花科（Cruciferae）蔬菜受害症状

十字花科蔬菜发病部位上方形成很多的短支根或密集在一起的须根，有时这些须根发展到根茎部；有些十字花科蔬菜的根结上偶尔有细弱新根产生，发病后又可产生根结。

（一）油菜根结线虫病

【症状】根结线虫为害油菜根部。被为害田常缺苗，生长不齐。染病植株地上部生长衰弱，叶色黄化，由外叶向内叶逐步萎蔫死亡。地下根部主根和侧根均可被侵染，表现为主根生长受抑制或停止生长。病部产生大小和形状不同的瘤状根结，有时串生，根结中等膨大。瘤状根结初为白色，表面光滑，质地柔软，后逐步变为褐色，表面龟裂至最后腐烂（图 5－26）。

A　　B

图 5－26（a）　油菜根结线虫病

A. 病苗田间症状　B. 病幼苗

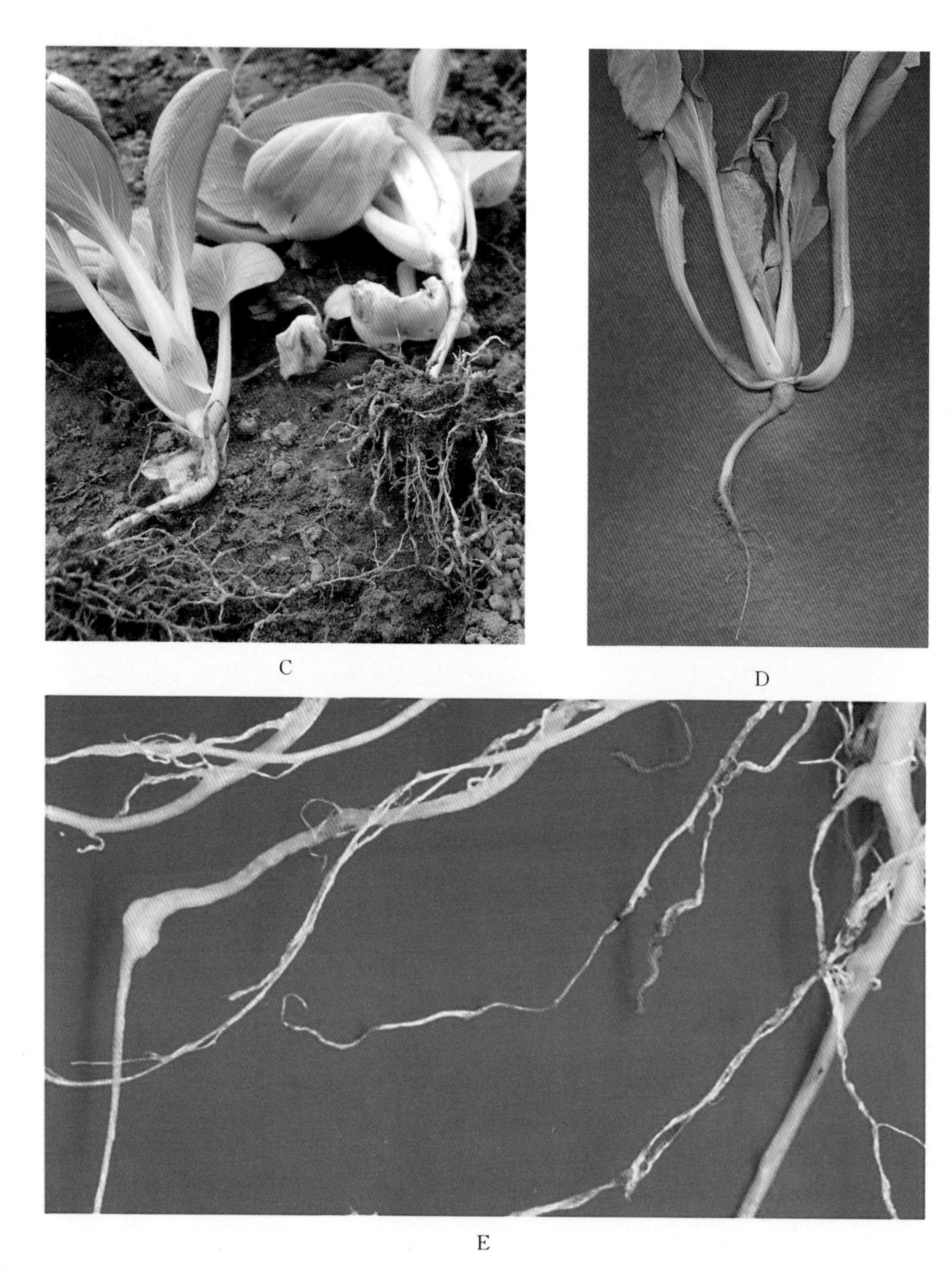

图 5 - 26（b） 油菜根结线虫病

C. 病幼株　D. 中后期病成株　E. 病成株根结

【病原】南方根结线虫（*Meloidogyne incognita* Chitwood）。

【发病规律】主要以卵囊、卵或者二龄幼虫在土壤内越冬。温度回升后，二龄幼虫开始侵染寄主幼根，形成初侵染循环。线虫在植株体内经二、三、四龄幼虫和成虫，成虫交配产卵后产生卵和二龄幼虫，开始新的循环。

（二）芥蓝根结线虫病

根结线虫病为芥蓝的一般性病害，局部地区发生。露地、保护地均可发生，病株率一般较高，常达60%以上。该病对芥蓝为害通常较轻，不影响或者轻度为害。

【症状】芥蓝根结线虫病主要在苗期发生，病原主要侵染幼苗细嫩幼根，形成小葫芦状肿瘤。随着病害发展，地下根部根结数量增多，体积增大。地上部幼株，轻度为害时外围叶片黄化，瘦弱，高温、干燥时萎蔫；重度为害时植株不能正常发育，明显矮化，甚至枯萎（图5-27），显著影响生产。

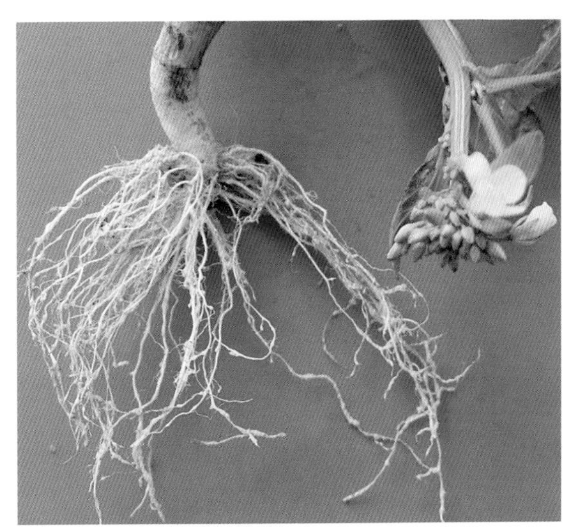

图5-27　芥蓝根结线虫病病根

【病原】南方根结线虫（*Meloidogyne incognita* Chitwood）。

【发病规律】详见油菜根结线虫病。

（三）菜心根结线虫病

根结线虫病为菜心一般性病害。局部地区发生与分布。露地和保护地内均可发生。在北方地区尤以保护地内发病普遍，病株率常达60%以上，严重时显著影响菜心生产。

【症状】根结线虫主要为害菜心根部。染病植株地上部生长衰弱，叶色黄化，由外叶向内叶逐步萎蔫死亡。地下根部主根生长受抑制或停止生长，侧根和须根增多。幼嫩的侧根和须根上产生大小和形状不同的瘤状根结，有时串生。瘤状根结初为白色，表面光滑，质地柔软，后逐步变为褐色，表面龟裂，至最后腐烂（图5-28）。

【病原】南方根结线虫（*Meloidogyne incognita* Chitwood）。

【发病规律】详见油菜根结线虫病。

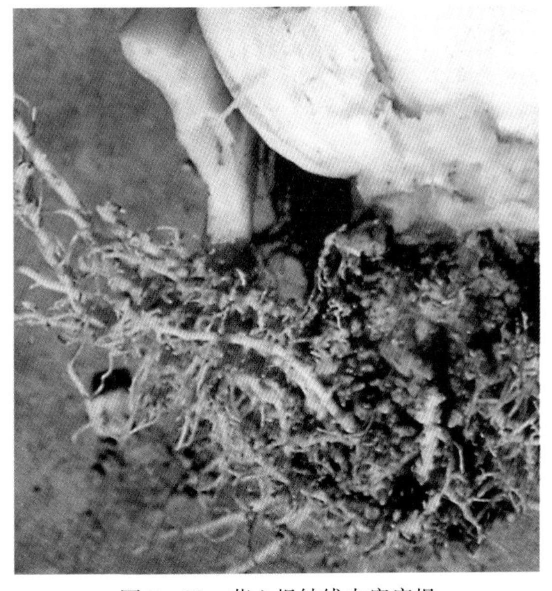

图5-28　菜心根结线虫病病根

（四）甘蓝根结线虫病

根结线虫病为甘蓝一般性病害。局部地区发生与分布。通常对生产轻度影响。

【症状】主要为害甘蓝根部。染病植株地上部生长衰弱，叶色黄化，由外叶向内叶逐步萎蔫死亡。地下根部表现为侧根和须根显著增多。幼嫩的侧根和须根上产生大小和形状不同的瘤状根结，单生或有时串生。瘤状根结初为白色，表面光滑，质地柔软，后逐步变为褐色，最后腐烂（图 5-29）。

【病原】南方根结线虫（*Meloidogyne incognita* Chitwood）。

【发病规律】详见油菜根结线虫病。

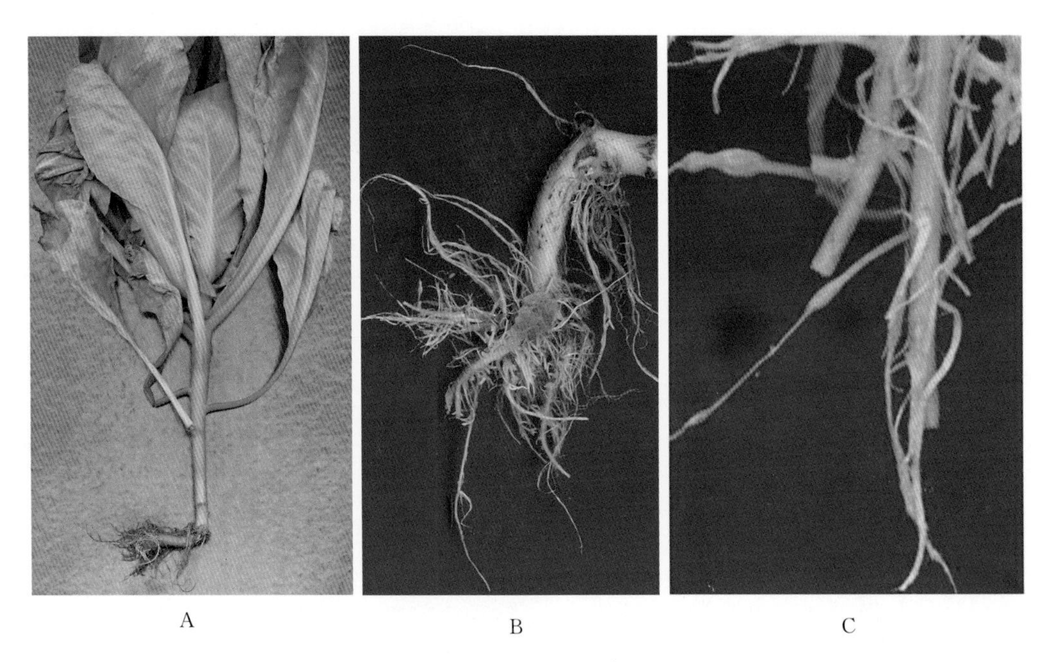

A　　B　　C

图 5-29　甘蓝根结线虫病

A. 病苗　B. 病根　C. 根结

（五）紫甘蓝根结线虫病

【症状】详见甘蓝根结线虫病。

【病原】南方根结线虫（*Meloidogyne incognita* Chitwood）。

【发病规律】详见油菜根结线虫病。

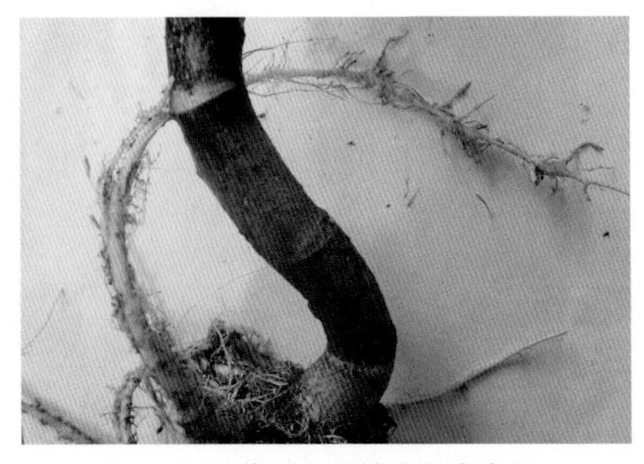

图 5-30　紫甘蓝根结线虫病病根

（六）花椰菜根结线虫病

根结线虫病为花椰菜一般性病害。局部地区发生与分布。病害严重时显著影响生产。

【症状】染病植株地上部生长衰弱，叶色黄化，由外叶向内叶逐步萎蔫死亡。地下根部表现为主根生长受抑制或停止生长，侧根和须根显著增多。幼嫩的侧根和须根上产生细长条形小白薯状根结。根结初为白色，表面光滑，质地柔软，后逐步变为褐色，最后腐烂（图 5－31）。

【病原】南方根结线虫（*Meloidogyne incognita* Chitwood）。

【发病规律】详见油菜根结线虫病。

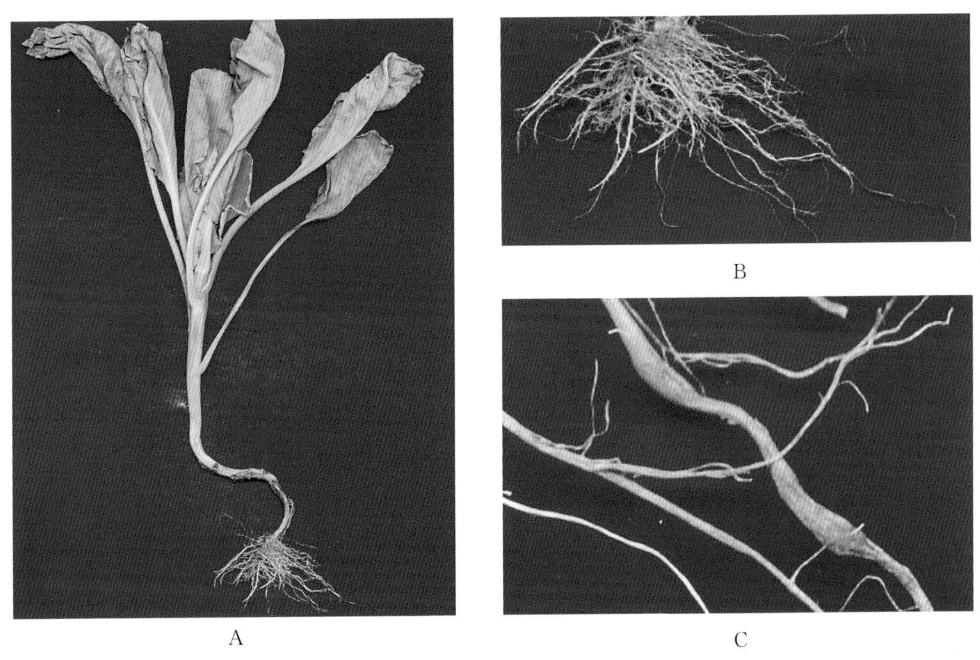

图 5－31　花椰菜根结线虫病

A. 病苗　B. 幼苗病根　C. 根结

（七）青花菜根结线虫病和茎瘤病

青花菜（西兰花）根结线虫病局部地区轻度发生，为青花菜一般性病害，对生产无显著影响。病害严重时会影响正常生产，造成损失。

茎瘤病为青花菜一般性生理伤害，少数地区发生。若一旦发生，植株受害率较高，对青花菜的正常生产影响显著。

两种病害的区别见表 5－4。

表 5-4 青花菜根结线虫病和茎瘤病的异同

内容	根结线虫病	茎 瘤 病
症状	病原为害青花菜根部。主要在苗期为害，成株期后青花菜根系木质化程度较大，线虫难以侵入。苗期主要表现为新生嫩根受害，被侵染的幼根呈现出粗细不均等的肿大，或者形成串珠状肿瘤（图 5-32），发病部位之后逐步变褐并腐烂。青花菜根结线虫病通常轻度发生，发病幼苗地上部叶色变浅，生长较为缓慢，严重时停止生长，甚至枯萎死亡	病原为害青花菜根茎部。受害植株表现为根茎部位异常膨胀，之后膨大成疱状突起，慢慢破裂，颜色变褐，最终形成表面粗糙的肿突，或者腐烂（图 5-33）。地下部根茎表现为侧根和须根减少，严重时呈黄褐色至锈褐色坏死。有时易和根结线虫病发生混淆
病原或病因	南方根结线虫（*Meloidogyne incognita* Chitwood）	生理性病害。可能病因：定植前青花菜生产地块使用种类或者剂量不当的除草剂；周边地块的有害除草剂（如 2，4-滴丁酯）因喷雾飘移或灌溉流水接触到青花菜；浇灌化肥厂废水；施用未腐熟粪肥易造成该生理性病害，例如大量使用屠宰废弃物沤肥
发病规律	详见芹菜根结线虫病	

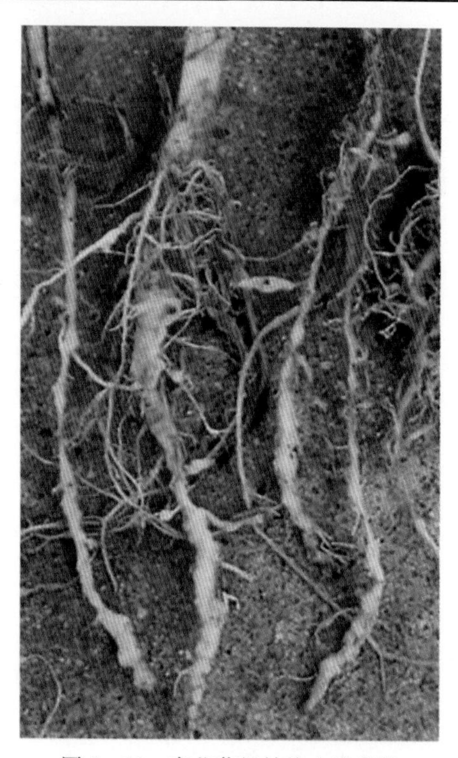

图 5-32 青花菜根结线虫病病根

A

B

图 5-33 青花菜茎瘤病

A. 根茎受害状 B. 茎瘤病病部

（八）萝卜根结线虫病

根结线虫病为萝卜次要病害，一般不影响生产。

【症状】萝卜肉质根不被根结线虫侵染。细根和须根受害，根尖出现极微小的根瘤，有时串生。根结初为白色，表面光滑，质地柔软，后逐步变为褐色，最后腐烂。染病植株地上部生长一般不受影响，病害严重时，地上部植株衰弱，叶色黄化，须根增多（图 5－34）。

A

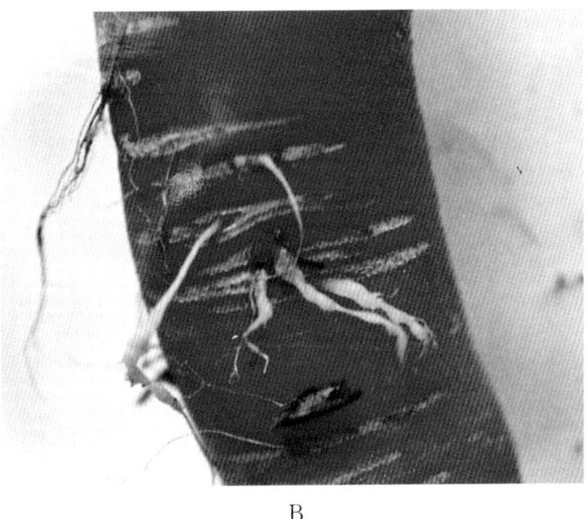

B

图 5－34 萝卜根结线虫病

A. 病株 B. 根结

【病原】南方根结线虫（*Meloidogyne incognita* Chitwood）。

【发病规律】详见油菜根结线虫病。

（九）樱桃萝卜根结线虫病

根结线虫病为樱桃萝卜次要病害，一般不影响生产。

【症状】樱桃萝卜肉质根不被根结线虫侵染。细根和须根受害，根尖出现极微小的根瘤，有时串生（图 5－35）。根结初为白色，表面光滑，质地柔软，后逐步变为褐色，最后腐烂。染病植株地上部生长一般不受影响。病害严重时，植株衰弱，叶色黄化，须根增多。

图 5－35 樱桃萝卜根结线虫病病根

【病原】南方根结线虫（*Meloidogyne incognita* Chitwood）。

【发病规律】详见油菜根结线虫病。

（十）白菜根结线虫病和根肿病

根结线虫病为白菜的一般性病害，局部地区发生。通常轻度发生，不影响白菜生产。严重时为害较大。

根肿病为白菜的重要病害。主要分布于我国南方地区，北部地区偶发。一旦发病，病株率较高，局部地区可达100%，为害较重，明显影响生产。除白菜之外，根肿病菌还可为害其他几种十字花科蔬菜。

两种病害的比较见表5-5。

表5-5 白菜根结线虫病和根肿病的异同

内容	根结线虫病	根肿病
症状	主要在苗期为害，成株期后为害较少。苗期新生根受害部位表现为粗细不均等的肿大，或者串珠状肿瘤。发病部位之后逐渐变褐并腐烂。白菜根结线虫病通常轻度发生，发病幼苗地上部叶色变浅、黄化，生长较为缓慢，严重时停止生长，甚至枯萎死亡	病原为害白菜根部。苗期发病损失严重。植株发病初期，田间症状不明显，主要表现为植株矮小，生长缓慢，白天高温条件下外叶萎蔫，傍晚至清晨可恢复；后期植株叶片颜色逐渐暗淡，叶缘枯黄，严重时枯死。挖出病根可见根部肿大呈瘤状。肿瘤初期表面光滑，以后逐步粗糙不平，最后甚至完全腐烂。肿瘤的形状、大小和数量因部位不同而异。主根上根瘤多靠近上部，球形或近球形，体积大，数量少；侧根上肿瘤小而多，指状或小白薯状肿大；须根上肿瘤常多个串生，单个个体很小（图5-36） 白菜根结线虫病与根肿病症状有一定相似性，均表现为根部肿大或成瘤状。它们的区别在于根结线虫造成的肿瘤主要在侧根和须根上，主根上较少，且症状不明显；根肿病的肿瘤在主根、侧根、须根上均有，且主根肿大显著
病原或病因	南方根结线虫（*Meloidogyne incognita* Chitwood）	*Plasmodiophora brassicae* Woron. 属鞭毛菌亚门根肿菌纲芸薹根肿菌真菌。病原在寄主细胞内形成球形、单胞、无色或略灰色的休眠孢子囊。孢子囊在寄主细胞内聚集成鱼卵块状。休眠孢子囊萌发产生具有双鞭毛的游动孢子，在水中进行短距离移动
发病规律	详见芹菜根结线虫病	芸薹根肿菌土传为专性寄生菌。在土壤中以休眠孢子越冬。可存活6～7年。病株残体可携带病菌，雨水、灌溉水、农具等能近距离传播病菌，种苗调运等可远距离传播病菌。适宜条件下，休眠孢子萌发产生游动孢子，通过伤口或表皮孔侵入根毛或幼根，从皮层进入形成层，形成变形体，刺激寄主薄壁细胞分裂膨大形成肿瘤。变形体在寄主细胞内逐步发育为孢子囊，产生休眠孢子，并蔓延到皮层和中柱 pH 5.4～6.5的酸性土壤，18～25℃的土壤温度，70%～90%的土壤湿度，适宜于根肿菌休眠孢子囊萌发和游动孢子侵染；碱性土壤，9℃以下、30℃以上的温度条件均不利于发病。实际生产中，低洼、潮湿、连作或水田旱作的菜田该病害通常严重发生

A

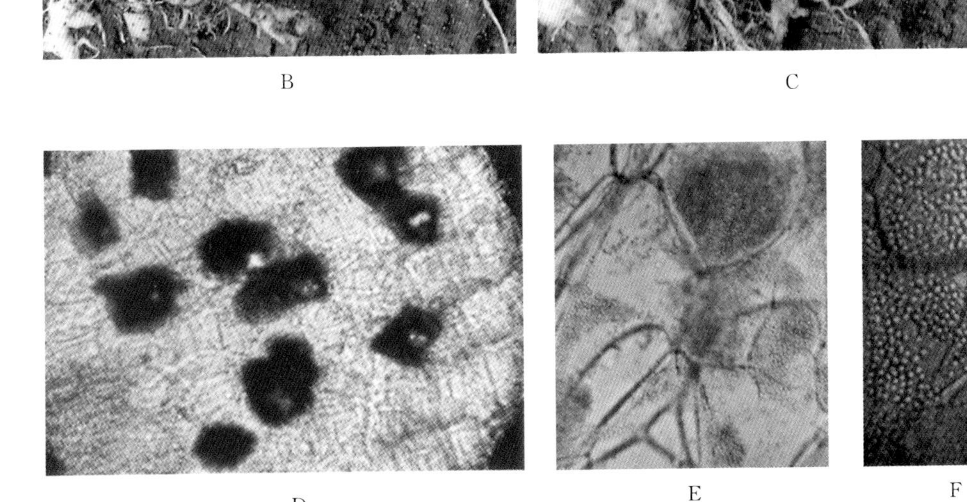

B　C

D　E　F

图 5－36　白菜根肿病

A. 田间为害状　B. 幼苗肿根　C. 成株肿根

D. 休眠孢子囊团　E. 孢子囊团显微放大　F. 孢子放大

五、菊科（Asteraceae）蔬菜受害症状

（一）结球莴苣根结线虫病

根结线虫病为结球莴苣的重要病害。局部地区发生。露地和保护地内均可发病，在北方地区尤以保护地发病普遍，病株率常达100%，为害严重。

【症状】根结线虫主要为害结球莴苣根部。病害轻度发生时，地上症状不明显，甚至看不出异常，仅在高温、干旱的中午外部叶片出现萎蔫；严重发病时，幼株或植株地上部矮小、生长缓慢、长势衰弱，不包心或松散包心，叶色较淡，甚至枯黄。根部可见乳黄色串珠状或糖葫芦状肿大根瘤（图5-37），后期病部颜色变褐，逐步腐烂。

【病原】南方根结线虫（*Meloidogyne incognita* Chitwood）。

【发病规律】二龄幼虫或卵在土壤中越冬。条件适宜时成为初始侵染源。二龄幼虫从结球莴苣幼嫩根尖侵入，刺激细胞分裂、膨大形成瘤状根结。幼虫在根结内部发育成成虫，并交尾产卵，形成新的侵染循环。

图5-37（a） 结球莴苣根结线虫病

A. 幼苗群体症状 B. 幼株群体症状

C. 轻度受害成株病根 D. 中度受害成株病根

E

图 5-37（b） 结球莴苣根结线虫病

E. 重度受害成株病根

（二）叶用莴苣根结线虫病

根结线虫病为叶用莴苣（又称油麦菜）一般性病害。局部地区发生。露地和保护地内均可发病。在北方地区尤以保护地发病普遍，中度为害。

图 5-38 叶用莴苣根结线虫病病根

【症状】发病植株地上部矮小、生长缓慢、长势衰弱，下部叶色较淡或者枯黄，后期枯死腐烂。根部可见乳黄色串珠状或者糖葫芦状肿大根瘤（图 5-38），后期变褐腐烂。

【病原】南方根结线虫（*Meloidogyne incognita* Chitwood）。

【发病规律】详见结球莴苣根结线虫病。

（三）苦菜根结线虫病

根结线虫病为苦菜的重要病害。局部地区发生与分布。露地和保护地均可发病。一旦发病，病株率常达100%，严重为害苦菜生产。

【症状】根结线虫为害苦菜根部。在主根上形成半球形至球形肿瘤（图5-39），乳黄色至橘黄色。随着病害发展，苦菜地上部逐步褪绿变黄，严重时萎蔫枯亡，病根部肿瘤逐步变褐腐烂。

【病原】南方根结线虫（*Meloidogyne incognita* Chitwood）。

【发病规律】详见芹菜根结线虫病。

A

B

图5-39 苦菜根结线虫病

A. 中期病根 B. 后期病根

六、伞形花科（Umbelliferae）蔬菜受害症状

（一）芹菜根结线虫病

根结线虫病为芹菜的重要病害。局部地区发生。露地和保护地均可发病，尤以保护地发病严重，病株率常达40%～60%，严重的达100%，显著影响芹菜生产。

【症状】幼苗期主要为害主根，后期由于主根木质化程度逐步加大，多为害幼嫩侧根和须根。根部受害后，病部呈现出大小不等的串珠状、糖葫芦状或小白薯状肿瘤（图5-40）。根结初期乳白色至乳黄色，后期逐步变褐腐烂。受害幼苗地上部植株生长缓慢或停止，由外叶向内叶叶色逐渐褪绿变黄，最后全株萎蔫枯死。留种株不结实或结实不良（盛仙俏，2006）。

【病原】南方根结线虫（*Meloidogyne incognita* Chitwood）。

【发病规律】二龄幼虫或卵在土壤中越冬。条件适宜时成为初始侵染源。二龄幼虫从结球莴苣幼嫩根尖侵入，刺激细胞分裂、膨大形成瘤状根结。幼虫在根结内部发育成成虫，并交尾产卵，完成生活史。

A　B　C　D　E　F

图 5－40（a）　芹菜根结线虫病

A. 苗期田间症状　B. 幼株田间症状　C. 成株田间局部症状　D. 黄化病株

E～F. 健株和病株群体对比（左为健株，右为病株）

G

H

I

图 5-40（b） 芹菜根结线虫病

G. 病幼株根部 H. 病成株根部 I. 根结

（二）香芹根结线虫病

根结线虫病为香芹的重要病害。局部地区发生。露地和保护地均可发病，尤以保护地发病严重。一旦发病，病株率常达80%以上，甚至100%。轻度为害造成减产，严重时显著影响香芹生产，甚至绝产。

【症状】根结线虫为害香芹根部。初期地上部症状不明显，植株矮小，外叶有时黄化，空气干燥时植株萎蔫。随着病害发展，受害幼苗生长缓慢或停止，叶色逐渐褪绿变黄，最后全株萎蔫枯死。幼株根部侧根和须根较易受害，病部呈现大小不等的瘤状根结（图5-41）。初期乳白色至乳黄色，后期逐步变褐腐烂。

【病原】南方根结线虫（*Meloidogyne incognita* Chitwood）。

【发病规律】详见芹菜根结线虫病。

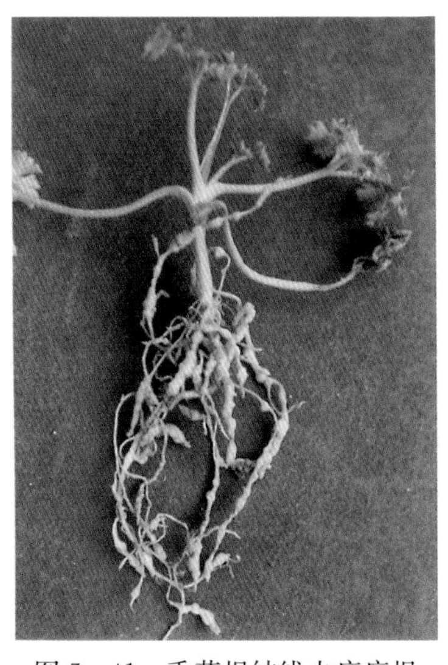

图5-41　香芹根结线虫病病根

（三）胡萝卜根结线虫病

根结线虫病为胡萝卜的重要病害。局部地区发生。露地和保护地内均可发病，沙土地发病严重。一旦发病，病株率较高，甚至达100%，对生产影响明显。

【症状】根结线虫主要为害根系。发病植株呈叉状分枝，有时在根部末端散生近球形，初呈乳白色，后为黄褐色。侧根上亦可生出近球形根结。发病植株生长缓慢，块根畸形或变小，地上部长势不良，矮化、扭曲（图5-42）。

A

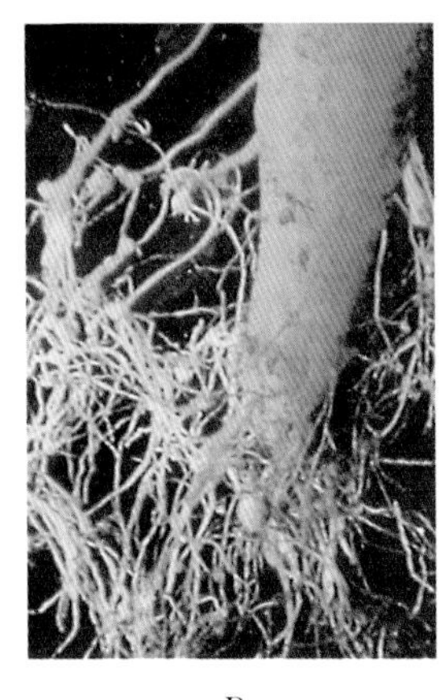

B

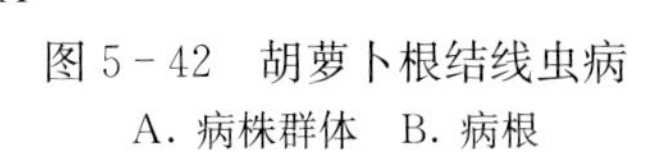

图5-42　胡萝卜根结线虫病

A. 病株群体　B. 病根

【病原】南方根结线虫（*Meloidogyne* spp. Chitwood）。

【发病规律】详见芹菜根结线虫病。

(四) 茴香根结线虫病

根结线虫病为茴香的一般性病害。局部地区发生。老菜田易发生。露地和保护地均可发病，尤以保护地发病严重。一旦发病，病株率最高可达100%。严重时造成显著减产。

【症状】根结线虫为害茴香根部。主要在春保护地和夏、秋露地发病。侵染幼苗根系，主根和侧根均可受害，病部不均匀肿大，在新长出的侧根上形成链珠状肿瘤。初期地上部症状不明显，植株矮小，外叶有时黄化，空气干燥时植株萎蔫。随着病害发展，病根腐烂坏死，幼苗生长缓慢或停止，叶色逐渐褪绿变黄，最后全株萎蔫枯死（图5-43）。

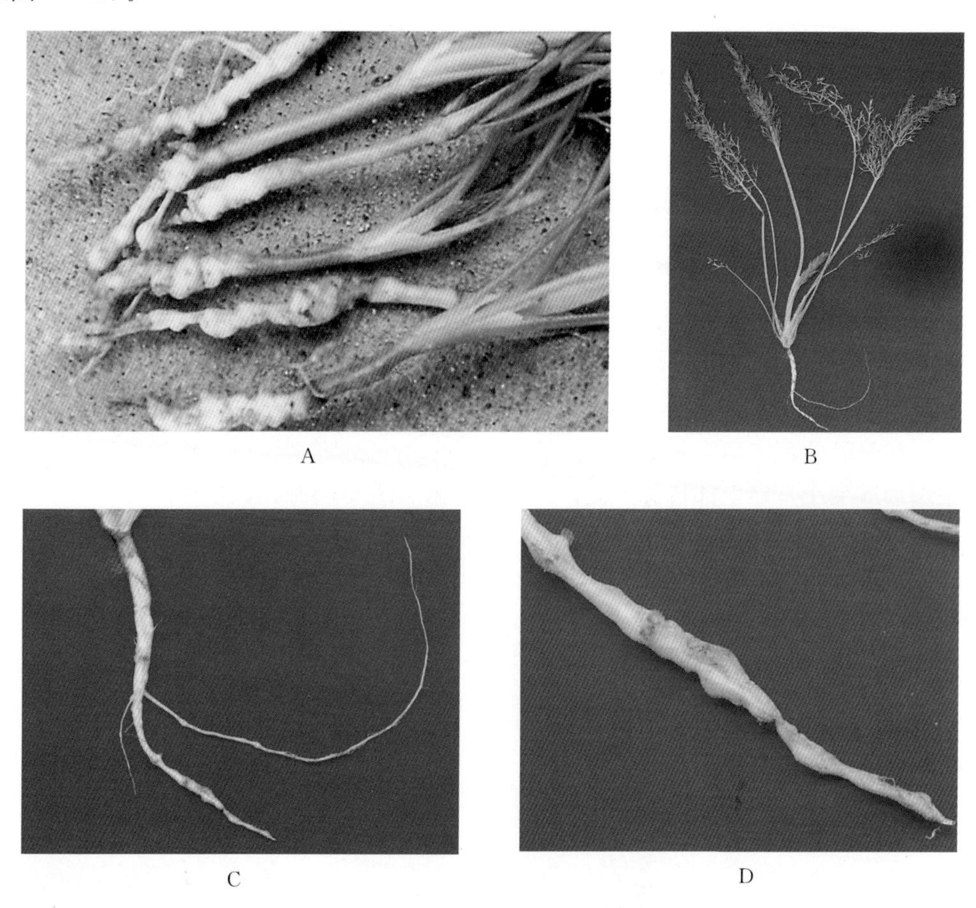

A B C D

图5-43 茴香根结线虫病

A. 病苗 B. 病株 C. 病根 D. 根结

【病原】南方根结线虫（*Meloidogyne incognita* Chitwood）。

【发病规律】详见芹菜根结线虫病。

七、藜科（Chenopodiaceae）蔬菜受害症状

（一）菠菜根结线虫病

根结线虫病为菠菜的重要病害。部分地区发生。露地和保护地均可发病，尤以保护地发病严重。一旦发病，病株率常达80%以上，显著影响菠菜生产。

【症状】根结线虫为害菠菜根部。主要侵染侧根和须根，形成大小不等的乳白色、链状、球状或葫芦状根结（图5-44）。主根有时也呈粗细不均匀肿胀。剥开根结可见乳白色、鸭梨状雌虫。为害初期地上部症状不明显，植株矮小，黄化，后期病株显著矮化畸形，最后全株萎蔫枯死。

图5-44 菠菜根结线虫病病株

【病原】南方根结线虫（*Meloidogyne incognita* Chitwood）。

【发病规律】详见芹菜根结线虫病。

（二）甜菜根结线虫病

根结线虫病为甜菜的重要病害。部分地区发生。露地和保护地均可发病，尤以保护地发病严重。一旦发病，病株率较高，病害严重时显著影响生产。

【症状】根结线虫为害根部。主根、侧根和须根均可侵染。主根上形成大小不等的链状或葫芦状根结，或者呈粗细不均匀肿胀，红根甜菜根结淡红色。剥开根结可见乳白色、鸭梨状雌虫。为害初期地上部症状不明显，植株矮小，黄化，后期病株显著矮化畸形，最后全株萎蔫枯死（图 5－45）。

【病原】*Meloidogyne incognita* Chitwood 南方根结线虫。

【发病规律】详见芹菜根结线虫病。

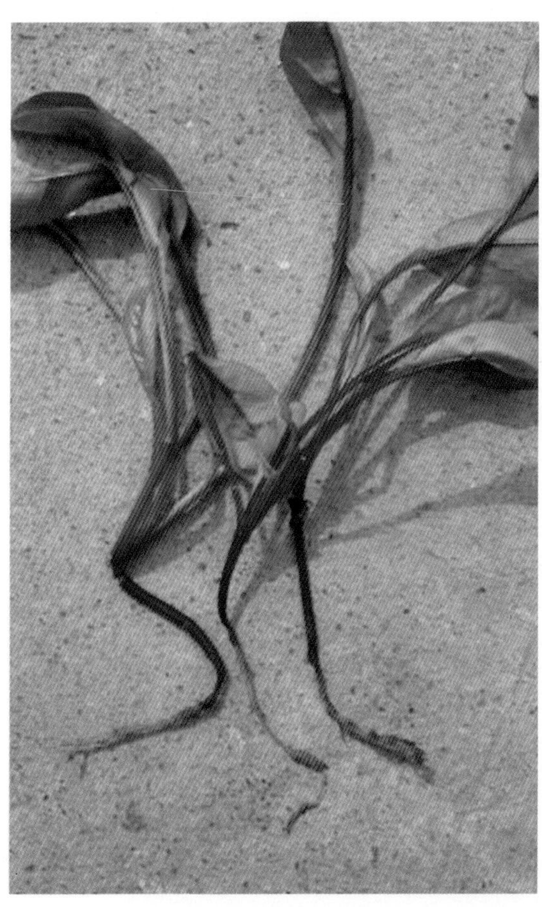

A

B

图 5－45　红根甜菜根结线虫病

A. 病苗　B. 根结

八、落葵科（Basellaceae）蔬菜受害症状

落葵根结线虫病

根结线虫病为落葵（又称木耳菜）的重要病害。部分地区发生。露地和保护地均可发病，尤以保护地发病严重。一旦发病，病株率常达80%以上，显著影响落葵生产。

【症状】根结线虫为害落葵根部。在侧根和须根上形成大小不等球状至葫芦状的根结。以后逐步发展为形状各异的根结，最后腐烂。剥开根结可见乳白色、鸭梨状雌虫。为害初期地上部症状不明显，植株矮小，褪绿，后期病株显著矮化、畸形，最后全株萎蔫死亡（图5－46）。

【病原】南方根结线虫（*Meloidogyne incognita* Chitwood）。

【发病规律】详见芹菜根结线虫病。

A

B

图5－46（a） 落葵根结线虫病

A. 病幼株田间症状 B. 病成株

C

图 5-46（b） 落葵根结线虫病

C. 病成株根部

九、苋科（Amaranthaceae）蔬菜受害症状

苋菜根结线虫病

根结线虫病为苋菜的重要病害。局部地区发生与分布。露地和保护地均可发病，在北方尤以保护地发病严重。一旦发病，病株率常达 80%以上，甚至 100%。轻度为害对生产影响较小，严重时显著影响产量和产值。

【症状】根结线虫为害苋菜根部。在侧根和须根上产生大小不等的乳白色或淡红色瘤状根结。严重时主根也会被侵染，形成较大的葫芦状根结（图 5-47）。受害的植株矮小，黄化，严重时萎蔫枯萎死亡。

【病原】南方根结线虫（*Meloidogyne incognita* Chitwood）。

【发病规律】详见芹菜根结线虫病。

图 5－47　苋菜根结线虫病病根

十、番杏科（Aizoaceae）蔬菜受害症状

番杏根结线虫病

根结线虫病为番杏的一般性病害。局部地区发生与分布。露地和保护地均可发病，在北方尤以保护地发病严重。轻度为害对生产影响较小，严重时显著影响生产。

图 5－48　番杏根结线虫病病根

【症状】根结线虫为害番杏根部。主要侵染侧根和须根，形成大小不等的乳白色、链状、球状或葫芦状根结。剥开根结可见乳白色、鸭梨状雌虫。轻度为害或病害初期地上部症状不明显，病害严重时植株矮小，黄化，后期病株萎蔫枯死（图 5－48）。

【病原】南方根结线虫（*Meloidogyne incognita* Chitwood）。

【发病规律】详见芹菜根结线虫病。

十一、锦葵科（Malvaceae）蔬菜受害症状

秋葵根结线虫病

根结线虫病为秋葵的重要病害。局部地区发生与分布。露地和保护地均可发病，在北方尤以保护地发病严重。一旦发病，病株率常达80%以上，甚至100%。轻度为害对生产影响较小，严重时显著影响生产。

【症状】根结线虫危害根部，主要为害苗期。主根和侧根均可被侵染，形成大小不等的乳白色或淡红色、链状、球状或葫芦状根结。剥开根结可见乳白色、鸭梨状雌虫。为害初期地上部症状不明显，植株矮小，黄化，后期病株显著矮化，最后全株萎蔫枯死（图5－49，图5－50）。

【病原】南方根结线虫（*Meloidogyne incognita* Chitwood）。

【发病规律】详见结球莴苣根结线虫病。

图5－49 黄秋葵根结线虫病病根

A

图5－50（a） 红秋葵根结线虫病

A. 病幼苗

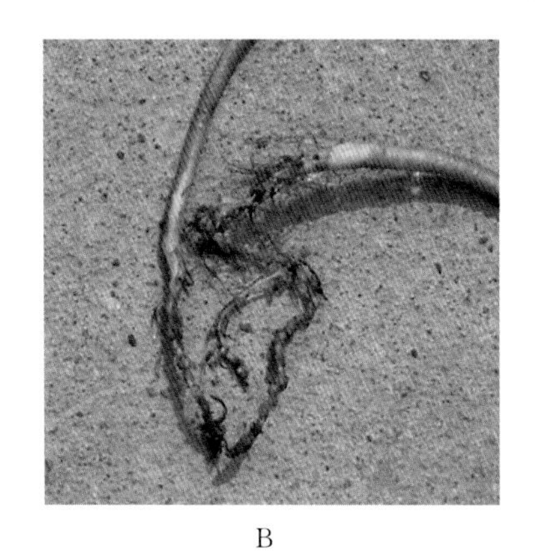

B

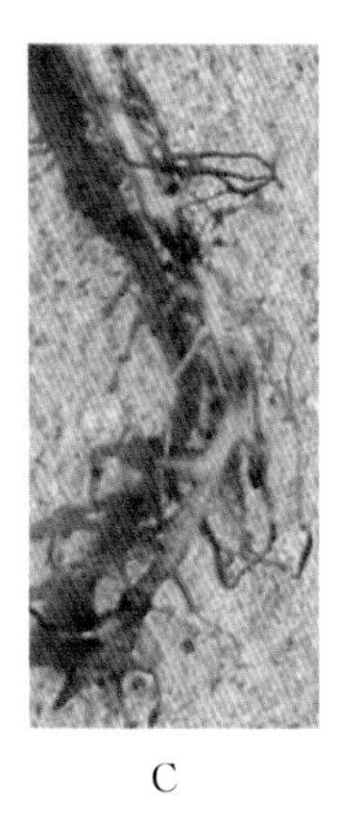

C

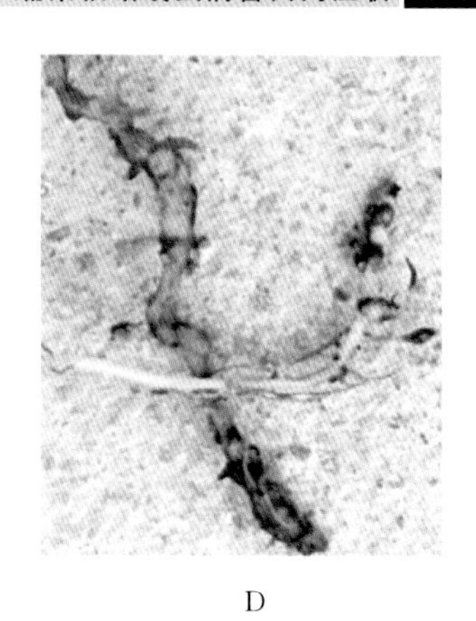

D

图 5-50（b）　红秋葵根结线虫病

B. 病幼苗根部　C~D. 根结

十二、旋花科（Convolvulaceae）蔬菜受害症状

空心菜根结线虫病

根结线虫病为空心菜的一般性病害。局部地区发生与分布。露地和保护地均可发病。轻度为害对生产影响较小，严重时显著影响生产。

【症状】根结线虫为害空心菜根部。主根、侧根和须根均可受害，形成大小不等的乳白色、葫芦状或粗细不均匀肿胀根结（图 5-51）。为害初期地上部症状不明显，植株矮小，黄化，后期病株萎蔫枯死。

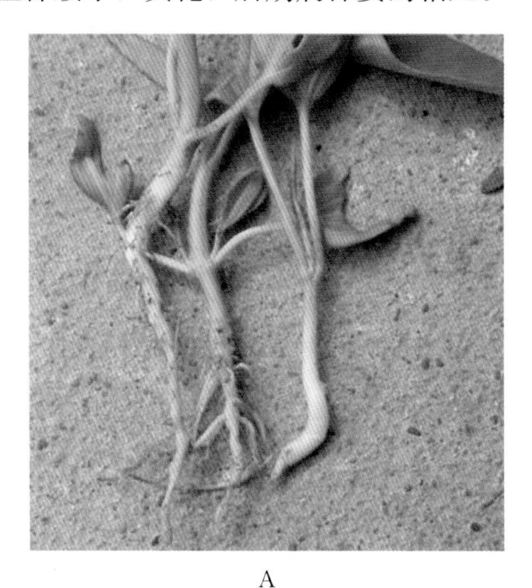

A

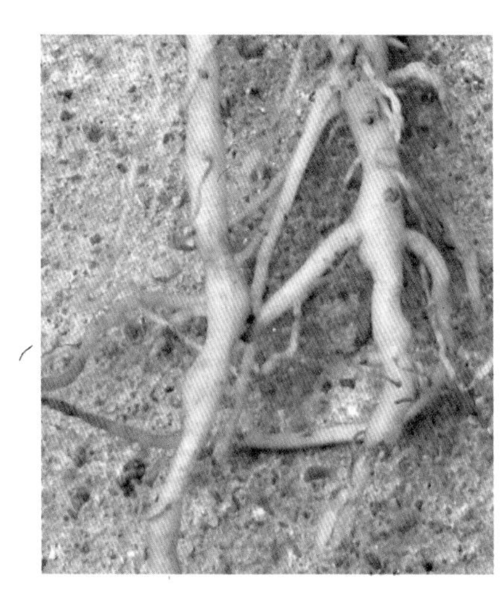

B

图 5-51　空心菜根结线虫病

A. 病苗　B. 病根

【病原】南方根结线虫（*Meloidogyne incognita* Chitwood）。

【发病规律】详见芹菜根结线虫病。

十三、马齿苋科（Portulacaceae）蔬菜受害症状

马齿苋根结线虫病

根结线虫病为马齿苋的重要病害。局部地区发生与分布。露地和保护地均可发病。一旦发病，病株率较高，常达30%～50%，重时80%～100%，严重为害马齿苋。

【症状】根结线虫为害马齿苋根部。在幼嫩主根上形成粗细不均匀的肿瘤，或侧根串珠状至葫芦状根结。初期乳白色至粉红色，随着病害发展，颜色变褐，腐烂。轻度为害时马齿苋正常生长，而严重为害时，植株生长缓慢或停止生长，植株萎蔫枯亡（图5-52）。

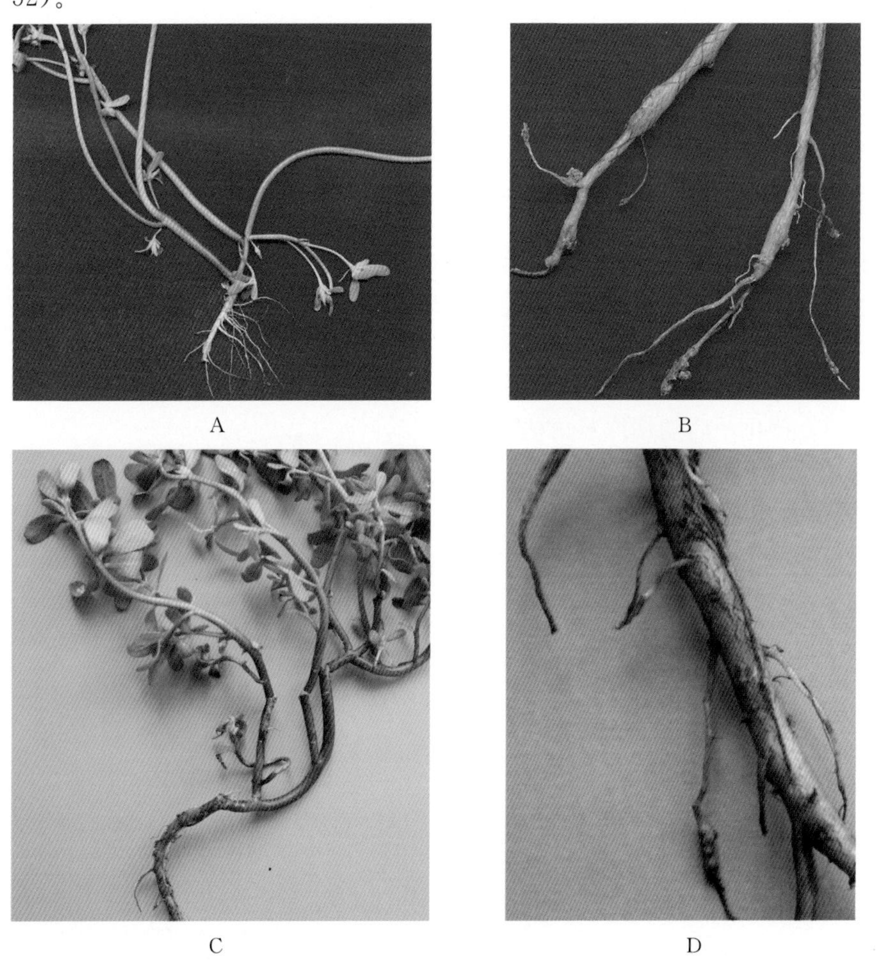

图5-52　马齿苋根结线虫病

A. 病幼苗　B. 病幼苗根部　C. 病幼株　D. 病幼株根部

【病原】南方根结线虫（*Meloidogyne incognita* Chitwood）。

【发病规律】详见芹菜根结线虫病。

第三节　根结线虫为害菜田杂草症状

当蔬菜寄主缺乏，或者当土壤根结线虫密度较大时，根结线虫往往会侵染菜田杂草。大部分菜田杂草都能被侵染。但是，受害后症状通常不明显，根结较小，地上部症状不突出。

一、禾本科（Poaceae）杂草受害症状

禾本科杂草在我国广泛分布。菜田中常见的有稗草、狗尾草等。禾本科杂草为须根系，根长而细，一般情况下不易被根结线虫寄生。根结线虫主要为害禾本科杂草的须根，形成串珠状的小肿瘤，但是，地上部症状不显著。

（一）稗草根结线虫病

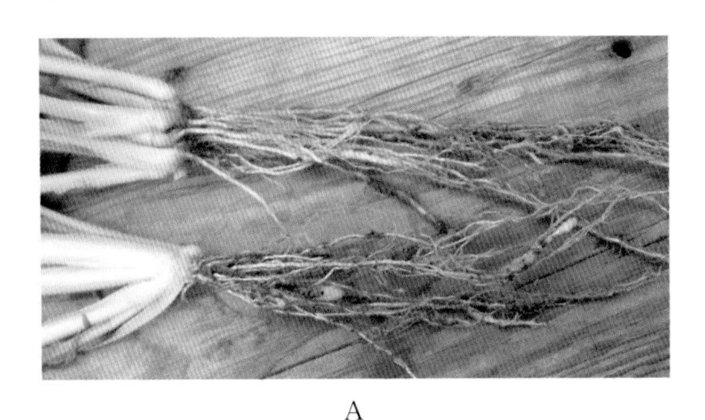

A

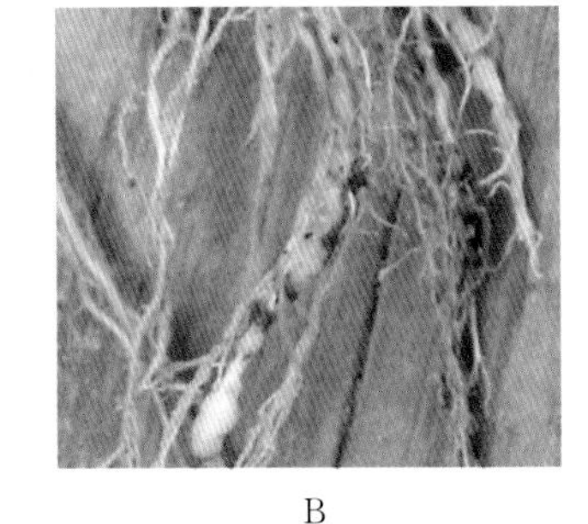

B

图 5－53　稗草根结线虫病

A. 病株　B. 病根根结

（二）狗尾草根结线虫病

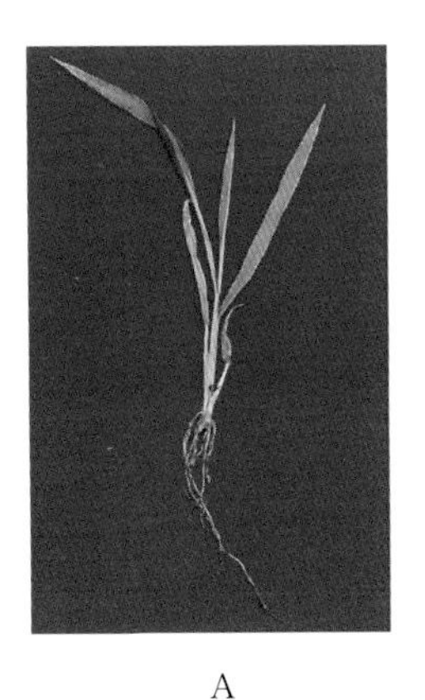

A

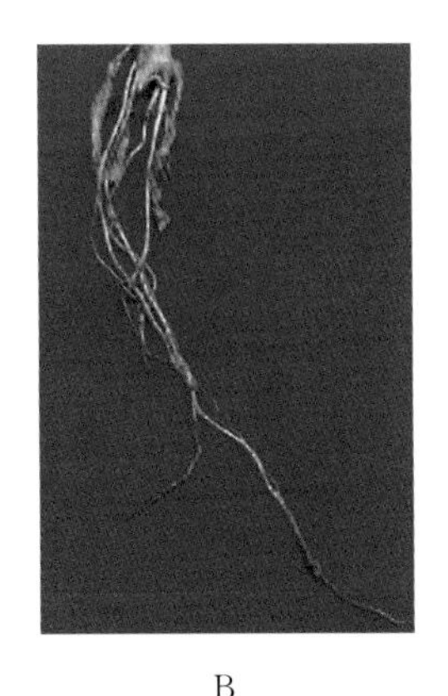

B

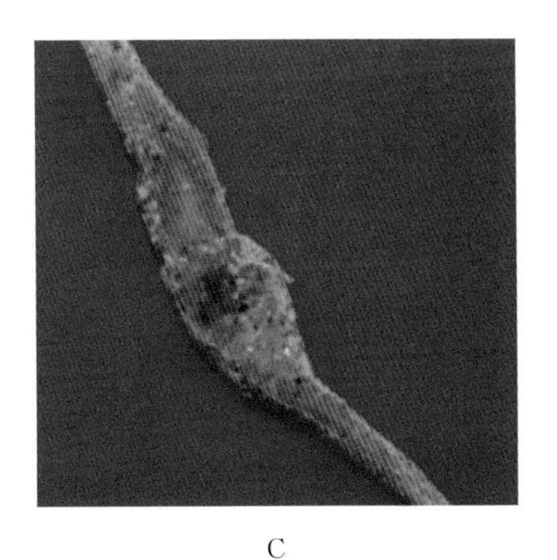

C

图 5－54　狗尾草根结线虫病

A. 病苗　B. 病根　C. 根结

二、十字花科（Cruciferae）杂草受害症状

十字花科杂草为一年生或多年生草本植物。在全国范围内广泛分布。荠菜、风花菜等为菜田最常见的十字花科杂草。该类杂草有显著的主根。根结线虫主要为害其侧根和须根根尖部位，形成肿大根结。受害植株地上部症状一般不明显，受害严重时底部个别叶片枯黄。

（一）风花菜根结线虫病

A

B

图 5-55　风花菜根结线虫病

A. 病株　B. 病根

（二）荠菜根结线虫病

A

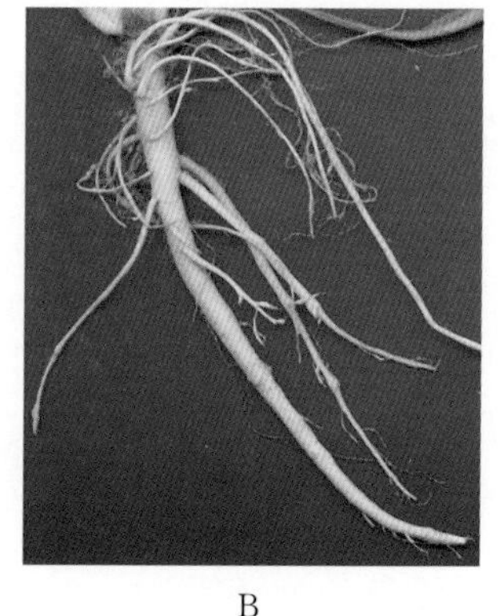

B

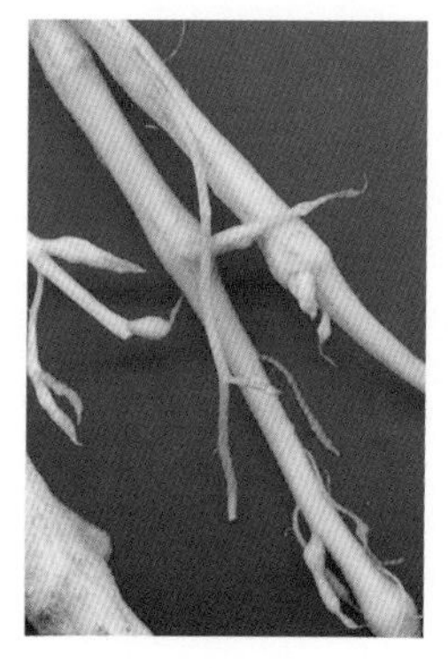

C

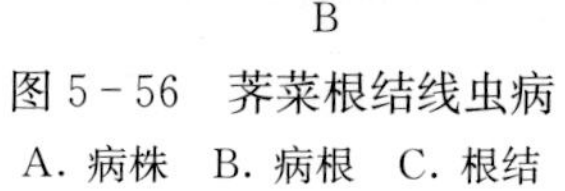

图 5-56　荠菜根结线虫病

A. 病株　B. 病根　C. 根结

（三）臭荠根结线虫病

A

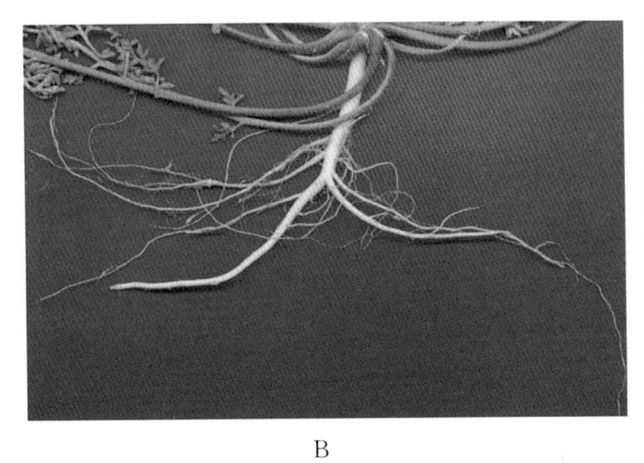

B

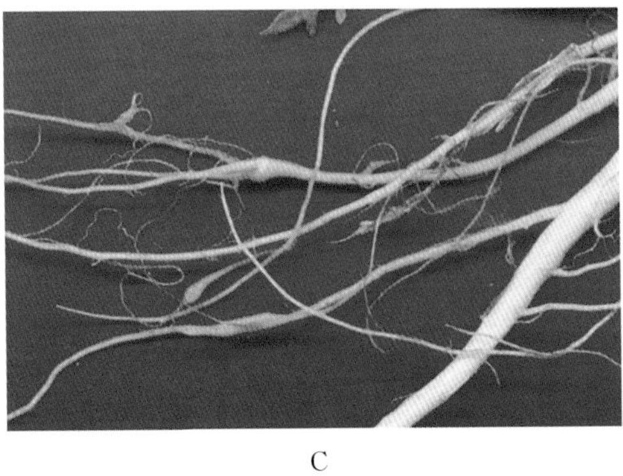

C

图 5-57 臭荠根结线虫病

A. 病株 B. 病根 C. 根结

三、菊科（Asteraceae）杂草受害症状

菊科是双子叶植物中种类最多的一个科，多为草本植物。菊科杂草在我国范围内广泛分布，但热带地区较少。刺儿菜、蒲公英、墨旱莲、小飞蓬、地丁草等为最常见菜田菊科杂草。根结线虫主要为害其侧根和须根，形成单个或串生的糖葫芦状肿瘤，受害植株地上部矮化，但是，一般轻度为害时不明显。

（一）刺儿菜根结线虫病

图 5－58　刺儿菜根结线虫病

A. 病幼株　B. 幼株病根　C. 病成株　D. 成株病根　E. 根结

（二）墨旱莲根结线虫病

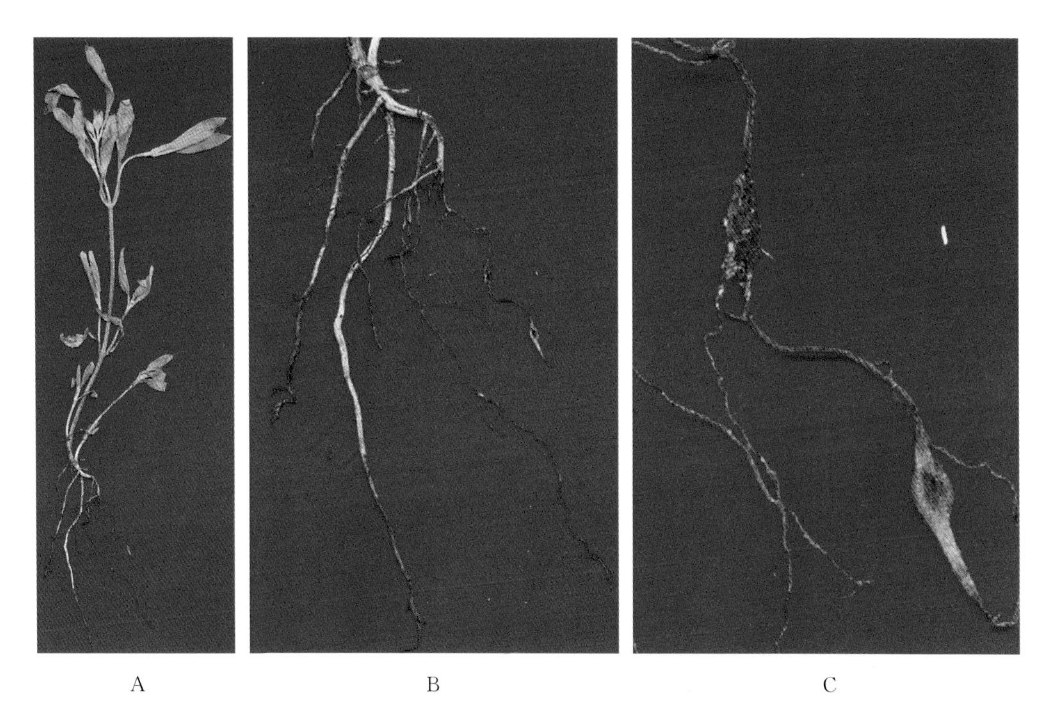

图 5-59　墨旱莲根结线虫病
A. 病株　B. 病根　C. 根结

（三）小飞蓬根结线虫病

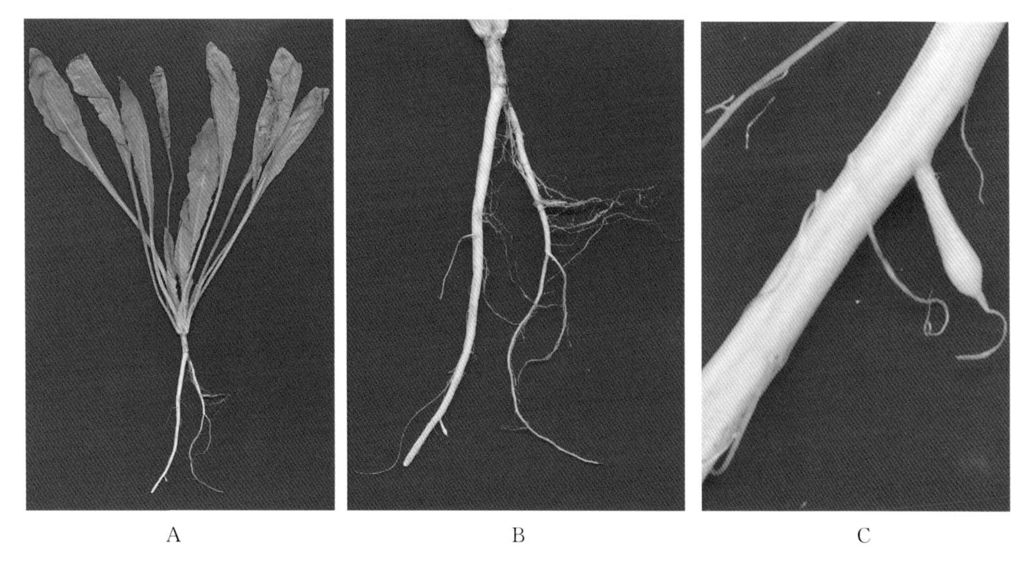

图 5-60　小飞蓬根结线虫病
A. 病株　B. 病根　C. 根结

四、苋科（Amaranthaceae）杂草受害症状

苋科是被子植物门、双子叶植物纲的1个科。该科植物多为一年生或多年生草本或灌木，包括160属大约2 400种植物。广泛分布在全世界。一般分布在亚热带和热带地区，但许多种也在温带，甚至寒温带地区分布。凹头苋、反枝苋是我国菜田中最常见的苋科杂草。该种杂草有显著、粗壮的主根。但是，根结线虫主要为害侧根和须根根尖部位，形成单个或串珠状膨大的肿瘤，受害植株一般矮小、叶片皱缩，严重时萎蔫。

（一）凹头苋根结线虫病

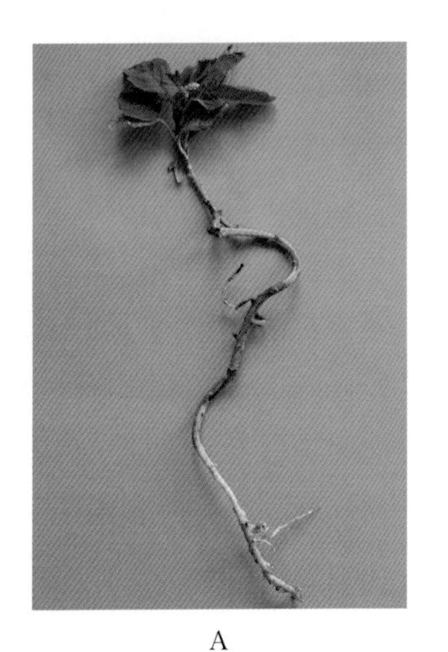

A

B

图5-61 凹头苋根结线虫病

A. 病株 B. 病根

（二）反枝苋根结线虫病

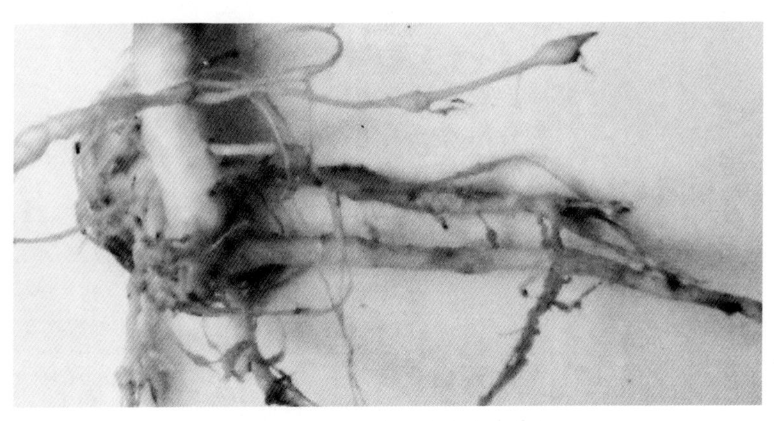

图5-62 反枝苋根结线虫病病根

五、蔷薇科（Rosaceae）杂草受害症状

蔷薇科，双子叶植物纲，约 124 属，3 300 余种，绝大多数为木本，少数为草本。广布于全球，以温带居多。中国约 47 属，全国均有分布。菜田中常见的蔷薇科杂草有朝天委陵菜等。根结线虫为害侧根和须根，多产生单个肿大根结，地上症状不显著。

朝天委陵菜根结线虫病

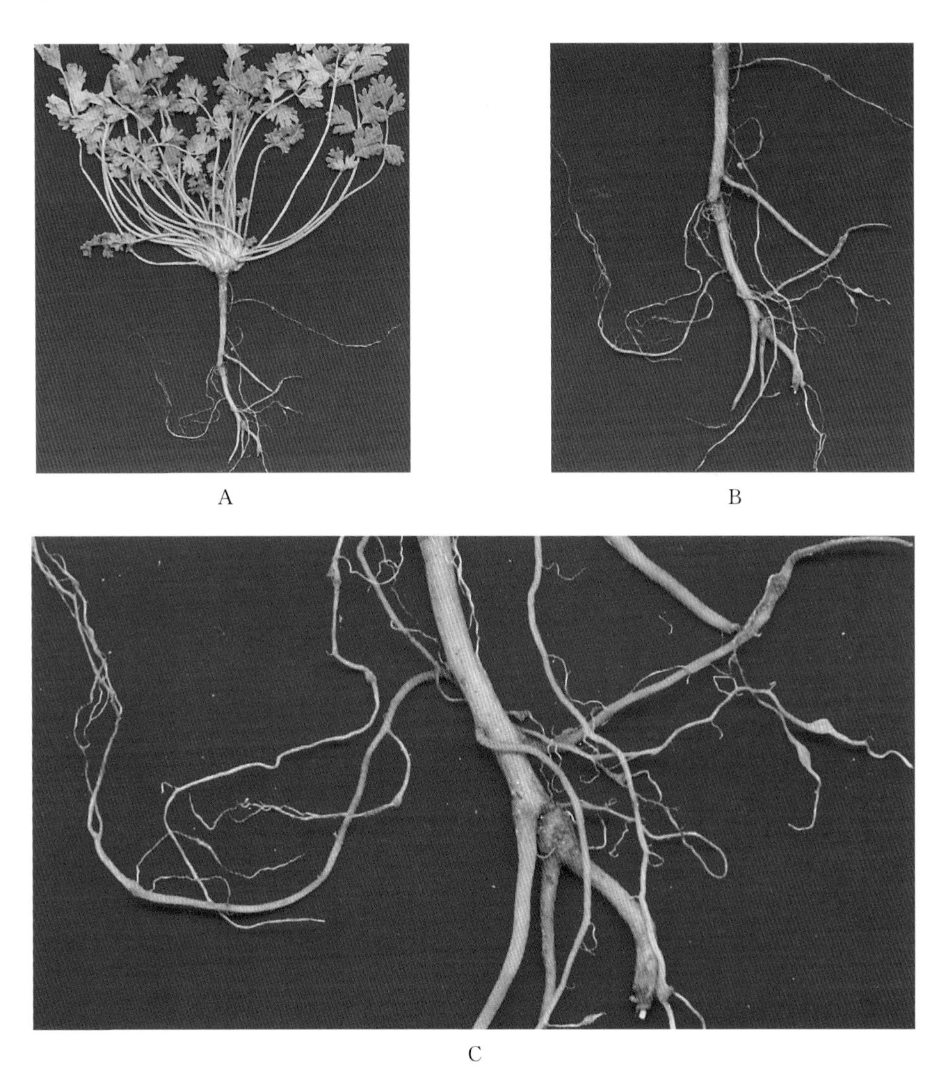

A　B　C

图 5－63　朝天委陵菜根结线虫病

A. 病株　B. 病根　C. 根结

六、藜科（Chenopodiaceae）杂草受害症状

灰藜根结线虫病

A

B

图 5 - 64　灰藜根结线虫病
A. 病株　B. 病根

七、锦葵科（Malvaceae）杂草受害症状

苘麻根结线虫病

A

B

C

图 5 - 65　苘麻根结线虫病
A. 病株　B. 病叶　C. 病根

八、大戟科（Euphorbiaceae）杂草受害症状

铁苋菜根结线虫病

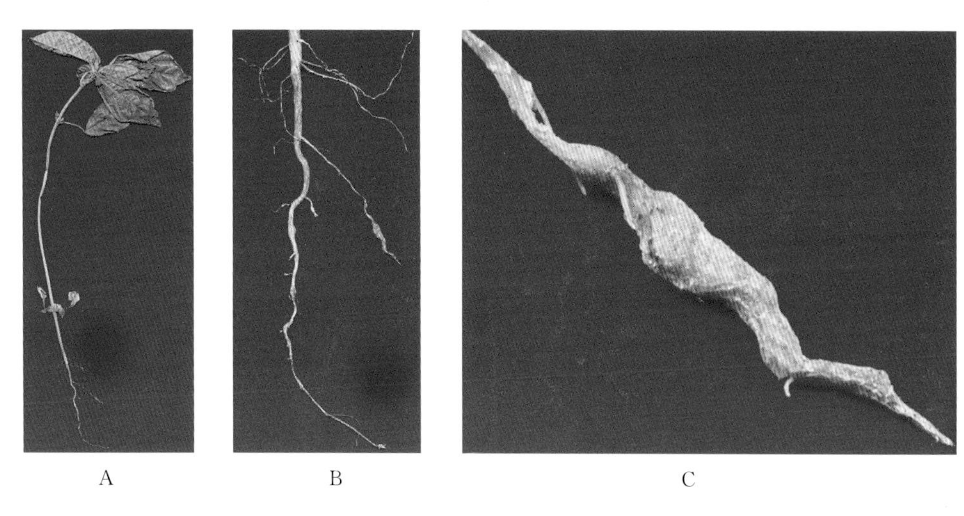

A　　B　　C

图 5－66　铁苋菜根结线虫病

A. 病苗　B. 病根　C. 根结

九、旋花科（Convolvulaceae）杂草受害症状

圆叶牵牛根结线虫病

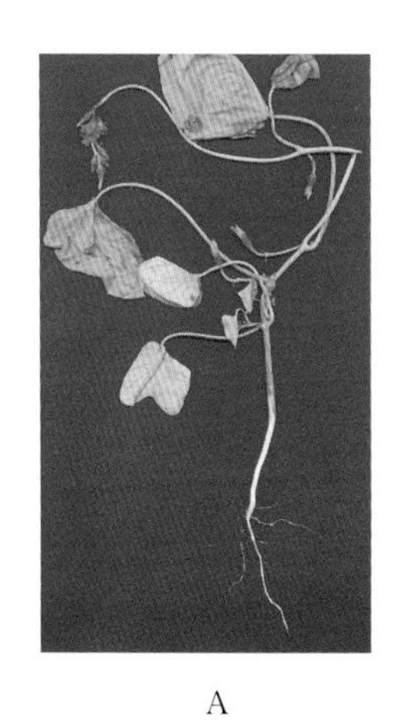

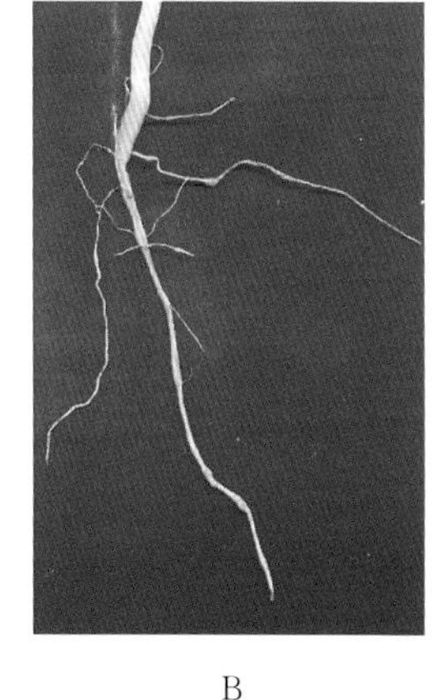

A　　B　　C

图 5－67　圆叶牵牛根结线虫病

A. 病株　B. 病根　C. 根结

十、酢浆草科（Oxalidaceae）杂草受害症状

酢浆草根结线虫病

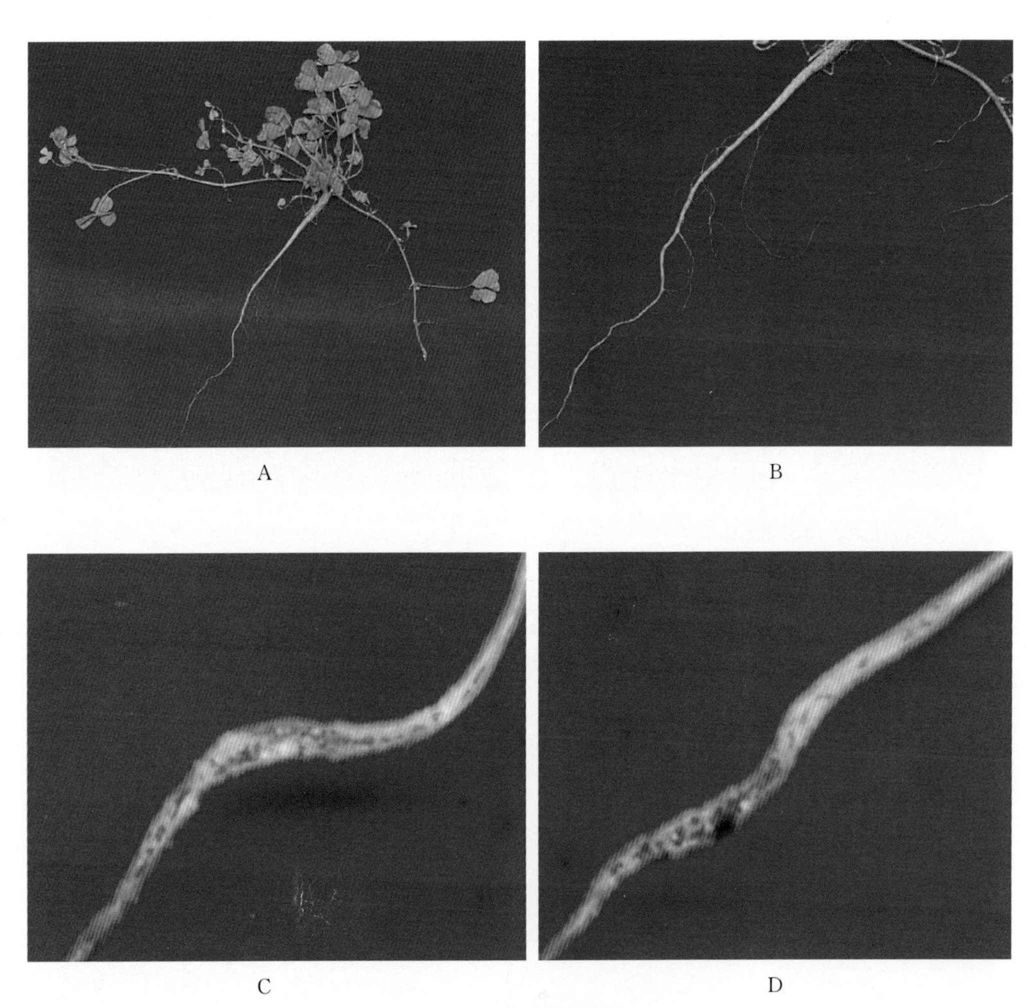

图 5-68　酢浆草根结线虫病

A. 病株　B. 病根　C～D. 根结

第六章

蔬菜根结线虫病害综合治理技术

根结线虫虫体小、繁殖速度快、繁殖量大、适应能力强、寄主范围广，而且生活在土壤中、寄生于根内，侵染隐蔽，是一种极难防治的病害。根结线虫病一旦传入菜田，彻底根治的可能性很小。对于未发病田块，避免病原传入是最理想的措施，而对

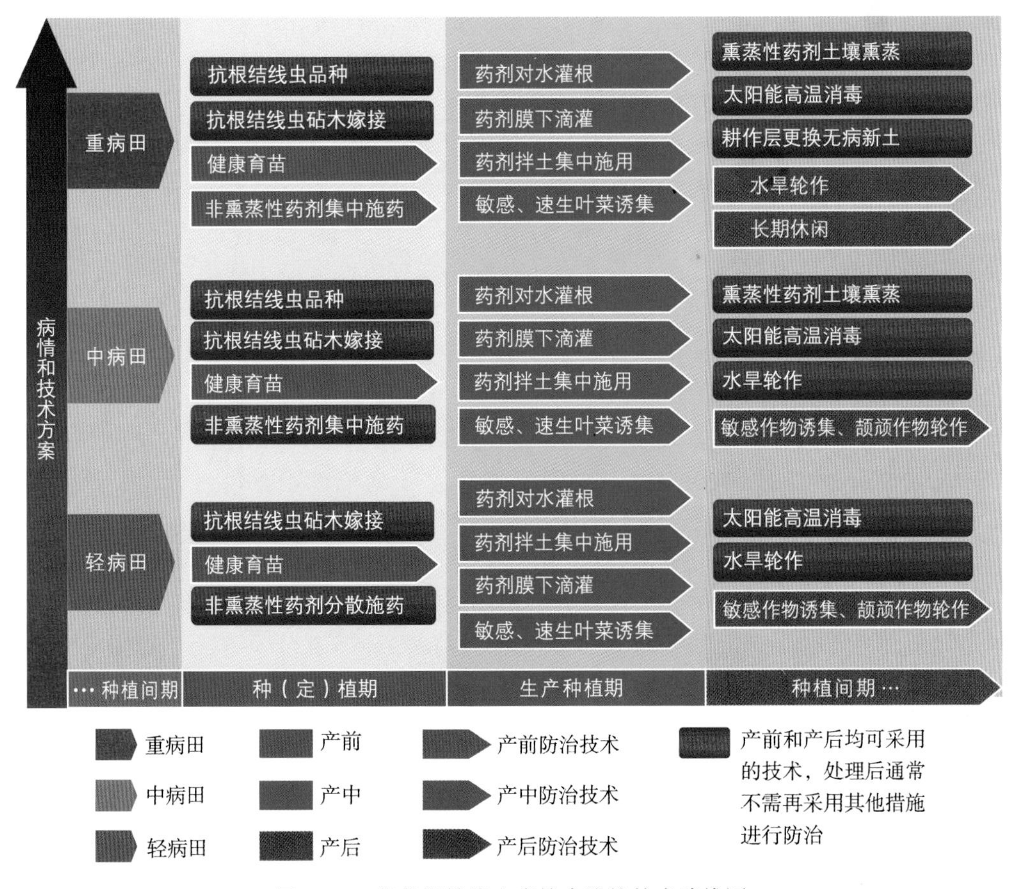

图 6－1　蔬菜根结线虫病综合防控技术路线图

注：作物的周年生产是一个循环，前茬作物的“产后”接下来就是后茬作物的“产前”，因此路线图中“产后”的某些技术可以在当茬作物“产前”之前应用。

于发病田，则要进行有效控制。实际生产中，无论是病害的预防还是控制，单一技术环节难以起到理想的效果，应始终坚持和贯彻执行“预防为主，综合防治”的植保总方针。根据种植地区、生产季节、作物品种、生产模式、栽培模式等具体情况，因时因地制宜，集成生态的、农业的、物理的、生物的、化学的多种防治技术，综合考虑可行性、防效、投入产出比等多种因素，进行综合防治。具体可参考图 6－1“蔬菜根结线虫病综合防控技术路线图”。

第一节　健康育苗防病

做好根结线虫病害的预防，在实际生产中应尽力做到“三不，两避免”。三不：一不用带病种苗，无论自主繁育还是从市场购买都应保证种苗健康，一旦种苗携带根结线虫，不仅本茬作物产量难以保障，而且后患无穷；二不直接使用在病田作业过的农机具，最好先用沸水、酒精等消毒后再用；三不使用流经病田的灌溉水（包括地下水、自然雨水等），或将灌溉水经无病田流入发病田。两避免：一是尽量避免在没有任何防护措施的情况下串棚，以免通过人为携带将根结线虫病原传入未发病田；二是避免将未处理的发病田植株病残体堆放或者丢弃在未发病田附近。

健康的种苗是根结线虫病害预防的关键，蔬菜健康育苗防病应做好三个方面：种子保健、苗床消毒、科学的管理和农事操作。

1. 种子保健　健康的种子是健康育苗的基础，育苗前应尽量选择健康种子。一般来说种子很少传带根结线虫。但也有一些根结线虫可能寄藏于根组织碎片或以虫瘿的形态混杂于种子之中。

温汤浸种是传统而有效的种子保健方法。其原理是利用温度杀死种子内外的病菌，而且对种子的活力有积极影响，安全高效。具体方法是取一定量（不宜太多，可根据容器大小而定）的种子放入一定温度（一般 50～55℃，不宜过高，可根据具体的蔬菜品种而定）的温水中（水量一定要确保能完全把种子淹没），浸泡一段时间（一般为 15～30min）后将种子捞出，放在常温无菌水中冷却 3～5min（也可浸泡在温水中自然降温），晾干。之后，再用蒸馏水洗去种子表面黏物。可以将处理完的种子置于干净的纱布中保湿催芽后再播种。不同的蔬菜种子对温度的忍耐力不同，应针对不同蔬菜种子选择合适的处理温度和时间，以保障种子活力不受影响为原则，必要时可先行试验，将不同处理的种子催芽播种 5d 后调查种子发芽势，10d 后调查种子发芽率，通过发芽势和发芽率来选定最佳处理方案。

除温汤浸种外，还可以选用化学消毒方法进行表面消毒处理。如 1％次氯酸钠、70％乙醇、0.25％高锰酸钾等。药剂处理对种子表面或种皮携带的病菌很有效，而温汤浸种技术更有利于种子保健。红外线处理，是近年兴起的种子保健技术。其原理是通过红外光产生的热量来杀死种子传带的病菌，在日本、韩国等国家广泛应用。

2. 苗床消毒技术　若苗床中含有根结线虫，极少量也能侵染种苗。因此，育苗前应对苗床、添加的粪肥和基质及所有可能携带病原线虫的器物进行彻底消毒处理。一般的触杀或胃毒类药剂难以彻底消灭线虫，建议采用灭生性的药剂熏蒸或高温消毒技术。

常用消毒方法：①福尔马林药剂消毒技术。每平方米苗圃用福尔马林 50mL 加水 10kg，均匀地喷洒在地表，然后用无破损的塑料薄膜覆盖，处理 10d 左右（可根据温度高低适当减少或增加处理时间）揭掉覆盖物，松耕使气体挥发，两天后播种。②棉隆消毒。每平方米苗床使用含量 98%的棉隆 15g；辣根素，每平方米苗床使用含量 20%的辣根素悬浮剂 10～20g；也可用溴甲烷、氯化苦等药剂熏蒸消毒。③石灰氮消毒。用量 75～120g，外加一定量的腐熟牛粪、鸡粪等农家肥，均匀混入每平方米苗床，深度 30～40cm，密闭消毒；④热水或蒸汽高温消毒。将苗床深翻耕 30cm，覆盖无破损的塑料薄，向其中灌入热水或高温蒸汽，持续处理 2h 以上，使苗床土壤温度持续 55℃以上，然后密闭塑料薄焖 10d 后揭膜松耕，即可播种。⑤作物秸秆高温消毒。可用玉米或高粱秸秆，用量按 10～15kg 粉碎的鲜秸秆均匀混入每平方米苗床，深度30～40cm。

育苗基质（如蛭石、草炭、腐殖质等）和肥料（牛粪、鸡粪等农家肥应堆沤腐熟）等添加物，使用前均应进行处理，可以在施入苗床前单独处理后再用（建议田间直接育苗时采用），也可以混入育苗土后统一处理（建议使用育苗盘、育苗杯等方式育苗时采用）。消毒方法可将其装于编织袋中直接使用热水或蒸汽高温消毒。

3. 科学的管理和农事操作　科学的田间管理和农事操作是健康育苗的重要内容。在做好种子保健和苗床消毒两个环节后，还应注意三点：一是禁止将育苗容器（如育苗杯、育苗盘等）直接摆放在病田，可以先铺垫新的无损坏的塑料膜再行摆放，或者将育苗设备直接摆放于无病田；二是禁止使用流经发病田的灌溉水浇灌种苗；三是避免将病田使用的器具直接用于育苗操作。

一、育苗盘育苗

（一）技术简介

育苗盘在蔬菜育苗中广泛应用，其基质承载量相对较少，便于集中处理，使用前可以通过热水高温消毒处理等措施，确保杀死基质中的根结线虫。

（二）技术优缺点

育苗盘的种苗承载量大，可一次性培育大量种苗，利于标准化生产。育苗盘所占空间小，便于统一管理。可以重复使用，综合核算成本投入相对较低。

育苗盘育苗的缺点有二：一是每个苗穴承载的基质量小，难以较长时间有效地保障幼苗根系生长发育；二是移栽时需要把幼苗连同基质从穴内拔出，易伤幼苗根系，给根结线虫的初侵染带来便利。

（三）操作步骤（图6－2）

1. 育苗盘准备 使用旧的育苗盘，首先要进行消毒处理。用5％次氯酸钠或70％～75％工业酒精、直接使用热水（55℃以上，在不破坏育苗盘的情况下水温越高越好）浸泡消毒；其次应查看是否结实，破碎的不宜用。新的育苗盘可直接使用。

2. 育苗基质准备 可选用健康的大田土直接使用。对于病田土或不确定是否健康的土壤都应进行消毒处理。若混用有机肥、农家肥或其他土壤添加物，均需进行消毒处理。具体消毒措施可参考“苗床消毒技术”；育苗土准备完毕即可装入上述准备好的育苗盘，并留下部分覆盖土。

3. 种子准备 选用健康饱满的种子，淘汰干瘪、空壳的种子和混杂物，进行种子保健处理，并催芽，以保障良好的发芽势和出苗率。

4. 播种 完成上述步骤后即可进行播种，操作时最好远离根结线虫病发生田。播种工具均应事先消毒。

5. 摆放和培养 播种完成后将育苗盘置于远离发病田，整理平整的无病土壤上培养。若在发病田内培育，可以先在土表铺垫无破损的塑料膜（最好铺双层），再行摆放。

6. 日常管理 注意防止灌溉水和农事操作工具传带根结线虫病原。

A

B

图6－2 育苗盘育苗技术

A. 备用育苗盘 B. 幼苗

（四）注意事项

（1）育苗时，可视作物种类和秧苗期限而定，叶菜类等中、小型作物可采用育苗盘育苗。

（2）若在发病田摆放培养，下面铺垫的塑料膜应足够大，四周最好起垄垫高，以防病田土壤或水流进入。

（3）移栽时注意轻拔轻起，尽量避免伤及根系。

二、育苗钵育苗

(一) 技术简介

育苗钵在茄果类、瓜果类蔬菜育苗中应用较多。使用前应确保选用的育苗土各种组分不含有根结线虫，可通过高温或药剂消毒等措施集中处理。

(二) 技术优缺点

相对于育苗盘，育苗钵所用的基质量较多，可以较长时间持续有效地保障幼苗，尤其是大型蔬菜幼苗的根系生长发育，种苗长势相对强壮；移栽时不易伤幼苗根系。

相对于育苗盘，育苗钵育苗的劳动强度较大，而且使用成本相对较高，农户比较难接受。多用于经济价值较高的瓜果类、茄果类作物育苗。

(三) 操作步骤

可参考上述育苗盘育苗（图 6－3）。

(四) 注意事项

(1) 育苗钵适合大型作物育苗，如葫芦科、茄科等作物。

(2) 育苗基质将连同种苗一起移栽入苗穴，因此应保障育苗基质的健康，除了根结线虫之外，还应注意其他土传病虫害。

(3) 若在发病田摆放培养，下面铺垫的塑料膜应足够大，四周最好起垄垫高，以防病田土壤或水流进入。

(4) 把握好移栽时期，及时移栽。

A

B

图 6－3　育苗钵育苗技术

A. 育苗钵育苗　B. 幼苗

三、营养块育苗

（一）技术简介

营养块育苗是一种较新的育苗技术。目前在实际生产中的应用有限。一方面，营养块本身存在着诸如营养的均衡性、质地的统一性、材质的健康性等问题；另一方面，使用技术也有待进一步完善，实际育苗中常出现种苗参差不齐的现象。但是，该技术操作十分方便，有一定的推广应用前景。

（二）技术优缺点

技术优点：操作方便，简单易行，便于运输，便于管理。

技术缺点：营养块本身的质量有待进一步提升，使用技术有待进一步完善。使用成本相对较高。

（三）操作步骤（图 6－4）

1. 营养块覆盖土的准备 用于播种之后覆盖在种子上的土壤，可选用健康的大田，或经过消毒处理的土壤，使用前应尽量将土壤粉碎，避免大颗粒土壤。

2. 营养块的准备和摆放 完成上述准备后将营养块置于远离发病田，已整理平整的无病土壤上。若在病田育苗，应先在发病田上铺垫无破损的塑料膜，再行摆放；用灌溉水将营养块充分浸透，但不要留有大量积水。

3. 种子准备 选用健康的种子，事先应进行种子保健处理，并进行催芽以保障良好的发芽势和出苗率。

4. 播种 完成上述步骤后即可进行播种。每个营养块的中央穴孔中放入 1～2 颗种子。操作时工具应事先消毒。

5. 盖土和培养 播种完成后应立即撒土覆盖，以完全盖住种子为宜，不宜太薄或太厚。出苗前可用遮阳网遮阳或覆盖塑料膜保温、保湿。

A

B

图 6－4（a） 营养块育苗技术

A. 商品化的营养块 B. 平整土地

图 6-4（b） 营养块育苗技术

C. 摆放整齐的营养块 D. 浇水后备用的营养块

E. 播种 F. 覆土 G. 搭建小拱棚遮阳保湿 H. 培育的番茄苗

6. 日常管理 注意及时浇水，保持营养块的润湿度。操作时应注意灌溉水和操作工具不要传带根结线虫病原。

（四）注意事项

（1）使用前可通过少量试播来测试营养块本身是否携带根结线虫，同时应确保覆盖土是无病土。

（2）若在发病田摆放培养，下面铺垫的塑料膜应足够大，四周最好起垄垫高，以防病田土壤或水流进入。

（3）育苗期关键是要控制好水分，不宜过湿或过干。

（4）把握好移栽时期，及时移栽。

四、药土育苗

（一）技术简介

药土育苗技术被农民广泛应用，操作简便，直接在种植田内划出一块区域用来育苗，或者将土取出置于育苗盘或育苗杯中育苗。拌土所用药剂通常为非灭生性药剂，对根结线虫有抑制或杀灭作用，但是难以完全消灭。目的是尽量减少苗床根结线虫虫口基数，减轻苗期为害。

（二）技术优缺点

该技术简便易行，操作方面。但是，很难保证幼苗完全不受根结线虫侵染，而且用药稍有不慎容易产生幼苗药害。

（三）操作步骤（图 6－5）

1. 苗床准备 选择育苗地块，要求易控制温、湿度和光照，清理周围杂草和杂物，深翻土壤 20～30cm，使之松软、平整，无大土块，有利种子发芽和种苗生长发育。

2. 药土准备 所选药剂对根结线虫有良好防治作用的非熏蒸性药剂。可选用10％含量的噻唑膦（福气多），按每平方米 2.0～3.0g 制剂量施药，药土混合比例1∶100（可视具体情况调整，以能够全面覆盖苗床为原则。此外，还应预留足够的播种覆盖土），药土应充分混合均匀，无大土块。

3. 药土施用 将准备好的药土均匀撒施到苗床，用铁耙或其他农具将药土均匀翻耕混匀到耕作层土壤中，平整土表，浇水，待播种。

4. 种子准备 选用健康的种子，事先应进行种子保健处理，并进行催芽，以保障良好的发芽势和出苗率。

5. 播种 完成上述准备工作，待苗床土壤湿度适宜时（土壤湿度 60％～70％）即可播种。播种完毕，用留下备用的药土均匀撒施覆盖。

6. 日常管理 正常管理。

（四）注意事项

（1）拌土药剂。药剂选择主要为非熏蒸性颗粒剂或粉剂。除 10％噻唑膦之外，还可选用阿维菌素、辛硫磷、丁硫·克百威等以及一些生物制剂。具体用量应根据不同药剂的有效含量，按照使用说明书操作。

（2）对于悬浮剂、乳油等其他药剂，对水混匀后，均匀喷洒苗床，并灌水渗透。若有必要，可以在土壤湿度合适时再次翻耕进一步混匀。其他操作步骤与颗粒剂拌土育苗操作相同。

（3）土壤湿度。一般情况下土壤水分含量约70%时最为适宜育苗。具体评判标准，用手抓起一把土用力攥紧能成团，离地1m高处松手让土团自然落下，触地粉碎散开为适宜，否则为太干或太湿。

（4）用药量不可太大，否则容易产生药害。

A　B　C　D　E　F

图6-5（a）　药土育苗技术

A. 整理苗床　B. 颗粒剂施药——拌制药土　C. 颗粒剂施药——撒施药土　D. 颗粒剂施药——药土均匀混入苗床　E. 液体药剂施用——量取药剂　F. 液体药剂施用——备用药液

图 6-5（b） 药土育苗技术

G. 液体药剂施用——喷施药液 H. 液体药剂施用——药液随水渗透苗床
I. 播种 J. 均匀覆土

五、客土育苗

（一）技术简介

所谓“客土”针对种植田来说，即“非本田土”。与药土育苗技术一样，客土育苗技术多见于一家一户农民的育苗，工厂化育苗很少采用。其原理和人工育苗基质一样。所不同的是人工育苗基质是人为加工处理的，而“客土”多为自然土，其目的是通过利用不含根结线虫的土壤尽量避免或减轻苗期根结线虫的危害。

（二）技术优缺点

相对于其他育苗技术，客土育苗成本最低，易被农民接受。

（三）操作步骤（图 6－6）

1. 苗床准备　彻底清除田间杂草、杂物，尤其是植株病残体，在划定的育苗区域下挖 10～20cm 土层，底部整理平整，不能有大块土块和尖刺物以免刺破铺垫膜，将四周起垄（垄高于地表 10～20cm，宽度 30cm 左右）围起来。若有必要可以用 5% 次氯酸钠、70%～75%工业酒精或者高锰酸钾溶液喷洒消毒。

2. 铺垫塑料膜　将无破损的塑料膜（最好使用新塑料膜，为保险起见可使用双层）铺垫于整理好的育苗土坑区域，塑料膜要陷入土坑，而且膜周边应盖过土坑四周的高垅。

3. 客土准备　客土可选择露地大田土、沟边土、林下土等，要把握的原则是客土必须是不曾发生过根结线虫病的健康土壤，可通过添加腐熟的农家肥或有机质来增加。

4. 客土回填　健康的客土准备完毕后即可填入准备好的下挖苗床，填土高度应高于外界土壤地面并低于四周的垄高 5cm 左右，塑料膜上的客土苗床厚度应在 20cm 以上，之后即可灌水、播种；此外，应留下部分客土作为覆盖土。

5. 种子准备　选用健康种子，事先进行种子保健、催芽，以保障良好发芽势和出苗率。

6. 完成上述准备工作　待苗床土壤湿度适宜时即可播种，播种完毕用留下备用的药土均匀撒施覆盖。

7. 日常管理　注意灌溉水和操作工具不要传带根结线虫病原。

A

B

C

D

图 6－6（a）　客土育苗技术

A. 下挖土坑　B. 铺垫塑料膜　C. 挖取客土　D. 回填客土

E

F

G

H

图 6-6（b） 客土育苗技术
E. 平整苗床 F. 苗床浇水 G. 播种 H. 搭建小拱棚遮阳保湿

（四）注意事项

（1）铺垫的塑料膜要足够大，四周起垄要有一定高度，以免外面的土和流水混入。

（2）适量浇水，避免一次性大量灌水，以免水量太大难以渗透造成种苗腐烂坏死。

（3）膜上的苗床应高于外界地面 5cm 以上，以利于管理。

（4）起苗时应尽量小心，以免伤害根系。

第二节 农业防治和生态调控

一、蔬菜抗根结线虫作物品种

同一类植物的不同品种对于同一种病害具有不同程度的抗病性，而这种抗病性可以通过自然选择或人工繁育的方式遗传，并稳定地表现出来。在农业研究和实际生产中，人们往往根据这种现象培育出既有抗病性，又能丰产的优质品种。

选择和利用抗性品种是一项经济而有效的措施。通常情况下抗性品种的种子价格略高于普通品种。但是，抗性品种一般具有很好的抗性而不再另外需要或少量需要使用药剂进行防治，减少了用药成本。同时，抗性品种往往会提高作物产量，改善品质，降低农药残留对产品的潜在影响，增加商品价值；抗性品种的使用还大大降低人力成本和劳动强度。因此，综合来看，在生产中使用抗性品种，是一项理想措施。特别是对于包括根结线虫在内的土传病虫害和一些空气传播快速流行的病害，依靠化学药剂和其他方法几乎不可能全面防治，抗病品种是最有效的防治方法之一。

关于蔬菜抗根结线虫品种的研究国外起步较早，19 世纪 30 年代已有关于番茄抗根结线虫育种的研究。1940 年 Bailey 筛选出 10 多份抗根结线虫材料，1956 年 Gibert 发现植物对根结线虫的抗性由一个显性基因 *Mi* 控制（赵鸿，2003）。此后对 *Mi* 基因的深入研究结果表明，*Mi* 基因是所有番茄栽培种的唯一抗原。大量野生番茄中含有 *Mi* 基因。例如多毛番茄、多腺番茄和秘鲁番茄等。1985 年 Ammati 报道，在野生番茄中可能存在着不同于 *Mi* 的新基因，这些基因可以抗南方根结线虫、北方根结线虫和根结线虫属其他线虫病害。1949 年 Fruzier 等选育出多个由显性基因 *Mi* 所控制的抗线虫番茄品种；1957 年 Berham 等在夏威夷和得克萨斯州的番茄选系中发现抗多种根结线虫的品种，但均对北方根结线虫感病。为了更多地将野生番茄中的优良抗病基因导入栽培番茄中，人们在选育方法上不断革新，将各种高新技术手段运用其中，很好地克服了远缘杂交的障碍，成功地将抗性基因转入杂种，并获得抗性植株。多年来人们经过选育培育出十几种成熟的抗根结线虫的番茄杂交品种。美国、法国、荷兰、日本等园艺发达的国家都相继选育出不同的抗根结线虫番茄品种。目前在欧美国家种植的番茄品种几乎都携带抗根结线虫病的 *Mi* 基因。我国在蔬菜根结线虫抗病育种方面的工作起步较晚，但是也取得一定成果，尤其是在番茄上选育出系列抗根结线虫品种。这些已有的抗性品种可抗南方根结线虫、爪哇根结线虫和花生根结线虫，但不抗北方根结线虫。

目前，番茄抗根结线虫的品种多为温敏型，在土壤温度超过 28℃时抗性消失（彭德良，2001），而且部分抗根结线虫品种的农艺性状不够理想，这些问题有待于深入研究解决。同时，由于抗根结线虫植物种质资源的限制，目前真正能应用到生产实际的蔬菜抗根结线虫的品种很有限。大多数抗根结线虫品种是番茄抗性品种，其他蔬菜很少，仅辣椒、豇豆等个别蔬菜作物育成有抗根结线虫品种。

（一）番茄抗根结线虫品种

番茄抗根结线虫品种较多。国内应用的主要有仙客、佳红 6 号、春雪红、千禧、多菲亚（Trpfeo）、卓越、圣多美、耐莫尼塔，罗曼、新试抗线 1 号、新试抗线 2 号等（图 6－7）（详见附件 3　国内主要蔬菜抗根结线虫品种及抗、耐性砧木品种）。

A

B

C

D

图 6－7　番茄抗根结线虫品种和常规品种对比

A. 田间群体对比（近处为感病品种，远处为抗病品种）　B. 行间对比（左为感病品种，右为抗病品种）
C. 单株对比（左为感病品种，右为抗病品种）　D. 根部对比（左为感病品种，右为抗病品种）

（二）甜椒抗根结线虫品种

国内外关于辣椒抗根结线虫品种的研究始于20世纪40年代。在辣椒属中存在多个抗病基因，这些基因各不相同。1948年Martin首次报道辣椒品种对根结线虫的抗性；1957年Hare首次报道辣椒对南方根结线虫的抗性由单显性基因控制，并将第1个抗根结线虫的基因命名为N。这个基因抗南方根结线虫、爪哇根结线虫和花生根结线虫；1958年Martin选育出抗根结线虫干椒品种Carolina Hot。多年来，人们通过各种育种方式相继育成一些抗根结线虫辣椒病品种。但是，可用品种仍很有限。我国的辣（甜）椒根结线虫研究无论在病原学、病理学、种质资源还是在遗传育种方面都刚刚起步（黄三文，2000），自主繁育的仅有国禧等极少数产品，适于华北地区保护地及露地种植（详见附件3　国内主要蔬菜抗根结线虫品种及抗/耐性砧木品种）。

二、蔬菜抗/耐根结线虫砧木品种及嫁接技术

（一）蔬菜嫁接技术概述

当前的抗根结线虫品种几乎都是温敏型产品，而且抗性品种价格较为昂贵，抗根结线虫品种在实际生产中的应用因此受到一定限制。对于某些特定的土传病虫害和土壤连作等问题，有些植物具有良好的抗性，可利用这些作物为砧木，使之与某些易感病的作物相结合，从而获得人们需要的产品。这种技术称之为嫁接。通常将抗性作物称为砧木，将需要获得的作物称为接穗。嫁接栽培不但可以提高作物抗病虫能力、温度适应范围或耐盐能力，克服连作障碍、减少农药的使用量，解决作物自毒等问题，还可以起到增加产量、延长收获期、改良品质等作用，对蔬菜生产具有重要意义，在实际生产中普遍被采用。

嫁接技术的研究由来已久。蔬菜嫁接栽培技术的主要发展地区在东亚。其中韩国和日本的研究报告最多，早在20世纪20年代日本已开始瓜类嫁接技术研究（吴凤芝等，2000）。我国起步较晚，20世纪70年代最先在温室生产中将嫁接技术成功应用于温室西瓜冬季生产，有效地解决了西瓜连作重茬的问题（于贤昌，1998）。目前，蔬菜嫁接技术趋于成熟，砧木品种除常规的抗枯萎病等砧木之外，利用含有*Mi*基因的砧木嫁接可防治根结线虫病害。蔬菜嫁接技术在全世界广泛应用。在日本，由于土地缺乏，无法实行轮作，95%的西瓜、甜瓜都进行嫁接；温室中的黄瓜和茄科作物也多进行嫁接，有数据显示日本自1980—1990年约10年之间番茄嫁接面积增加了51.3%，占全部番茄面积的32%，增加的面积以温室栽培为主。欧美、中东、韩国等国家的蔬菜生产也大量应用嫁接技术。

（二）蔬菜嫁接的准备和管理

1. 砧木的选择　依据砧木对根结线虫的抗性不同大致可分为抗病、耐病两个等级。抗病砧木在其整个生育期对根结线虫均表现出良好的抗性；耐病砧木在苗期往往

对根结线虫为害表现不明显，中、后期逐渐表现出为害症状。但是，植株能正常生长，对产量并不造成明显损失。在长期应用抗根结线虫品种的情况下，根结线虫可能会产生新的生理小种，使抗根结线虫品种失去对新的生理小种的抗性，而运用耐根结线虫品种则不会出现这种情况。

一般认为，以幼嫩果实为产品的嫁接栽培，砧木不同对品质的影响不大，而以充分成熟的果实为产品的，砧木不同会对产品的品质有不同的影响（许如意，2007）。因此，在实际生产中除了将抗病性作为主要考虑因素外，还应充分考虑所取产品的类型，产品的产量、品质、口感等其他因素。在进行不同砧木材料抗根结线虫能力的评价过程中，可利用根结线虫病情指数以及根鲜重、株高、产量等生物学性状指标鉴定出各材料的抗病性差异。在进行砧木选择时应注意：一是砧木和接穗的亲和力应该良好，以免生育后期出现生理性急性凋萎；二是嫁接砧木对产品品质无不良影响，如外观、口感等；三是筛选的砧木应该适合当地特定的区域环境、气候条件、生产季节、栽培条件等；四是针对不同生长状况的砧木与接穗，应该匹配相应适宜的嫁接方法和生长环境。

2. 嫁接技术的选择 嫁接苗在国外大多由育苗公司提供，有的机械化生产，嫁接苗成活率高，而且成本相对较低。在我国，嫁接苗虽然也有公司集中培育出售，但是大多还是农民自己嫁接。黄瓜多利用南瓜作为砧木进行嫁接，西瓜和甜瓜则多利用葫芦科作物或野生西瓜/甜瓜品种进行嫁接。但是，针对于根结线虫病害应该选用对根结线虫具有良好抗性的砧木品种。

在进行嫁接时，对周围操作环境有一定要求。适宜温度为25～28℃，空气相对湿度80%以上。湿度不够的情况下，可用喷雾器向空中或墙壁喷水增加湿度，高温季节要用遮阳网或草帘遮阳、避免强光直射，使幼苗过度萎蔫影响成活。高温期嫁接，防暑降温是关键；低温季节嫁接要以加热和保温为主。低温不利于伤口愈合。因此，冬、春茬蔬菜嫁接育苗时，最好在温室内进行，夏、秋茬蔬菜嫁接育苗时，应该在阴棚中进行。

嫁接要求专用工具，可以自制，也可以从市场购买（图6-8）。①刀片：可用双面剃须刀片，使用时可将其沿中间的缝隙一分为二，既节省刀片，又便于操作；②竹签：一种是插接时在砧木上插孔使用，其粗细程度与接穗苗幼茎粗细一致，一端削成双面楔形；另一种要求一端削成单面楔形；③嫁接夹：用来固定接穗和砧木；④嫁接后所需场所或器材：温室或拱棚、遮阳网，透明地膜、加温和加湿设备等。

嫁接时若使用旧嫁接夹，应事先进行消毒处理。可用200倍甲醛溶液浸泡8h以上，或用5%次氯酸钠或70%～75%酒精浸泡消毒。此外，操作人员手指、刀片、竹签应用70%～75%酒精进行表面消毒，以防杂菌感染幼苗伤口。操作过程中，每间隔一定时间（1～2h）应对手和操作工具消毒1次，但消毒过的刀片、竹签一定要等到晾干后方可再用，否则酒精直接接触切口将严重影响嫁接成活率。

3. 嫁接后的管理（图6-8） 嫁接之后应立即将嫁接苗移至温室或大棚中，整齐摆放于卫生、便于管理之处，保温、保湿精心管理，以保障成活率。若有必要可喷施百菌清等杀菌剂以防伤口感染。前期应严格控制光照、温度和湿度，后期逐步进入正常管理。具体操作时可参考见表 6－1　砧木嫁接后种苗管理日程表。通常前 3d 应扣盖塑料膜（或小拱棚），同时加盖遮阳网或黑色塑料薄膜遮阳，棚内空气相对湿度应保持接近 100%，以膜内壁出现露珠为宜，小环境温度控制在白天 25～30℃，夜间 15～20℃。之后逐步增加光照和通风量，以避免嫁接苗徒长，同时达到炼苗的目的。7～8d 后，晴天白天可全部打开覆盖物（视天气情况而定，若嫁接苗心叶有萎蔫现象，要立即覆盖降低光照强度），接受自然气温，夜间仍覆盖保温，以达到炼苗的目的。只要床土不过干，接穗无萎蔫现象，可不浇水。如需浇水，可适当在水中施用一些杀菌剂（如多菌灵、硫酸链霉素等）喷水，可防止病害的发生。待伤口愈合后可去掉夹子，若砧木子叶间长出腋芽要及时抹除，嫁接处接穗产生的新根应及时抹除，但不可伤及砧木和接穗，之后进入正常管理。还应注意嫁接苗假成活现象（短时间内表现正常生长，但实际上并没有嫁接成功，表现为接穗新形成的根系在砧木茎的髓腔里生长），以免耽误生产。嫁接苗新长出 2～3 片真叶时为定植适期。定植时土壤填埋不宜过深，嫁接伤口不要靠地面太近，通常高出地面 1.5～2.5cm，以免土壤病菌感染。此外，在定植后还应随时摘去砧木发出的新芽。

表 6－1　嫁接苗管理日程

天数（d）	温度（℃）	湿　度	通风时间	光　照	备　注
0	白天 25～30，夜间 15～20	相对湿度 100%，以膜内侧现露珠为宜，需大量浇水	全天覆盖薄膜	全天覆盖遮阳网	盖塑料膜，同时加盖遮阳网
1	白天 25～30，夜间 15～20	相对湿度 100%，以膜内侧现露珠为宜，适量补水	全天覆盖薄膜	全天覆盖遮阳网	盖塑料膜，同时加盖遮阳网
2	白天 25～30，夜间 15～20	相对湿度 100%，膜内侧现露珠	全天覆盖薄膜	全天覆盖遮阳网	盖塑料膜，同时加盖遮阳网
3	白天 25，夜间 15	相对湿度 90%以上	13：00～14：00	8：00～9：00，16：00～17：00 揭网	早晚各见光 1h
4	白天 25，夜间 15	相对湿度 90%，必要时少量浇水	13：00～14：00	8：00～10：00，15：00～17：00 揭网	各见光 2h
5	白天 25，夜间 15	相对湿度 85%以上	12：00～15：00	8：00～11：00，14：00～17：00 揭网	各见光 3h
6	白天 20，夜间 15	相对湿度 80%以上，必要时少量浇水	11：00～16：00	11：00～13：00 盖网	放风由小到大，并逐步增加光照

（续）

天数（d）	温度（℃）	湿　度	通风时间	光　照	备　注
7	白天20，夜间15	相对湿度70%以上	10：00～18：00	12：00～13：00盖网	放风由小到大，并逐步增加光照
8	正常温度	只要苗床不过干，接穗无萎蔫，可不浇水	9：00～18：00	逐步揭网见光	炼苗的关键阶段
9	正常温度	只要苗床不过干，接穗无萎蔫，可不浇水	8：00～19：00	逐步揭网见光	炼苗的关键阶段
10	正常温度	只要苗床不过干，接穗无萎蔫，可不浇水	全天	逐步揭网见光	去掉夹子（有些作物需延后）
11	进入常规种苗管理				

注：①天数为嫁接后的天数；
②嫁接后应立即将嫁接苗移至温室或大棚中，摆放整齐，保温保湿精心管理；
③揭膜、揭网、去夹，应视具体情况逐步进行，以保证嫁接苗成活率。

砧木通常播种于育苗杯（或营养钵）之中，一般情况下不需要拔出，嫁接前1～2d将砧木和接穗浇足底水（嫁接时尽量不要浇水，便于操作，也避免或减少病菌的传播和感染），同时叶面喷施杀菌剂，防止嫁接后的前3d高湿引发病害。接穗常播于育苗盘，嫁接时应注意接穗从苗盘中拔出后应立刻置于水碗中，使接穗苗保持干净、鲜嫩和吸胀状态。嫁接时操作动作要迅速，应注意安全，手指接触部位可戴胶套或裹上胶布，以免刀片或竹签尖端划伤。

A

B

图6-8（a）　砧木嫁接的准备和管理

A. 温室培育砧木和接穗　B. 播种于同一育苗钵中的砧木和接穗

C

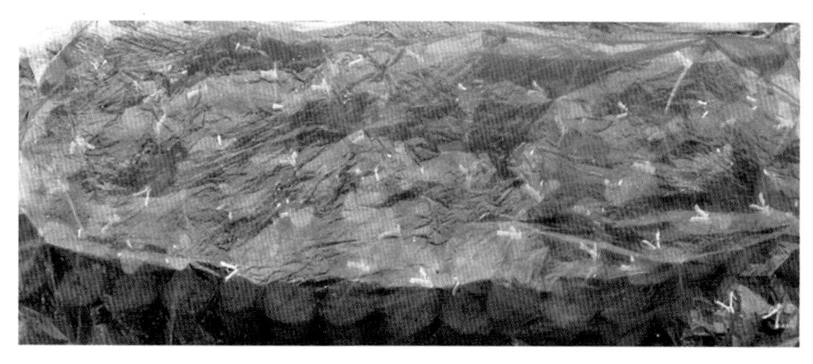

D

E

图 6-8（b）　砧木嫁接的准备和管理

C. 嫁接所用器具（嫁接夹、刀片、竹签）　D. 嫁接后盖膜保湿　E. 嫁接苗遮阳培养

嫁接方法有许多种，作物种类不同，所采取的方法不同，操作的技术要领不同，对砧木或接穗的要求也有不同。这里重点介绍西瓜、甜瓜、黄瓜、番茄、茄子、甜椒等经济价值高、种植面积大的作物常用的嫁接方法及其技术要领。

（三）黄瓜耐根结线虫砧木及嫁接技术

1. 黄瓜耐根结线虫砧木品种　由于黄瓜自身并不含有 *Mi* 基因。因此，目前还没有黄瓜抗根结线虫品种。耐根结线虫砧木嫁接是解决黄瓜根结线虫病问题最有效、最经济的方法之一。黄瓜抗性砧木，针对枯萎病等土传病害的产品较多，抗根结线虫的砧木较少。南瓜砧木对根结线虫体现出一定抗性，能有效地提高植株的耐病性。近年来国家蔬菜工程技术研究中心以此为基础展开自主繁育，获得京欣砧5号耐根结线虫黄瓜砧木。该砧木对根结线虫有良好耐性，且产品表现出优良的农艺性状。

2. 黄瓜嫁接方法 黄瓜常用的嫁接方法有靠接法、插接法、顶接法等。也可采用劈接、贴接、芽接等方法。因靠接法和插接法操作简便、成活率高，最为常用。近年来，双断根、双砧木等嫁接技术越来越成熟，逐步为农户接受。

（1）黄瓜插接法。

①使用工具。这里指直插法。使用工具有竹签（尖端双面楔形）、刀片、装满清水的碗或浅盆。

②操作步骤和技术要点（图6-9）。

1）于子叶上方，平切除去砧木真叶及生长点。

2）用尖端扁平的双面楔形竹签（扁平面的宽度应为砧木茎粗的2/3）在砧木茎切面正中央垂直向下扎孔深0.6～0.8cm，切忌插破蔓茎表皮。竹签插口直线方向应与砧木子叶所在直线方向平行一致。

3）将接穗子叶捏合，平放，于接穗子叶正下方距离子叶节1cm处由上往下将接穗茎对削成双面楔形（若上述第2步操作砧木的竹签插口直线方向与砧木子叶所在直线方向垂直，则削切的接穗子叶双楔面应与子叶直线方向平行），楔形面的长度控制在0.5～0.7cm。

4）拔出竹签的同时插入接穗，将切削面全部插入砧木蔓茎扁平孔中，使砧木蔓茎将接穗削面全部紧紧包裹，砧穗子叶所在直线方向呈十字形交叉。

5）放入温室保温保湿培养（一般情况下插接法可不使用嫁接夹）。

A

B

图6-9（a） 黄瓜耐根结线虫砧木插接法

A. 砧木苗 B. 除去生长点的备用砧木

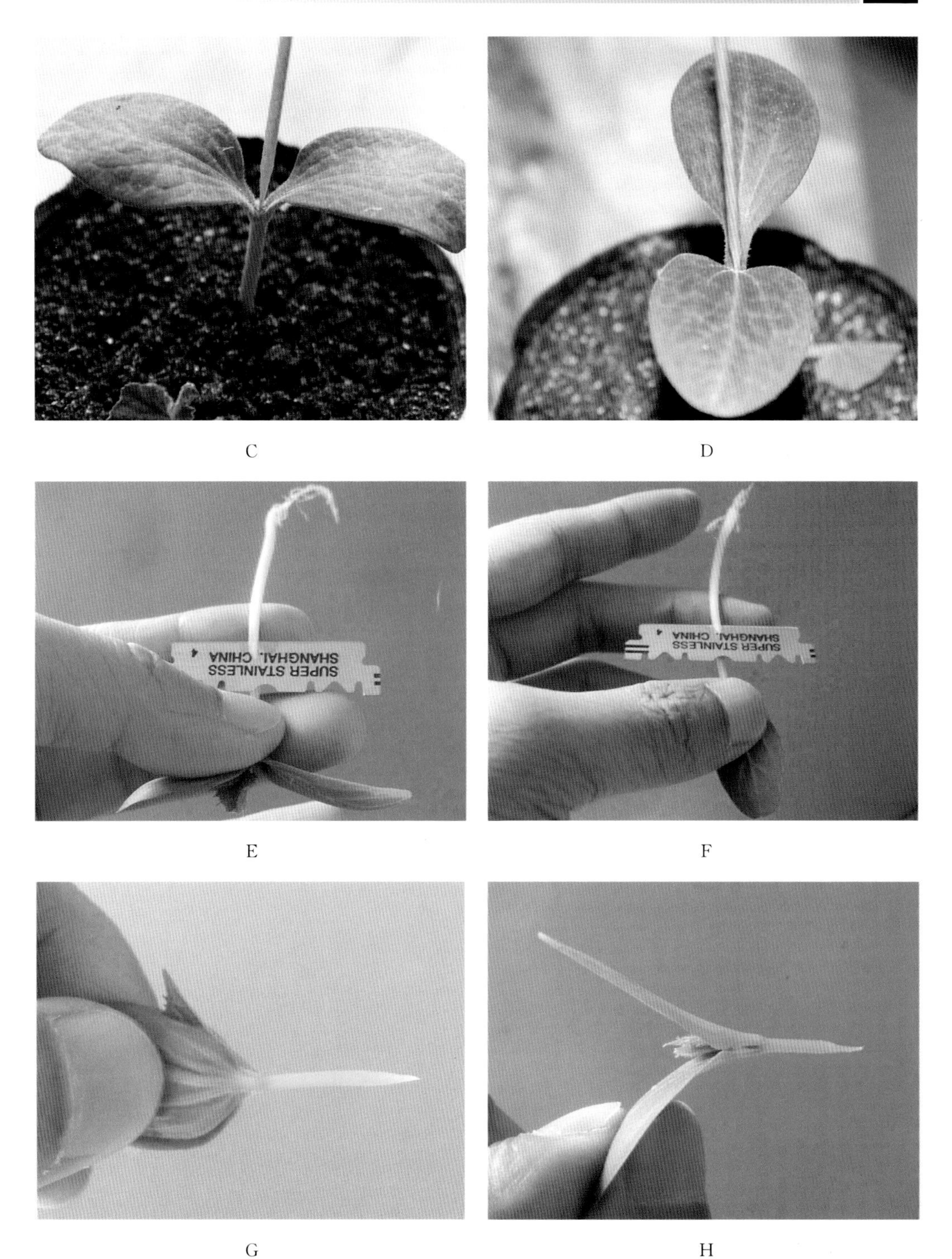

图 6－9（b）　黄瓜耐根结线虫砧木插接法

C～D. 竖直插入竹签　E～F. 削切双面楔形接穗　G～H. 备用双面楔形接穗

I

J

图 6-9（c） 黄瓜耐根结线虫砧木插接法
I~J. 嫁接苗

③注意事项。

1）一些葫芦科作物在成苗或成株后，茎秆中间易产生空洞，采用直插法进行嫁接时，应注意选择合适的砧木。同时，注意把握最佳嫁接时期；一是避免嫁接苗产生假成活现象，二是避免接穗再生根致使嫁接失去原本意义和作用。

2）砧木应先于接穗播种，确保嫁接时接穗茎粗小于砧木茎粗。砧木与接穗的子叶刚刚展平时是最佳嫁接时期。

3）嫁接后多保持砧木与接穗子叶所在方向十字交叉，也可平行。

④技术优缺点。插接法技术简单，便于掌握，且不要求砧木苗和接穗苗高度一致，被广泛接受和应用。缺点是嫁接后前期管理环境要求严格。

（2）黄瓜单叶贴嫁接法。

①使用工具。刀片、嫁接夹、装满水的碗或浅盆。

②操作步骤和技术要点（图 6-10）。

1）待砧木子叶完全展开时，用刀片紧贴一侧子叶上部以 30°角（刀片与茎的夹角），由上而下向另一片子叶方向斜切，将另外一片子叶连同真叶和生长点一起切掉（农民常称为片耳法），切面长度控制在 0.6~0.8cm 之间。

2）取刚露真叶的接穗，在一侧子叶正下方 0.8~1cm 处（距离子叶节的长度）将接穗 30°角自上而下斜切，切面长度 0.6~0.8cm，必须与砧木的切面长度相吻合。

3）将接穗和砧木二者靠贴结合，切面对齐，对正后，用嫁接夹子夹紧。接穗和砧木的子叶方向应处于上下平行直线上。

4）置于温室保温、保湿培养。

图 6 - 10　黄瓜耐根结线虫砧木单叶贴嫁接法

A. 削切砧木　B. 备用砧木　C～D. 砧木和接穗

E. 砧木和接穗贴合　F. 嫁接苗

③注意事项。

1）砧木和接穗茎的粗细最好相当。

2）砧木和接穗切面的长度应相当，否则贴面在使用嫁接夹时容易滑动，不易固定。

3）注意接穗的削切方向，嫁接完成后，应保障接穗和砧木的子叶方向应上下平行或处于同一水平直线上。

4）嫁接夹应夹牢固，避免刮碰，以防接穗脱落，提高嫁接苗的成活率。

5）浇水时不要浇到伤口处，以免伤口感染。

④技术优缺点。单叶贴嫁接技术简单实用，便于学习掌握。但应把握好适宜的播种时期和嫁接时期。

（3）黄瓜顶接法。

①使用工具。顶接法，又称为斜插法。竹签（尖端双面或单面楔形）、刀片、嫁接夹、装满水的碗或浅盆。

②操作步骤和技术要点（图 6-11）。

1）用竹签或刀片将砧木真叶连同茎生长点从子叶基部整个去掉，保留子叶。

2）用双面楔形竹签（或单面楔形）从茎的切口处以 30°～45°由上向下沿着（或垂直于）砧木子叶方向斜插入茎的下胚轴，成深 0.5～1cm 的孔，竹签尖部隐约可见或微露。竹签暂不拔出。

3）在子叶节下 1cm 处，垂直于（或沿着）接穗子叶方向，由上向下削成两面平滑的楔形（或单面平滑楔形），削面长度 0.5～1cm，与砧木刺穿孔长度相当。

4）拔出竹签，将削好的接穗苗迅速插入砧木苗的孔中，接穗子叶与砧木子叶呈十字形交叉。

5）砧木和接穗切口应尽量贴紧，若有必要可夹上嫁接夹固定。

6）置于温室保温保湿培养。

A

B

图 6-11（a） 黄瓜耐根结线虫砧木顶接法

A. 砧木和接穗幼苗 B. 除去砧木生长点

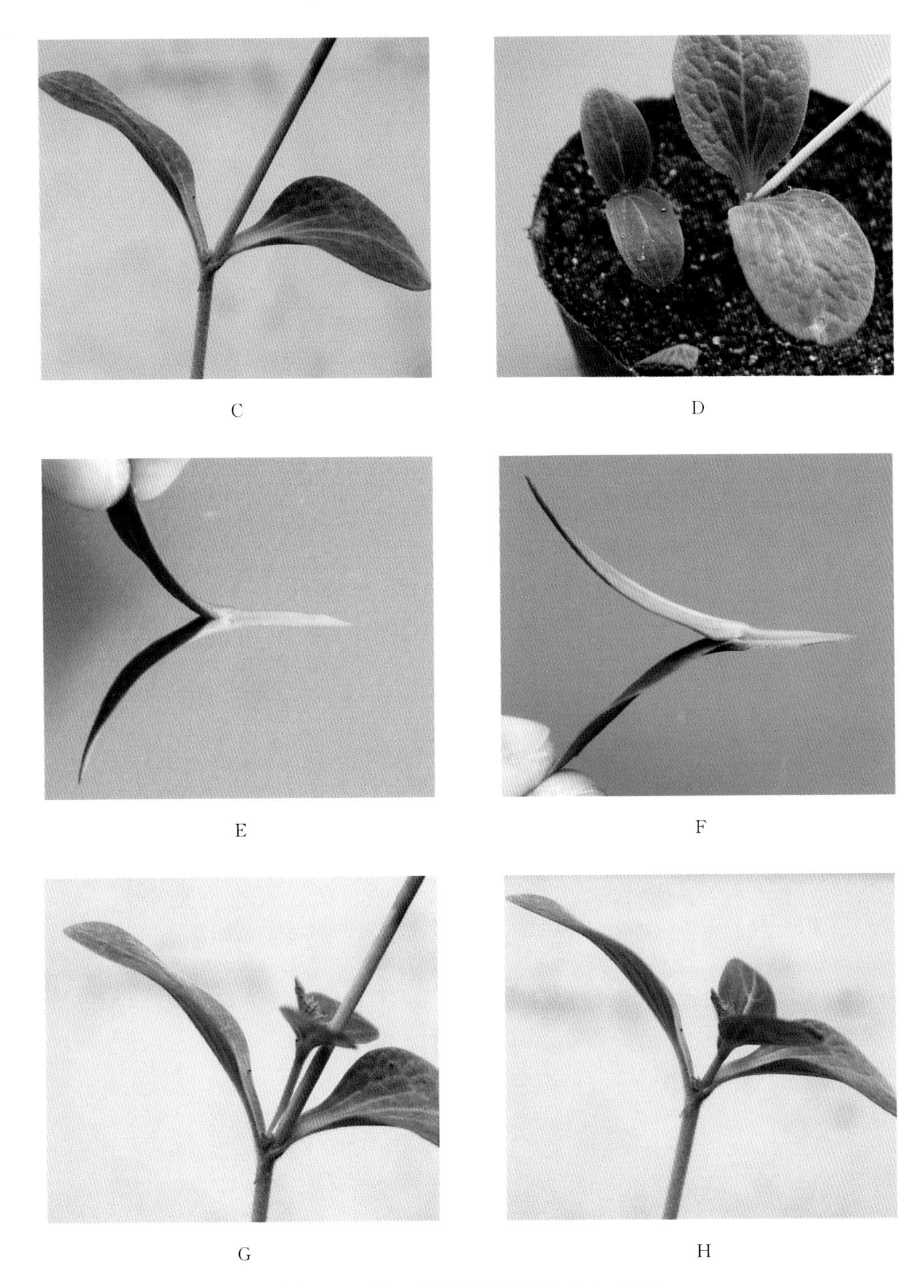

图 6-11（b）　黄瓜耐根结线虫砧木顶接法

C～D. 竹签斜插入砧木（暂不拔出）　E～F. 接穗　G～H. 拔出竹签同时将接穗插入砧木

I

J

图 6－11（c） 黄瓜耐根结线虫砧木顶接法
I～J. 嫁接苗

③注意事项。

1）采用顶插接方法的砧木应比接穗提前播种，一般砧木苗出土后开始播接穗。

2）以砧木苗第 1 片真叶出现至展开为嫁接适期，接穗苗以子叶展开期为宜。

3）嫁接完毕，应保证接穗子叶与砧木子叶呈十字形交叉。

4）嫁接时，若砧木真叶已展开，但砧木茎秆髓腔没有空洞，仍可以使用。在砧木子叶上 1cm 处把真叶和生长点全部除去，嫁接插口还应在砧木子叶节部位。

④技术优缺点。

采用顶插接法嫁接方便快速，简单易行，成活率高，是目前各地最常用的嫁接方法之一。要注意把握好砧木和接穗合理的播种时期。

（4）黄瓜靠接法。

①使用工具。靠接法比较适于瓜类蔬菜的嫁接。使用的工具包括刀片、嫁接夹、装满水的碗或浅盆。

②操作步骤和技术要点（图 6－12）。

1）根据发芽和生长速度合理安排播种时间，使砧木和接穗高度与茎粗相当；在砧木第 1 片真叶出现到刚展开期间，即可进行嫁接。

2）用竹签去掉砧木生长点。

3）在砧木子叶节下方 0.5cm 处，沿（或垂直）砧木子叶方向，用刀片由上向下斜切一刀，深度达茎粗的一半，切口长 0.6～0.8cm。

4）选择刚露真叶的接穗苗，在子叶节下 1cm 处，垂直（或沿）接穗子叶方向，用刀片由下向上斜切一刀，深度达茎粗的 2/3 处，切口长 0.6～0.8cm。

5）把接穗苗和砧木苗在切口处契合好，使接穗子叶压在砧木子叶上，呈十字形交叉。

6）用嫁接夹固定嫁接部位，使切口紧密贴合，放入温室保湿、保温培养。

7）取下嫁接夹，正常管理。

图 6－12（a）　黄瓜耐根结线虫砧木靠接法

A. 砧木和接穗苗　B. 除去砧木生长点　C～F. 削切砧木　G～J. 削切接穗

图 6－12（b） 黄瓜耐根结线虫砧木靠接法
K～L. 接穗和砧木贴合 M～N. 夹住嫁接部位 O～P. 嫁接苗

③注意事项。

1）嫁接时砧木苗应相当于或者略小于接穗苗。

2）若定植前没有去掉嫁接夹，定植时最好将嫁接夹置于同一方向，并将砧木和接穗根茎分开，便于以后把接穗断根，切不可断错根。

3）定植时培土高度不能超过伤口，浇水时也不要浇到伤口处，以免伤口感染。

4）实际生产中，根据砧木与接穗的生长特点，把二者播种于同一个育苗杯之中，避免嫁接时起苗，既提高成活率，也减少劳动量。但一定要注意分清砧木和接穗。

5）若砧木和接穗分开播种，嫁接时需要分别起出，嫁接完成后需要立即栽苗或先将根置于水中再行栽苗，栽苗时基质应浇透水。

④技术优缺点。靠接法成活率较高。但是要求砧木和接穗苗高度与茎粗基本一致，嫁接成活后需要断接穗的根系增加了工作量。技术相对复杂，不易掌握。

（5）黄瓜劈接法。

①使用工具。包括刀片、嫁接夹、装满水的碗或浅盆。

②操作步骤和技术要点（图 6－13）。

1）用刀片沿砧木子叶上方平切除去真叶和生长点。

2）在经切口正中央，刀片垂直于砧木子叶直线方向竖直向下直切 0.6～0.8cm。

3）于接穗子叶节下约 1cm 处，平行于子叶直线方向切削 0.6～0.8cm 长的双面楔形。

4）把接穗双楔面对准砧木接口轻轻全部插入，使接穗和砧木子叶所在方向十字交叉。

5）使削面贴合紧密，嫁接夹固定。

6）放入温室保温保湿培养。

A

B

图 6－13（a）　黄瓜耐根结线虫砧木劈接法

A～B. 备用砧木苗

图 6 - 13（b） 黄瓜耐根结线虫砧木劈接法

C. 备用砧木苗 D. 备用双面楔形接穗 E～F. 接穗插入砧木 G～H. 嫁接夹固定

③注意事项。

1）劈削时操作动作要迅速。

2）应把握好削切砧木裂口和接穗削面精度，不可过长或过短。

3）劈接法比较适合于茎较硬的茄果类砧木，瓜类砧木由于砧木茎大多柔嫩多汁，不适于劈接法。

4）采用劈接法要注意砧木要提前播种育苗，保证嫁接时砧木的茎要比接穗的茎粗。

5）若茄子采用此方法嫁接，则砧木具有 5～6 片真叶为嫁接适期，削切后保留 1～2 片真叶；接穗具有 4～5 片真叶为嫁接适期，削切后应保留 3～4 片真叶。

④技术优缺点。技术简单实用，便于学习掌握，且不要求砧木苗和接穗苗高度一致。但是，由于伤口较大，且瓜苗含水量较高，对后续的环境条件和管理要求较为苛刻，成活率难以保障。实际生产中较少应用。

（6）黄瓜双断根嫁接法。

①使用工具。刀片、竹签（尖端为单斜面楔形）、嫁接夹、装满水的碗或浅盆。

②操作步骤和技术要点（图 6－14）。

1）待砧木长出 1 片真叶，接穗子叶展开时即可开始嫁接。拔出砧木，除去砧木子叶以上的真叶和生长点。

2）取接穗粗细一致单面楔形竹签，楔面向下，沿砧木一侧子叶斜向另一侧插孔 0.3～0.5cm，竹签暂不拔出。

3）在接穗子叶节正下方约 1cm 处的胚轴上，以刀片平面平行于两子叶所在直线方向，由上向下斜削 1 刀，削面长 0.3～0.5cm。

4）拔出插在砧木内的竹签，立即将削好的接穗插入砧木，使其斜面向下与砧木插口的斜面紧密贴接，用夹子夹紧，砧穗子叶方向十字交叉。

5）在紧贴营养土处将砧木的根部切下除去。

6）迅速将已嫁接好的苗直接扦插到装有营养土且浇足底水的穴盘或营养钵中，盖膜保湿置于温室中培养。

A

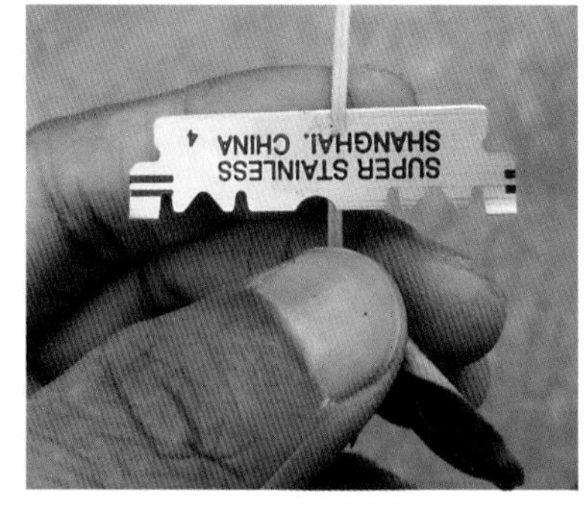

B

图 6－14（a）　黄瓜耐根结线虫砧木双断根嫁接法

A. 备用砧木　B. 备用接穗

C

D

E

F

图 6-14（b） 黄瓜耐根结线虫砧木双断根嫁接法

C. 斜插入接穗 D. 齐土表切断砧木

E. 嫁接苗插入育苗钵 F. 浇透水保湿培养

③注意事项。

1）选用合适的砧木品种。要求砧木的下胚轴易长出不定根，容易诱导新根。例如，近年实践证明京欣砧 1 号是目前国内较理想的西瓜断根嫁接砧木之一。

2）砧木种子可直接撒播在苗盘上，不必播在穴盘或营养钵中，便于管理和节约成本。注意把握播种时期。待砧木子叶展开时，将接穗催芽播种于苗盘中；注意把握嫁接时期。待砧木长出 1 片真叶，接穗子叶展开时即开始嫁接。砧木和接穗多采用斜插法贴合。

3）粪与肥料应比传统嫁接方法减少 1/2～2/3，过高的养分不利于诱导新根。

4）嫁接后的管理。除了按常规技术嫁接苗管理之外，还应注意嫁接苗伤口愈合的适宜温度是22～25℃。因此，白天温度控制在25～26℃，夜间22～24℃。一般来说，断根嫁接苗比常规插接法的闭棚时间要长1～2d，前期可能会出现砧木子叶轻度萎蔫的现象。但只要温、湿度适宜，嫁接5～6d后即可诱导出新根，伤口愈合。

5）若在冬天育苗应注意配备地热线等加热设备，保持温度。

④技术优点。与传统嫁接方法不同，双断根技术不保留砧木原根系，相反是将其去掉，在嫁接愈合的同时，诱导砧木产生新根。该嫁接法的优点：a. 新诱导的根系无主根，须根多，甚至是原须根的10倍以上，削弱根系的顶端优势，增强须根的活力。b. 嫁接苗的成活率与整齐度更高。此外，由于砧木根系已断，嫁接伤口处的伤流液减少，腐烂现象少。因此，愈合好，成活率高。尽管断根嫁接的幼苗萎蔫时间要长些，但愈合处吻合好，且平滑，不易出现疙瘩或小裂口。c. 定植后缓苗快，幼苗的耐低温性能、前期的生长势较强。d. 肥水吸收能力较强，不易出现急性生理性凋萎，后期抗早衰，坐果数多，单瓜更大。e. 可促进早开花，早坐果，早成熟，并可提高产量。f. 其操作技术并不复杂，可应用于大面积的工厂化穴盘育苗生产。

（7）黄瓜双砧木嫁接法。

①使用工具。双砧木嫁接有双贴法和插接法。使用工具有刀片、嫁接夹、装满水的碗或浅盆。

②双砧木双贴法操作步骤和技术要点（图6－15）。

1）先将2株砧木从穴盘取出，起苗时尽量避免伤根。

2）分别去掉两砧木的1片子叶和生长点，沿1片子叶的基部由上向下斜切，切面长0.5cm左右，切面要平，每个砧木保留1片子叶。

3）在接穗子叶节下1～1.5cm处，选择相对的两个侧面斜切。斜切时，切面应相对较大，切面长不低于0.5cm；削面平面应与接穗的子叶直线方向平行。

4）将2砧木的切面对贴接穗的2个切面，用嫁接夹固定，砧穗子叶呈十字交叉。

5）将嫁接好的嫁接苗迅速移栽到营养钵中，盖膜保湿，置于温室内培养。

③双砧木插接法操作步骤和技术要点（图6－16）。

1）取2株砧木，分别去掉真叶和生长点，然后分别单独去掉1片子叶；子叶节和真叶节之间的茎保留。

2）把2株砧木并在一起，使2片子叶相对分布于外侧；每个砧木顶端的茎分别由上向下斜削一刀，2个砧木顶端共同构成双面楔形尖端，两个削面长度应相当，长度约0.5cm。

3）在接穗子叶节下1.5cm处把茎切成燕尾形（与双砧木顶部的双面楔型尖端相吻合），削面相对大一点；削面平面应与子叶直线方向平行。

4）将接穗和双砧木用嫁接夹固定；砧穗子叶呈十字交叉。

5）将嫁接好的嫁接苗迅速移栽到营养钵中，盖膜保湿，置温室内培养。

④注意事项。

1）对于双贴法，砧木应先于接穗播种，接穗子叶展平，刚露真叶时嫁接。若接穗在嫁接后再生根，应注意及时切断。

2）对于插接法，砧木和接穗同时播种，接穗生长到第 1 片真叶展开时才能嫁接。

⑤技术优缺点。

该技术相对较新，操作繁琐。但是，嫁接苗成活率较高，选择 2 个不同种类的砧木品种进行搭配，砧木之间的优势可以互补（赵光华等，2009），生长速度较快、农艺性状更好、产量更高，是提高产量和收益的重要措施，增产、增收效果非常显著（徐守东，2008）。

A

B

C

D

图 6－15（a） 黄瓜耐根结线虫双砧木双贴嫁接法

A. 大小相当的两种砧木 B. 片耳法分别削切两砧木

C～D. 双面楔形接穗和两砧木切面贴合

E　　F

图 6-15（b）　黄瓜耐根结线虫双砧木双贴嫁接法

E. 夹紧贴合部位　F. 迅速移栽嫁接苗

A　B　C　D

图 6-16（a）　黄瓜耐根结线虫双砧木插接法

A. 大小相当的两种砧木　B～C. 削切两砧木　D. 燕尾形接穗和两砧木切面贴合

E

F

图 6-16（b） 黄瓜耐根结线虫双砧木插接法
E. 夹紧贴合部位 F. 迅速移栽嫁接苗

（四）西瓜抗、耐根结线虫砧木及嫁接

1. 西瓜抗、耐根结线虫砧木品种 西瓜抗（耐）根结线虫砧木种类很多。我国除大量引进国外优良砧木之外，还自主繁育多个品种。例如河南郑州果树研究所育成超丰 F1 葫芦，山东潍坊市农科院于 1998 年选育出抗重 1 号瓠瓜，国家蔬菜工程技术研究中心自主选育出西瓜专用抗根结线虫砧木勇砧。针对西瓜，选用适宜的抗性砧木品种是提高根结线虫病害防治效果的重要途径。

2. 西瓜抗、耐根结线虫砧木嫁接 西瓜嫁接的主要方法有靠接法、插接法、顶接法、劈接法、断根嫁接法等（许如意，2007）。此外，还有在贴接或插接的基础上延伸发展的二段接（最下面基部为南瓜砧木，中间为一段瓠瓜砧木，最上面再嫁接西瓜接穗的嫁接方法）和芯接法（以瓜蔓新生的芯而非幼苗为接穗进行嫁接的方法）。因地理区域、环境条件、种植季节等因素不同，可选用不同技术。此外，针对不同的砧木品种适宜的嫁接技术也不尽相同。若抗根结线虫砧木种子的种壳较厚、较硬，则应适当延长浸种处理时间，宜用 55℃左右温水浸种 24～48h。同时，注意不要嗑种，以免出现发芽率低下、带壳出土等问题。嫁接苗培育期间，砧木子叶间长出的腋芽要及时抹除，以免影响接穗生长。但不可伤及砧木子叶，以免前期生长受阻，严重时形成僵苗，进而影响后期开花坐瓜。因此，在取苗、嫁接、假植、装钵、定植等操作过程中均应小心保护瓜苗子叶（许勇，2001）。同时，浇灌水不要触及刀口，以免感染腐烂。嫁接后一周内一般不建议不用喷壶喷瓜苗。小西瓜也可参考“西瓜抗（耐）根结线虫砧木嫁接技术”进行嫁接（朱进，2007）。

（1）西瓜插接法。

参考本节二（三）2（1）黄瓜插接法。

（2）西瓜单叶贴嫁接法。

参考本节二（三）2（2）黄瓜单叶贴嫁接法。

（3）西瓜顶接法。

参考本节二（三）2（3）黄瓜顶接法。

（4）西瓜靠接法。

参考本节二（三）2（4）黄瓜靠接法。

（5）西瓜劈接法。

参考本节二（三）2（5）黄瓜劈接法。

（6）西瓜双断根嫁接法。

北京市农林科学院蔬菜研究中心率先对西瓜断根嫁接法进行研究。该方法具有诸多优点：诱导新生根系无主根，须根多，根系活力强；嫁接苗的成活率与一致性得到提高；坐果数比传统嫁接苗多，单瓜重也较大。要求下胚轴易长出不定根，容易诱导新根（许勇，2005）。具体操作步骤和方法可参考本节二（三）2（6）黄瓜双断根嫁接法。

（7）西瓜双砧木嫁接法。

参考本节二（三）2（7）黄瓜双砧木嫁接法相关内容。

（8）西瓜芯接法。

①使用工具。刀片、嫁接夹、装满水的碗或浅盆。

②操作步骤和技术要点（图6－17）。

1）取胚轴粗壮的砧木（不要连根拔出，最好事先播种于育苗杯中）。

2）取接穗，每段接穗有完整的一片真叶和腋芽。

3）采用贴接的方法将接穗和砧木嫁接。

4）将嫁接好的嫁接苗迅速移栽到遮阳棚中，盖膜保温、保湿培养。

A

B

图6－17　西瓜抗（耐）根结线虫砧木芯接法

A. 待用砧木和接穗　B. 嫁接苗

③注意事项。

1）接穗先于砧木1～2个月播种。

2）控制好温、湿度，确保砧木的茎足够粗，能吻合接穗茎粗。

3）每一段接穗都要确保有完整的一片真叶和腋芽。

④技术优缺点。该技术相对简单，操作速度快，效率高，接穗资源利用率高。应注意把握好嫁接时期。

（9）西瓜二段接法。

与双砧木嫁接一样，二段接法也是采用两种砧木，综合利用两种砧木的优点。一种砧木作为基部砧木在最下面，通常具有良好的抗包括根结线虫在内的多种土传病害的能力，而且根系发达；另一种砧木在中间，上连接穗，下接基部砧木，通常应具有良好的亲和性、优良的传导性等特性。

①使用工具。使用工具有刀片、嫁接夹、装满水的碗或浅盆。

②二段接法操作步骤和技术要点。

1）取出中间砧木。

2）取接穗。

3）采用插接（或顶接）的方法将接穗率先接到中间砧木上，保持二者子叶方向十字交叉，并用嫁接夹夹住。暂时不要切除中间砧木的根部。

4）取基部砧木（最好事先播种与育苗杯之中），不要连根拔出。

5）将中间砧木以单叶贴的方法嫁接在基部砧木上，保持两种砧木的子叶方向十字交叉，并用嫁接夹夹住。

6）将嫁接好的嫁接苗迅速移到遮阴保湿棚中，盖膜保湿置于温室内培养（图6-18）。

③注意事项。

1）应把握好播种期，使两砧木的茎粗细相当，接穗的茎稍细。

2）操作速度一定要迅速。

3）千万不能搞错中间砧木和基部砧木。

4）不拔出根部，直接在上面嫁接。

5）接穗可以用种苗，也可视情况选用幼嫩的西瓜蔓芯。

④技术优缺点。二段接法嫁接技术相对繁琐，操作速度较慢。但是嫁接苗能兼具双砧木的特性。

图6-18 二段接法嫁接苗

（五）甜椒抗根结线虫砧木及嫁接技术

1. 甜椒抗根结线虫砧木品种　甜椒本身对根结线虫具有一定的耐病性，根结线虫病情不严重时能够维持正常生产。但是，当土壤中根结线虫虫口密度较大时则需要采取防治措施。甜椒抗根结线虫砧木的研究较少，品种相对有限。国外抗根结线虫甜椒砧木主要有美国的查尔斯顿圆椒砧木、骄珍 108、J4－908、PR Power、Rs－23 等品种。格拉夫特是我国自主选育的辣椒嫁接砧木品种，F1 杂交品种，植株茎部叶柄有毛，根系发达，嫁接亲和力强，抗根结线虫，高抗疫病、根基腐病、青枯病等土传病害。在山东、广东等地嫁接生产试验表现突出，自 2005 年开始在山东、辽宁等地区推广应用。

2. 甜椒抗根结线虫砧木嫁接　甜椒常用的嫁接技术主要有贴接、劈接法、插接法、靠接法、针接法，以及套管接法等。甜椒嫁接的适宜时期因嫁接技术的不同而略有不同。一般为砧木具有 2～5 片真叶展开，削切后保留 1～2 片真叶；接穗具有 2～5 片真叶为嫁接适期，削切后应保留 2～4 片真叶。

（1）甜椒贴接法。

①使用工具。刀片、嫁接夹、装满水的碗或浅盆。

②操作步骤和技术要点（图 6－19）。

1）取 3～4 片真叶的砧木。

2）30°～45°由上向下斜向一刀，保留 2～4 片砧木的真叶。

3）取 2～3 片真叶的接穗。以相同角度斜向一刀削切，确保接穗有 1～2 片真叶。

4）将接穗和砧木二者靠贴结合，切面对齐、对正后，用嫁接夹子夹紧，置温室培养。

③注意事项。

1）砧木和接穗茎的粗细最好相当。

2）砧木和接穗削切的角度和削面的长度相当，以利于固定。

3）浇水时不要浇到伤口处，以免伤口感染。

4）技术优缺点。单叶贴嫁接技术简单实用，便于学习掌握。比较适宜甜椒嫁接。

A

B

图 6－19（a）　甜椒抗根结线虫砧木贴接法

A. 砧木苗　B. 削切砧木

C

D

图 6-19（b） 甜椒抗根结线虫砧木贴接法

C. 接穗贴合砧木 D. 嫁接夹固定

（2）甜椒劈接法。

①使用工具。使用的工具包括刀片、嫁接夹、装满水的碗或浅盆。

②操作步骤和技术要点（图 6-20）。

A

B

C

D

图 6-20（a） 甜椒抗根结线虫砧木劈接法

A～C. 备用砧木 D. 备用接穗

E

F

图 6-20（b）　甜椒抗根结线虫砧木劈接法

E. 插入接穗　F. 嫁接夹固定

1）取 5～6 片真叶的砧木。

2）垂直于茎平切一刀，保留 2～4 片砧木的真叶。

3）在茎切面中央垂直于切面竖直向下劈切 0.7～1cm。

4）取 4～5 片真叶接穗。削切双面楔形，楔面长度 0.7～1cm，并确保接穗有 1～2 片真叶。

5）将接穗插入砧木，使二者靠贴结合，切面对齐，对正后，用嫁接夹子夹紧，放入温室培养。

③注意事项。

1）劈接法比较适合于茎较硬的茄果类砧木。劈削时削切操作动作要迅速。

2）把握好削切砧木裂口和接穗削面精度，不可过长或过短。

3）采用劈接法要注意砧木要提前播种育苗，保证嫁接时砧木的茎要比接穗的茎粗。

④技术优缺点。技术简单实用，便于学习掌握，且不要求砧木苗和接穗苗高度一致。但是，由于伤口较大，对环境条件和管理要求较高，否则成活率难以保障。

（3）甜椒顶接法（图 6-21）。

①使用工具。顶接法，又称为斜插法。竹签、刀片、嫁接夹、装满水的碗或浅盆。

②操作步骤和技术要点。

1）取 3～4 片真叶的砧木。

2）垂直于茎平切一刀，保留 1 片砧木的真叶。

3）用竹签由横切面一边斜插入茎内，暂不拔出竹签。

4）取 2～3 片真叶的接穗。于子叶节附近削成铅笔尖头形状，尖头长度和竹签插入深度相当。

5）将接穗插入砧木，并使二者贴紧，放入温室培养。

③注意事项。

1）砧木应比接穗提前播种一周左右。

2）竹签为单面楔形，粗细与接穗相当。

3）上述“2）垂直于茎平切一刀，保留1片砧木的真叶”步骤，也可采用除去砧木生长点在第三叶腋处插接（陈贵林等，2010）。

④技术优缺点。采用顶插接法嫁接方便快速，简单易行。但要注意把握砧木和接穗合理的播种时期。

（4）甜椒靠接法。

A

B

C

D

图6-21（a） 甜椒抗根结线虫砧木顶接法

A. 削切砧木 B. 插入竹签 C. 备用接穗 D. 拔出竹签

E

F

图 6－21（b）　甜椒抗根结线虫砧木顶接法
E. 嫁接　F. 嫁接苗

①使用工具。使用的工具包括刀片、嫁接夹、装满水的碗或浅盆。
②操作步骤和技术要点（图 6－22）。

A

B

C

D

E

图 6－22（a）　甜椒抗根结线虫砧木靠接法
A～B. 待用砧木和接穗　C. 斜削砧木　D. 斜削接穗　E. 接穗和砧木靠接

F

G

图 6-22（b） 甜椒抗根结线虫砧木靠接法

F. 嫁接夹固定 G. 嫁接苗

1）取 2～3 片真叶的砧木。

2）取 2～3 片真叶的接穗。

3）采用靠接的方法将二者嫁接。

4）嫁接夹固定嫁接处。

5）放入温室培养。约两周左右，待嫁接苗成活后，将接穗苗断根，取下嫁接夹，正常管理。

③注意事项。

1）甜椒的靠接方法操作步骤可参考本节一（三）2（4）黄瓜耐根结线虫砧木靠接法。

2）嫁接时砧木苗应相当于或者略小于接穗苗。

3）接穗断根时，切不可断错根。

4）定植时培土高度不能超过伤口，浇水时也不要浇到伤口处，以免伤口感染。

5）实际生产中，根据砧木与接穗的生长特点，把二者播种于同一个育苗杯之中，避免嫁接时起苗，既提高了成活率，也减少劳动量，但一定要注意分清砧木和接穗。

6）若砧木和接穗分开播种，嫁接时需要分别起出，嫁接完成后需要立即栽苗或先将根置于水中再行栽苗，栽苗时基质应先浇透水。

④技术优缺点。靠接法成活率较高。但是要求砧木和接穗苗高度与茎粗基本一致，嫁接成活后需要断接穗根系增加了工作量。相比于茄果类蔬菜，更适合于瓜类的嫁接。

（5）甜椒针接法。

①使用工具。

刀片，嫁接针（粗 0.5mm，长 1.5cm）。

②操作步骤和技术要点（图 6-23）。

图 6-23　甜椒抗根结线虫砧木针接法

A. 削切砧木　B. 备用砧木　C. 嫁接针插入砧木　D. 削切接穗　E. 砧木和接穗贴合　F. 嫁接苗

1）取3～4片真叶的砧木，在子叶和第一片真叶之间以30°～45°斜向削切。

2）将嫁接针竖直向下插入砧木茎中央，深度为嫁接针的1/2以下。

3）取3～4片真叶的接穗，在子叶和第一片真叶之间以30°～45°斜向削切。

4）将接穗和砧木切面对正，竖直插入嫁接针，使砧木和接穗贴面密切贴合。

5）迅速将嫁接苗盖膜，置于温室中保温保湿培养。

③注意事项。

1）砧木和接穗大小相当，且应都处于茎秆粗3mm以下为宜。

2）嫁接针不宜太粗或太细，横切面应为多棱或多角形，以利于固定。

3）砧木和接穗的切面角度尽量一致。

④技术优缺点。嫁接技术简单，嫁接效率高。但是成活率相对较低。

（6）甜椒套管接法。

①使用工具。刀片、套管、装满水的碗或浅盆。

②操作步骤和技术要点。

1）取2～3片真叶的砧木，在子叶和第一片真叶之间以30°斜向削切。

2）将嫁接专用套管由上向下套入砧木，上部削面尖端微露。

3）取2～3片真叶的砧木，在子叶和第一片真叶之间以30°斜向削切。

4）将接穗和砧木切面对正，密切贴合，并使套管尽量包围嫁接部位。

5）迅速将嫁接苗盖膜保湿，置温室中培养。

③注意事项。

1）砧木和接穗大小相当，且应都处于株高5cm，茎粗3mm以下为宜。

2）套管应于茎粗相当或略细于茎粗。

3）砧木和接穗的切面和角度尽量一致。

④技术优缺点。嫁接技术简单，嫁接效率高。适宜于茄果类蔬菜嫁接，瓜类嫁接不常用。

（六）茄子抗根结线虫砧木及嫁接技术

1. 茄子抗根结线虫砧木品种 国内外关于茄子砧木的研究主要集中在抗黄萎病、抗冷性等方面（宋敏丽，2007；高青海等，2005），关于茄子抗根结线虫砧木的研究相对较少。Daunay and Dalmasso（1985）曾对茄子砧木抗根结线虫进行过简单报道，国内相关研究报道更晚。当前已有的茄子抗根结线虫砧木多为野生茄子。主要有托鲁巴姆、无刺茄砧、CRP、托托斯加等（同时也作为番茄抗、耐根结线虫的砧木品种），均是良好的野生砧木品种，在抗根结线虫的同时，还可抗黄萎病、青枯病、枯萎病，且嫁接成活率高；刺茄、北农茄砧、台茄等表现出一定的耐病性；赤茄、耐病VF、香瓜茄、琼野茄等则表现比较敏感。近年来我国在茄子抗根结线虫砧木品种繁育方面进行大量研究，国家蔬菜工程中心自主繁育了茄砧1号。该砧木是茄子专用抗根结线虫病砧木品种，对包括根结线虫在内的多种土传病害具有较好抗性。

2. 茄子抗根结线虫砧木嫁接　茄子常用嫁接技术主要有贴接法、劈接法、插接法、顶接法、靠接法等。采取劈接方式最好（图 6－24），嫁接简便快捷，工作效率高，嫁接成活率可达到 98%以上。茄子抗根结线虫砧木的嫁接操作方法可参考本节二（五）甜椒抗根结线虫砧木及嫁接技术。

图 6－24　嫁接（左）和自根（右）植株根部对比

（七）番茄抗/耐根结线虫砧木及嫁接技术

1. 番茄抗、耐根结线虫砧木品种　番茄抗根结线虫砧木种类繁多。在实际生产中，应选择抗病砧木，根结线虫病情较轻的可选择耐病砧木进行嫁接。Beaufort、Baofa009、Genaros、041－373、031D158、Trs－401、托鲁巴姆、北农茄砧、黏毛茄、赤茄等砧木材料均表现出对南方根结线虫良好的抗性。目前，因番茄抗线虫品种的不断成熟，番茄嫁接技术在实际生产中应用越来越有限。

2. 番茄抗、耐根结线虫砧木嫁接　番茄常用的嫁接方法有劈接法、贴接法、插接法、顶接法、针接法（也称内固定法，较劈接法和套接法更适合茄果类蔬菜的嫁接生产）、套管接法等。番茄抗（耐）根结线虫砧木的嫁接技术操作具体可参考本节二（五）甜椒抗根结线虫砧木及嫁接技术。

（1）番茄贴接法（图 6－25）。

图 6-25　番茄抗/耐根结线虫砧木贴接法

A. 备用砧木　B. 削切砧木　C. 削切接穗　D. 砧木与接穗贴合　E. 嫁接夹固定　F. 嫁接苗

（2）番茄劈接法（图 6-26）。

图 6-26　番茄抗/耐根结线虫砧木劈接法

A. 备用砧木　B. 削切砧木　C. 砧木切口　D. 接穗　E. 砧木与接穗贴合　F. 嫁接夹固定

三、耕作与种植

（一）休闲调控

1. 技术简介和技术原理　根结线虫属于食植物性线虫，当土壤中长期没有植物可食用时，就会因饥饿而死亡，土壤中的根结线虫数量跟着消减甚至完全消失，这是休闲的基本原理。同时，外界环境因子的变化尤其是极端环境也会大大减少根结线虫的数量。当前我国北方保护地内南方根结线虫大面积发生的重要原因之一就是保护地克服了限制根结线虫正常生长发育和周年繁殖的寒冷冬季不利条件。即使在当今冬季温度普遍偏高的情况下，我国北方露地蔬菜生产也基本没有或很少发生南方根结线虫病害。不同地区采用休闲措施效果不同。四季差越明显的地区应用效果越好，而且温度变化速度越快越好。不同季节休闲效果也不同。通常在不另外采取其他措施的情况下夏季休闲效果不如冬季好。

国外有研究表明，温度合适的情况下，休闲 4～6 个月后，根结线虫群体密度可以降低 95%以上。国外一些地广人稀的国家在必要的时候多采取这种措施防治根结线虫以及其他土传疑难病虫害。但是，休闲措施在我国极少应用，一定程度上是我国的基本农情决定的。

2. 技术优缺点　休闲措施技术简单，防治效果明显，并且环保、省工，在很多地区都可应用。但是该技术也具有明显的缺点，首先是不能种植作物，导致没有任何收入，这对于几乎全部收入来源于农业生产的我国广大农户来说基本不可行；二是难以根除土壤中的根结线虫。因为根结线虫的卵具有很强的存活能力，在土壤中即使条件恶劣也能存活 1～3 年之久，况且田间的多种杂草也能被根结线虫寄生。

3. 应用建议和注意事项

（1）采用休闲措施首先应充分考虑现实情况是否允许，尤其是经济承受能力。

（2）根据本地区的气候特点决定是否适合采用休闲措施，一般情况下四季自然环境变化不明显的地区不建议采用，常年极端高温或低温的地区除外。

（3）充分把握好休闲季节，并注意结合其他处理措施，以提高防效。若选择夏季休闲可以和高温太阳能土壤消毒等技术相结合；若选择冬季休闲，可结合土壤灌水速冻等措施。

（4）休闲之前应彻底清理田间植株病残体，包括地上部植株及土壤中的病根残体，并及时集中灭活处理，可以使用的处理方法有高温消毒等措施。

（5）休闲过程中应尽量彻底清除田间杂草和其他可能寄主。

（6）在生产需求不太迫切的情况下，可采用短期休闲结合其他防治措施，一般情况下不建议长期休闲。

（二）轮作调控

1. 技术简介和技术原理　条件适宜的情况下，持续连茬种植同一种、同一类或者少数种类的作物，有利于土壤中根结线虫大量繁殖。为了追求经济利益，我国菜农往往连年种植经济产值较高的西甜瓜、黄瓜和番茄等少数几种作物，造成严重的以根结线虫病为代表的保护地连作障碍问题。通过改变惯有的种植模式，丰富种植品种或者种植杀线植物和抗性品种，可以达到改良土壤微生物菌群或减少有害生物，减少土壤中根结线虫虫口基数，减轻作物受害程度的作用，这就是轮作的基本原理。

种植不同种类作物是常用的轮作方法。抗病型作物主要是因为植株根系能分泌出特定的物质，这些天然物质对根结线虫具有毒害作用，能有效地抑制根结线虫的生长、发育和繁殖；感病作物尤其是一些高度敏感的作物，极易被根结线虫侵染，并表现出症状。根据这一现象，在实际生产中可以利用抗性作物的抑制作用减少土壤中根结线虫种群数量；也可利用一些速生的高感病作物激活土壤中的线虫，使其短期内大量侵入寄主，在根结线虫充分侵入根内且未完成下一代繁殖之前，将诱集寄主连根全部拔除，带出土壤中的根结线虫，使其来不及进行大量繁殖，从而有效减少土壤中根结线虫数量。抗性品种与感病品种轮作可有效地降低根结线虫的密度、增加作物产量（Netscher C，1990）。

种植抗性品种可导致土壤中大部分线虫或孵化的卵由于没有寄主可寄生而死亡。但是，该方法并不能全部杀死线虫和卵，土壤中仍然有少量虫源残留，若种植感病寄主，病害仍旧会发生，只是程度相应减轻。因此，一定条件下，使用抗病品种进行轮作是控制根结线虫为害的一种经济、有效的方法（董道峰，2007）。此外，还有些作物如甜椒、芦荟，虽然它们能诱发南方根结线虫病，并导致根结线虫数量激增，但作物本身显症不明显或不显症，根部难以看见或根本看不到根结，容易引起误判。因此，若采用这些作物进行轮作，将可能给蔬菜生产造成很大的损失（杨吉福，2006）。

2. 几种轮作模式

（1）与非寄主植物轮作。非洲菊、万寿菊、豆类（如绿豆、猪屎豆、刺毛黧豆）、葱、蒜等作物在生长过程中根部能够产生杀线虫或者抗线虫物质（图 6－27，图 6－28）。这些天然代谢物能够对线虫产生毒害，因此，可以将这些作物与西甜瓜、黄瓜、番茄等经济价值高的蔬菜轮作。在欧洲多采用蔬菜作物与非寄主植物或者抗性植物进行轮作。如热带百慕达草（又称狗牙根、铁线草）、百喜草、谷类和葱属作物等轮作。通常短期内轮作效果不明显，对于好的轮作模式可提高轮作频次。刘辉志等（2004）报道，在休耕时期栽培万寿菊，然后将万寿菊翻耕于土壤中，可显著降低南方根结线虫的数量，或休耕期种植金盏菊、孔雀草满一季可降低土壤中 90%的线虫。郭永霞等（2007）报道，蔬菜与谷类作物轮作可以减少线虫种群数量和其他害虫发生。与大葱、大蒜、辣椒等作物轮作，也可明显减少土壤中的线虫密度；番茄和万寿菊进行轮作，不但减少了线虫的侵染，番茄的产量还可以提高 50%以上。

非寄主植物并不能全部杀死土壤中的根结线虫，只能通过根系分泌物抑制根结线虫的生长发育和繁殖，从而降低根结线虫虫口密度，而且，抑制效果和产生的经济效益之间并不完全正相关，这与非寄主植物本身的经济产值有很大关系。因此，选择非寄主植物时应把握好防治作用和经济产值的双重效果。

图 6－27 与葱蒜轮作

图 6－28 与非洲菊轮作

（2）高敏感寄主诱集。作物生产完毕，立即彻底清除植株病残体，并集中灭活处理。将土壤浅耕 20cm 深，整理平整疏松，浇水渗透土壤 20cm；将诱集作物的种子进行适当催芽处理；待土壤湿度适宜（70％含水量）时将催好芽的种子撒播，种子应密播，株行距 5cm 左右（具体用量可根据密度计算）。出芽后保持适宜的温、湿度，确保诱集作物快速生长，播种后 20～25d 将菜苗集中全部连根拔除。随后即可进入下茬正常生产。

科学应用诱集防治措施应把握两点：一是应选择对根结线虫高度敏感、速生性、生长期短的作物，例如油菜、菠菜等。二是应把握好诱集时间，过长或过短都会失去、降低甚至失去防治效果和意义。原则应在根结线虫未完成 1 代的情况下（根结线虫一个完整的生活史一般为 30d，温度越适宜周期越短，最短 22d 左右）通过拔除诱集作物将病原带出土壤。此外，采用轮作防治时应提前浇水，保持土壤疏松、湿润，有利于充分激活土壤中的根结线虫，促进虫卵孵化。

（3）水旱轮作。根结线虫是好气性生物，当土壤空气含量降低时，根结线虫的生长发育和繁殖都会受到明显的抑制。水旱轮作就是利用这一原理尽最大可能降低土壤的透气性，从而达到抑制和杀死根结线虫的目的。具体操作时将土壤大水漫灌，使 0～35cm土层呈持满水状态 4～6 个月；也可将蔬菜和水稻进行轮作，效果显著。此外，还有研究表明，2～3 周淹水和干旱交替处理效果更好。水旱轮作也称为水淹法，需要注意的是水旱轮作期间土壤表面应始终保持被水覆盖。由于水资源短缺，这种方法在我国北方大部分地区难以实现。

3. 技术优缺点 轮作是改良土壤环境，减少虫源，控制根结线虫病害，保障正常生产的有效措施。对于中轻度病害田或者新建保护地菜田，轮作对根结线虫病害防治具有良好效果。但是，对于重病田，短期的轮作效果难以保障，只有持续的长期性的轮作才能产生良好效果。

4. 应用建议和注意事项

（1）轮作防治应把握因时、因地制宜的原则，选择适宜的作物，合理安排轮作时间。冬季和早春北方地区温度较低，保护地内温度也相对较低，不利于根结线虫病的发生，这些季节安排常规作物生产；夏秋茬保护地内温、湿度等气候因子比较有利于根结线虫病的发生，此时适当的安排有颉颃性的作物，如葱、蒜、非洲菊等；或能诱杀的植物，如油菜、菠菜等速生叶菜；或禾本科等不宜被根结线虫侵染的作物。

（2）一些耐病植物轮作时效果不明显。例如辣椒能很好地忍耐线虫病害，几乎不表现出明显病症。但是，种植甜椒会导致土壤中根结线虫数量迅速大量繁殖，加重下茬作物根结线虫病情。因此，不提倡使用辣椒（甜椒）和感病作物轮作。

（3）感病蔬菜之间轮作对于减轻病情没有效果。如黄瓜和番茄轮作等，不建议采用。

（三）间作调控

1. 技术简介和技术原理　间作的技术原理和轮作基本相似，一定程度上可认为是轮作在同一种植茬口内实施。

2. 几种间作模式

（1）非寄主植物间作。在距离主栽作物行两侧较近（距离 5～10cm）的地方分别开沟，将非寄主种子催芽后播种于沟内（也可以开沟移栽种苗），覆土浇水，进入正常的田间管理。非寄主作物间作在其生长期间应以不影响主栽作物正常生长为宜。

间作时间一般在主栽作物定植 20～30d 后开始，此时作物基本进入移栽后的正常生长期或直播后的快速生长期，间作植物此时不会对其生长发育产生较大负面影响。可选用的作物有葱、蒜、非洲菊等具有抑制作用的非寄主植物。

（2）高感速生植物间作。在距离主栽作物行间撒播诱集作物种子，覆土浇水，进行诱集。诱集应在主栽作物定植 20～30d 后开始实施，诱集时间控制在 20～25d，最长不应超过 30d。可用的作物有菠菜等（图 6－29）。

A

B

图 6－29　架豆病田间作诱集调控

A. 间作田　B. 间作垄

3. 技术优缺点　间作技术简单，操作方便，不影响本茬作物生产，易推广。但是该技术防治效果有限，不适合在根结线虫重病田应用。

4. 应用建议和注意事项

（1）间作和诱集应在不影响主栽作物正常生长的基础上应用。

（2）兼顾间作和诱集作物产值，综合考虑投入产出比。

（3）选择非寄主植物间作时，株型不应太大，以免影响主栽作物生长。

（4）利用诱集植物，一是要选择生长快、诱集效果好的作物，二是要把握好移除时间。若休闲期较长可先行诱集再种植，对于重病田还可以重复诱集，诱集植物应最好均匀密播。

四、土壤生态调控

蔬菜根结线虫是一类典型的土壤习居性生物。土壤的温度、湿度、透气性、土壤的酸碱度、营养含量、土壤中的微生物类群等都会对根结线虫的生长发育和繁殖产生影响。松散透气的土壤结构和偏中性的土壤有利于作物的生长和发育，而这样的土壤环境同样有利于根结线虫的繁殖和生长。因此，通过调节土壤生态环境来防治根结线虫时应综合权衡利弊。通常可以向土壤添加微生物菌肥、农家肥等有机质以及土壤添加物，调整土壤生态环境和微生物菌群以利于作物生长发育，同时对根结线虫产生抑制而不是全部杀死作用，从而达到减轻根结线虫病害，保障有效生产的目的。

（一）微生物菌肥

微生物菌肥的作用机理主要是通过直接参与或间接协助寄主，提高其对营养元素的吸收和利用效率，促进作物生长，从而间接提高作物对根结线虫的抵抗和忍耐能力。

当前微生物菌肥种类众多。如磷细菌、钾细菌、固氮菌等。市场上有很多已经成熟的商品化产品。它们在改良土壤结构，促进作物对营养的吸收和利用等方面都具有良好作用。

此外，也有些微生物除上述功能之外，还具有直接抑制多种土壤病原菌的作用，有待于进一步大力开发，例如AM真菌（*Arbuscular mycorrhizae*，丛枝菌根真菌）。AM真菌是菌根中分布最广泛、最普遍的一类。据报道，AM真菌能与90%以上的维管植物形成共生体，从而比较稳定持续地发挥作用，促进植物根系对于氮、磷、锌、铜等营养元素的吸收。这种方式和根瘤菌与豆科植物共生固氮作用相似。AM真菌通过改善植物的营养状况，使之更为强壮，从而提高植物的抗病能力，大量研究证实了这一点。针对菌根真菌与根结线虫也有很多研究。大量文献报道，AM真菌能提高敏感性植物对线虫的抗性，降低线虫对根系的侵染率，阻止线虫在根内的发展，限制线虫的增殖，减轻病害程度。但是，目前AM真菌和根结线虫之间的互作机理仍不清楚。AM真菌有许多突出的优点，与根瘤菌相比，它的宿寄范围更为广泛；和磷细菌、钾细菌、自生固氮菌以及联合固氮菌等相比，它和植物的关系更为紧密。AM真菌寄主范围极广，共生效果好，且对环境无污染、无毒害，与当前各种农用微生物肥料相比具有明显优势，因而一旦形成成熟商品，其在实际生产中的作用远比其他同类菌肥大，是一类具有巨大开发潜力的生物菌肥。当前存在的问题是 AM 真菌的纯培养和规模化生产，这些问题延缓了 AM 真菌微生物菌肥商品化的进程。

（二）农家肥和土壤添加物

农家肥和土壤添加物，如牛粪、猪粪、鸡粪、植物残渣等是实际生产中常用作肥料改良土壤的物质。相比于化学肥料，这些物质具有许多突出优点：不仅能改善土壤结构，提高土壤质量、增加土壤肥力，改良土壤微生物菌群，促进作物生长，还可以通过促进作物健康生长间接提高作物对病虫害的抵抗力；对于根结线虫，农家肥有一定的抑制作用，可能与农家肥富含硫化物等物质，在分解过程中会产生氨气有关。其他物质在腐烂分解的过程中也会产生对根结线虫有一定杀灭作用的物质。多年来，国内外植保工作者在利用有机改良剂防治植物土传病害方面进行了大量的研究。Mitkowski N A et al.（1982）、Godoy（1983）、Robia et al.（2001）报道多种相关技术在防治线虫病害上的应用。

在使用农家肥防治方面，2004 年，郭玉莲利用鸡粪防治温室蔬菜根结线虫病，发现鸡粪水能够抑制根结线虫卵的孵化；贾利华等（2009）研究发现，氮肥在提高烟草对根结线虫的抗病性方面有重要作用，而同时磷、钾肥在一定程度上也能提高对根结线虫的抗性。但在大田间，在氮肥一定的情况下无论增加或减少磷、钾肥施用量，对烟草根结线虫病的抗性都不明显。

在利用土壤添加物防治根结线虫方面有更多报道。早在 1937 年，Linford 发现有机改良剂在分解期间有显著降低土壤中根结线虫密度的效果。Malck and Gartner（1975）指出，阔叶树皮堆肥可以抑制南方根结线虫、北方根结线虫。Tamur and Taketani（1977）报道树叶与稻壳堆肥防治十字花科根结线虫病的效果显著低于锯末堆肥。Singh et al.（1979）报道了油饼提取物对南方根结线虫卵孵化的影响，菜子饼和棉子饼的水煮提取物效力最高，其降低孵化的百分率分别比对照高出 99.92%和 99.38%；芝麻饼也有一定效果，高出对照 67.25%。Kato et al.（1981）在田间施用松锯末堆肥后，发现土壤微生物可大量增殖。Haroon et al.（1983）指出，俯仰马唐根提取液对南方根结线虫卵的孵化和幼虫存活具有很大的抑制作用。1994 年，阿尔及利亚 Sellami 报道，用金盏花和蓖麻的叶片及根的提取液防治南方根结线虫，幼虫孵化抑制率分别为 21.11%和 56.67%，在蓖麻提取液中幼虫暴露 48h 有 95%幼虫死亡。Akhrar and Mahmood（1995）报道，向土壤中添加 1%～5%（W/W）动物血粉废弃物，可显著减少植物寄生线虫的虫口数及促进植株的生长。刘辉志（2004）报道，土壤中添加 1%的麦糠、楝叶，对南方根结线虫的防效为 71.55%和 69.99%。房华等（2004）研究表明，茶树菇的菌渣能减少南方根结线虫对番茄的侵染。2006 年，姜玉兰报道利用甲壳粉与土壤按 10%～20%混合堆肥，可降低南方根结线虫的危害，0.05%的生蟹粉比 20%的堆肥对控制南方根结线虫更有效。但是，均必须在种植前采用。甲壳质抑制根结线虫的作用机理主要是它能促进根系发育，使植物生长均衡健壮，促使作物充分吸收土壤中各种肥料，从而使植株生长健壮，大大提高抗病、耐病力；至于甲壳质对根结线虫是否具有直接的毒杀作用，郭达伟等（2006）认为还有待进一步进行室内毒力试验。朱开建等（2006）报道，甲壳粉、螃蟹粉发酵产物、植物残渣川楝粉（川楝粉增加了土壤的通气性，有利于根结线虫的活动和侵入，但是，在其含量比例较高时对根结线虫病害有明显的抑制作用）、茶树菇菌渣（茶树菇菌渣施用后能够推迟根结线虫的初侵染，有效的降低病害流行速度）、堆肥茶（茶叶中含有单宁和酚类物质，对根结线虫有抑制作用，尤其是经过堆肥处理发酵后对爪哇根结线虫有明显的抑制作用）对根结线虫具有一定抑制作用。其中茶麸，又称茶籽饼，含有茶多酚、氨基酸、蛋白质、溶血皂角甙素、维生素、矿物质等。溶血皂角甙素对根结线虫有毒杀作用，可以直接杀死植物线虫。试验茶麸防治西瓜根结线虫病效果良好，二龄幼虫数量随着用量的增加而减少；茶麸还富合蛋白质、氮、磷、钾等矿物质是很好的有机肥料，可促进作物健壮生长和增加作物的抗病能力；锯末、堆肥茶等，在一定情况下对根结线虫有防治作用，但是，单独应用效果不理想，将其与其他措施，如和阿维菌素复配使用，不同时间多次浇灌防效理想，而成本较单独的化学药剂防治成本低，易于农民接受。郭永霞等（2007）每平方米施用 0.6kg 草木灰，可以减少土壤线虫数量和卵的数量，而且叶片的类胡萝卜素和叶绿素的含量也有所增加，可极大地提高作物产量。此外，Weserdahl 等在几丁质中加入尿素作为有机添加材料，可有效防治胡桃根腐线虫及马铃薯根结线虫；台湾黄振文发现腐熟的香菇太空包堆肥具有抑制西瓜根结线虫病的功能。黄振文等报道了复合型有机改良剂——虾蟹壳粉 40%、糖蜜 5%、蓖麻粕 40%、海草粉 10%、黄豆粉 5%，对葡萄、柑橘、西瓜根结线虫具有很好的防效。

在应用农家肥和土壤添加物进行根结线虫防控时，最好在夏季高温休闲期，结合太阳能高温消毒一起应用，杀灭线虫的效果明显。需要注意的是将农家肥或堆肥直接施入土壤应用时，应注意使用前将其充分腐熟，以免粪肥中含有根结线虫或带入其他新的疑难病虫害。此外，在利用农家肥时，可适当混入氮肥、氰胺等共用，可提高对根结线虫的抑制效果。

（三）换土法

简单地说就是把发病田整个耕作层的病土移除，换上外来新的没有根结线虫的土壤。具体操作时应将保护地 0～35cm 的土层全部更换。该方法短期内效果好，但工作量大，而且难以保障原来的根结线虫病原物完全被清除，仍可能重新发病。

第三节　物理防治

一、太阳能高温消毒技术

蔬菜根结线虫正常生活的温度 5～40℃。当温度超过 40℃时根结线虫不能正常生长发育。55℃是根结线虫能忍耐温度上限，当温度达到或超过55℃，持续10min以上根结线虫就会死亡。选择一年中最炎热的6～8月份，充分利用作物的夏休季节，用塑料膜覆盖土壤，并将四周压盖密封，以提高土壤耕作层的温度，并持续稳定一段时间，能有效杀死根结线虫，降低土壤中根结线虫密度。在实际操作中，效果受天气因素影响较大，单纯的覆膜密封处理难以保障。通常可向耕作层中加入作物秸秆、农家粪肥等有机质，以提高防治效果。高温处理属于物理防治范畴，是灭生性的，不仅杀死了土壤中的有害生物，同时也杀死了土壤有益微生物。因此，在处理完之后应及时施入有益微生物菌肥，快速建立土壤优势有益微生物群落。

（一）土壤覆膜太阳能高温消毒

1. 技术简介和技术原理 高温季节将土壤覆膜密闭，太阳能可使膜下浅层土壤温度升至50℃以上，通过持续高温将根结线虫杀死（图6-30，图6-31）。

图6-30 温室病土密闭高温处理

图6-31 大棚病土密闭高温处理

2. 具体方法和操作步骤

（1）6～8月份收获完毕，彻底清理田间植株病残体。

（2）使用旋耕机整平地块，深翻土壤30～40cm，破碎土块，使土壤疏松均匀。

（3）南北向开挖做成深30～50cm相间的沟垄，以增大吸热面积，提高土壤温度。

（4）覆盖白色透明聚乙烯塑料膜，将四周埋入土壤密闭。同时，引出一管道用于灌水。

（5）浇透水后将灌水的管道抽出，将缺口压实密封。

（6）封闭处理。通过太阳能辐射热使处理土壤自然升温，15～20d后揭膜即可进行生产。

3. 技术优缺点 该方法应用成本低，安全环保、操作简单。但是，消毒处理时间较长，易受天气制约，防治效果难以保障。通常膜下20cm以内土层的温度可达50℃，能消灭大部分线虫；而20cm深度以下土层温度很难超过45℃，消毒不彻底

(高桥俊巳，2006)。

4. 应用建议和注意事项 该方法最好在7～8月份高温季节应用，充分利用作物夏秋茬生产间隔期，使土壤得以休闲，消灭病害，不耽误生产。具体应用时需注意：一是处理前要深耕松耕土层；二是土壤前处理要充分灌水；三是被处理的土壤应完全密封，若是保护地土壤处理，夜间最好把保护地的塑料膜同时密闭以维持夜间温度；四是在一定时期内尽量延长处理时间，以不耽误下茬生产为宜；五是处理完毕最好向土壤施入有益微生物菌肥。

(二) 农家肥覆膜太阳能高温消毒

1. 技术简介和技术原理 本技术为土壤覆膜太阳能高温消毒技术的拓展。常见的农家肥可用牛粪、猪粪、鸡粪等。在土壤高温消毒时施入这些有机质不仅能增加土壤肥力，改善土壤结构，还可提高耕作层温度。此外，农家肥在高温发酵过程中还将产生一定量的氨气、硫化物等，对包括根结线虫在内的多种土传病虫具有良好的杀灭作用。

2. 具体方法和操作步骤

(1) 炎热夏季收获完毕，彻底清理田间植株病残体。

(2) 使用旋耕机整平地块，深翻土壤30～40cm，破碎土块，使土壤疏松均匀。

(3) 以每$10m^2$土地$1m^3$有机粪肥的用量，将备好的有机粪肥均匀施用到土壤耕作层。

(4) 南北向开挖做成30～50cm相间的沟垄。

(5) 覆盖白色透明聚乙烯塑料膜，将四周埋入土壤压实密闭。同时，引出一管道向垄沟内浇水。浇透水后将灌水的管道抽出，将缺口处压实密封。

(6) 若进行保护地土壤处理，晚上应拉上棚室的塑料膜，以保持夜间温度。

(7) 封闭处理2～3周，通过太阳能辐射热使被处理的土壤自然升温。

(8) 处理完毕应揭膜翻耕晾晒土壤2～3d，以备种植。

3. 技术优缺点 通过处理可使膜下耕作层土壤温度升高至50℃，甚至60℃以上，加之高湿（相对湿度90%～100%），持续晴天的情况下效果能达90%以上。相比于单纯的土壤覆膜处理技术，该方法效果好。

4. 应用建议和注意事项 处理时间通常为2～3周，可视具体天气适当调整。覆膜密封前应充分灌水将土壤湿透，以利于翻耕到土壤中的农家粪肥快速、充分的腐烂降解。处理期间不用再灌水。若土壤根结线虫病情较严重，可在处理后将垄沟倒翻，重复处理。氨气对作物有一定危害。据报道，当空气中的氨气浓度达0.1%时，黄瓜、辣椒很快出现受害症状。因此，种植前应将充分将土壤翻耕，晾晒，放风。同时，施入有益土壤微生物菌肥。

(三) 作物秸秆覆膜太阳能高温消毒

1. 技术简介和技术原理 作物产后留下的植株秸秆可以经生物发酵腐熟当作肥

料还田，既节约肥料投入成本，促进资源的循环利用，也有助于改善土壤团粒结构，改良土壤。一些特殊的作物秸秆除了上述作用之外，对于多种土传病虫害还具有良好的杀灭或抑制作用，可用于根结线虫病害防治。应用时，先将这些作物的鲜秸秆粉碎，直接翻耕混匀至耕作层中，然后覆盖塑料膜密封高温处理。其作用原理有二：一是植株秸秆在腐烂过程中产生热量，有助于提高土层温度；二是秸秆腐烂过程中在自身含有的特殊酶的作用下产生大量有毒物质，如氨气、氢氰酸、异硫氰酸酯类物质等，对根结线虫具有很强的杀灭作用。

玉米、高粱等禾本科作物，三叶草等豆科作物，木薯、马铃薯、亚麻、蓖麻、南瓜等其他作物在其苗期乃至整个营养生长期，体内含有大量氰苷（氰苷配糖体）类物质。氰苷类物质本身没有毒性，对根结线虫没有杀灭作用。但是一定条件在其自身体内含有的特殊酶作用下，氰苷配糖体易被水解生成毒性很强、且具有良好挥发性的氢氰酸等物质，对根结线虫具有快速杀灭作用。氢氰酸为无色、伴有轻微苦杏仁气味的液体，熔点低、相对分子量小，相对密度 0.69，常温下多为气体，易挥发，易溶于水，水溶液呈弱酸性。氢氰酸为剧毒物质，主要经口或表皮吸入致生物体中毒。进入生物机体的氢氰酸，其氰离子易与过氧化物酶、接触酶、脱羟酶、琥珀酸脱氢酶、乳酸脱氢酶，尤其是易与细胞色素氧化酶发生反应，形成极稳定的氰化高铁细胞色素氧化酶络合物，使其不能转变为具有二价铁辅基的还原型细胞色素氧化酶，从而导致组织呼吸需要的细胞色素氧化酶失去活性，破坏组织细胞内的生物氧化过程，阻止组织对氧的吸收作用，造成细胞性缺氧或组织中毒性缺氧。在整个过程中，生物体的中枢神经系统首先受害，突出表现为受害生物先兴奋后抑制，机体痉挛，呼吸困难，最终窒息死亡。

十字花科（Cruciferae）芸薹属（*Brassica*）多数植物组织中含有大量的硫苷（硫代葡萄糖苷）类物质，在腐烂过程中可被自身组织产生的黑芥子酶水解而形成挥发性和杀生性很强的异硫氰酸脂类物质。异硫氰酸脂类物质的作用原理主要为破坏细胞膜和基因组，抑制呼吸，从而抑制或杀灭生物。

2. 具体方法和操作步骤（图 6－32）

（1）炎热夏季收获完毕，彻底清理田间植株病残体。

（2）使用旋耕机整平地块，深翻土壤 30～40cm，破碎土块，使土壤疏松均匀。

（3）将收获的玉米（或高粱、三叶草、油菜等）作物鲜秸秆用粉碎机粉碎，并将其均匀混入耕作土壤层，每 667m^2 用量为 5 000～10 000kg。

（4）南北向开挖做成深 30～50cm 的相间沟垄。

（5）覆膜、灌水、密闭。

（6）拉上棚室的塑料膜密闭棚室，使其自然密闭升温。

（7）3 周后揭膜，翻耕土壤，晾晒 2～3d，以备种植。

图 6-32（a） 作物秸秆覆膜太阳能高温消毒

A. 作物生长末期间作玉米 B. 处于营养生长期的玉米 C. 粉碎的玉米秸秆 D. 均匀撒施粉碎秸秆 E. 秸秆均匀混至土壤耕作层 F. 南北向起垄

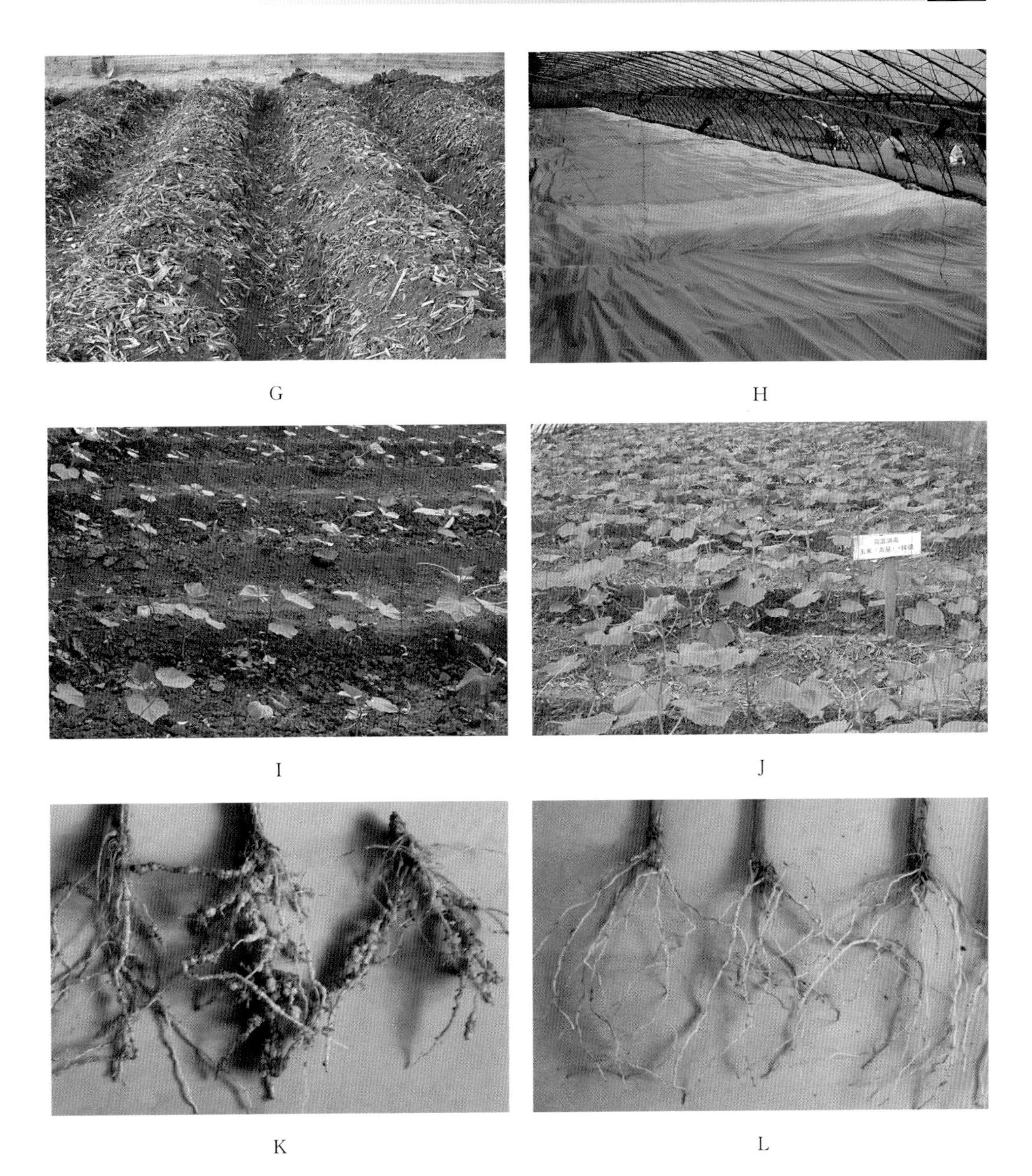

图 6-32（b）　作物秸秆覆膜太阳能高温消毒

G. 垄沟　H. 覆膜密闭高温消毒　I. 未消毒地块的黄瓜幼株长势
J. 消毒地块的黄瓜幼株长势　K. 未消毒地块的黄瓜幼株根部　L. 消毒地块的黄瓜幼株根部

3. 技术优缺点　该方法取材方便，成本低，可行性强，对根结线虫防治效果好。但是，操作相对费工、费时。同时，需要把握好所用作物的生育时期。营养生长期、生殖生长期和产后的鲜秸秆都可以应用。但是，最好是处于营养生长期的植株，适当加大用量。

4. 应用建议和注意事项 通常处理时间2～3周。若土壤根结线虫比较严重，可垄沟倒翻循环处理。覆膜后应充分灌水将土壤湿透，以利于作物秸秆快速充分的腐烂降解。此外，处理完毕，最好将土壤翻耕放风。同时，施入有益土壤微生物菌肥。

(四) 稻草石灰高温消毒

1. 技术简介和技术原理 稻草在密闭条件下发酵易产生大量热量。同时，生石灰在遇水后也会大量散热。利用这个组合密闭处理土壤，可使土壤温度快速升温，以杀死土壤中的根结线虫及其他有害生物。

2. 具体方法和操作步骤（图6-33）

(1) 炎热夏季收获完毕，彻底清理田间植株病残体。

(2) 使用旋耕机整平地块，深翻土壤30～40cm，破碎土块，使土壤疏松均匀。

(3) 将粉碎的稻草均匀撒施于土表，每667m^2用量为2 000～5 000kg。

(4) 将事先准备好的生石灰粉碎，均匀撒于稻草处理地块上，用量4.5～7.5t/hm^2。

(5) 使用旋耕机将生石灰和稻草均匀翻耕混入土壤耕作层。

(6) 浇透水，覆膜，密闭。若在棚室内处理可同时拉上棚室的塑料膜，使棚内增温。

(7) 2～4周后揭膜，翻耕土壤，晾晒2～3d，以备种植。

3. 技术优缺点 该方法取材方便，成本低，可行性强，对根结线虫防治效果极好。但是，操作相对复杂，处理不当易使土壤碱化、板结。

4. 应用建议和注意事项 应注意防护，戴上口罩，手套等，以防石灰烧伤皮肤。处理完毕最好将土壤翻耕放风，同时施入有益土壤微生物菌肥。此外，由于该处理方法易使土壤碱化，不建议在土壤碱度较高的地区使用。在南方土壤偏酸，稻草取材方便的地区应用更为理想。

A

B

图6-33 (a) 稻草石灰高温消毒

A. 备用生石灰 B. 均匀撒施稻草和生石灰

C

D

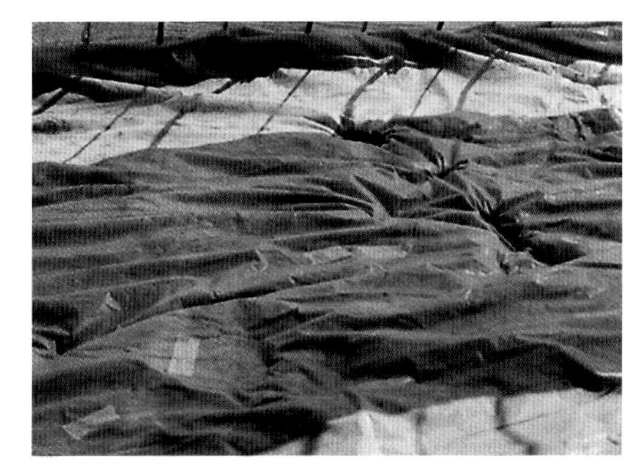

E

F

图 6-33（b）　稻草石灰高温消毒

C. 均匀翻耕　D. 预浇透水

E. 胶带密封塑料膜破损处　F. 密闭消毒

二、蒸汽及热水高温消毒技术

（一）蒸汽高温消毒

1. 技术简介和技术原理　蒸汽消毒法起源于欧美，英国在 20 世纪 50 年代就有较详细的土壤蒸汽消毒研究数据，之后日本等国也先后开展相关研究。其基本原理是利用各种热源产生高温水蒸气，并迅速送入覆盖有保温膜的土壤中，使土壤的温度达到 55℃以上，实现消除土壤根结线虫等病虫害的目的。

2. 具体方法和操作步骤

（1）炎热夏季收获完毕，彻底清理田间植株病残体。

（2）使用旋耕机整平地块，深翻土壤 30～40cm，破碎土块，使土壤疏松均匀。

（3）南北向开挖做成深 30～50cm 的相间沟垄。

(4) 覆盖白色透明聚乙烯塑料膜，将四周压实，并引出管道便于向垄沟内通入高温蒸汽。

(5) 密闭通入高温蒸汽，使耕作层土壤在高温（55℃以上）下持续2h以上，待耕作层土壤冷却至常温即可揭膜。

3. 技术优缺点 蒸汽消毒法不使用农药，对环境没有污染。因此，在欧美和日本等国得到广泛的推广应用。但是，由于蒸汽很难穿透20cm以下的土层，所以，与太阳能加热消毒法缺点相似，蒸汽消毒法对20cm土层以下土壤的消毒效果不理想（池谷保绪，1968；高桥俊巳，2006）。另外，高压蒸汽专用设备和使用成本均较高，难以大面积推广应用。处理后会破坏土壤养分、土壤结构及微生物群落结构。

4. 应用建议和注意事项 为保障蒸汽消毒效果，一次处理面积不可太大。若病情较重，可以垄沟倒翻，重复处理。高温处理完，根据茬口安排，必要时可接着进行太阳能高温消毒等其他处理措施。若在保护地进行，处理时最好拉上棚室塑料膜，在密闭棚室内进行。采用该方法处理时，应注意土壤湿度不能太大。处理前若能调控好土壤生态环境，诱发根结线虫卵大量孵化，及时处理效果会更好。由于成本较高，不推荐单个农户单独使用，有条件的园区或合作社可应用，处理后应及时向土壤中添加有益微生物菌肥，以尽快建立土壤有益微生物优势菌群。

（二）热水高温消毒

1. 技术简介和技术原理 鉴于蒸汽高温消毒穿透力差，防治土层浅，人们在此基础上进一步开发了热水高温消毒技术。20世纪中、后期日本、韩国等开始在蔬菜生产上展开保护地土壤热水消毒试验。20世纪80年代中期日本九州农业试验农场和神奈川县农业综合研究所，首先开始在蔬菜生产上进行热水消毒试验，神奈川肥料株式会社和石井玫瑰园等研究机构在花卉上尝试土壤热水消毒法（辜松，2006）。韩国农林部农业振兴厅园艺研究所，通过耐热细流灌溉管持续向土壤灌注90℃以上的热水，对根结线虫的防治效果达95%以上（蒋淑芝，2005）。近年来，我国也陆续开展相关研究，主要以田间试验为主，技术和设备的研究还有待于深入。目前土壤热水消毒设备主要由常压热水锅炉和洒水设备构成，以燃油为燃料。常压热水锅炉可产生80～95℃的热水，洒水装置将锅炉产生的热水均匀地灌注到待消毒土壤中。热水处理每平方米土壤，平均耗油1.26L，耗电0.15kW·h，耗水0.15m^3，折合每667m^2处理成本（不包括锅炉与配套设备购置、损耗及人工费用）在4 000元以上，其中燃油费占总费用的80%以上，成本相对较高。不适合我国农情（辜松，2006），有待开发以电、太阳能或其他新能源为动力的土壤消毒设备。此外，该法耗水量较大，在水资源不足的地区使用受到很大限制。

A

B

图 6-34　土壤热水处理

A. 土壤热水处理设备　B. 土壤热水处理现场

给土壤大量灌注 90℃以上的热水并持续一段时间，可使土壤达到根结线虫致死温度，超饱和的持水状态可起到水淹致死的作用，不仅能有效杀死耕作层根结线虫，还能有效杀死其他多种土传虫害和病菌，从而达到土壤消毒的目的。此外，热水处理提高了土壤蓄热，能促进根系生长，使植株抗病力增强。应用效果表明，该法可使 30cm 深度以内土壤温度评均达 50℃以上，可很好地杀灭该土层中多种有害生物，对线虫有显著的灭杀效果（贺超兴，2009）。但对 30cm 以下的土层防效相对较差，仅有短时间内温度可维持 40℃以上，消毒效果不明显。近几年保护地面积不断增大，保护地病虫害特别是根结线虫为害的日益严重，该技术在日本和韩国以政府项目支持和财政补贴的方式进行推广应用，对根结线虫病害的防效显著（蒋淑芝，2005；王怀松，2007）。

2. 具体方法和操作步骤（图 6-34）

（1）清理棚室。作物收获后彻底清洁棚园，集中烧毁或深埋病残体和残根。

（2）使用旋耕机整平地块，深翻土壤 40cm 左右，破碎土块，使土壤疏松均匀。

（3）南北向开挖做成深 30～50cm 的相间沟垄。

（4）覆盖白色透明塑料膜，将四周压实，并引出管道便于向垄沟内灌注热水。

（5）持续向密闭系统内通入热水，使耕作层土壤在高温（55℃以上）下持续 2h 以上，待耕作层土壤冷却至常温即可揭膜。

3. 技术优缺点　土壤热水消毒技术无污染、无农药残留，属于物理防治措施。水的热容量大于蒸汽，因此可使土壤保持高温的时间较长；水的渗透性好，耕作层土壤底层也能很好地消毒。其局限性主要为耗水量大（100～200L/m^2），能源消耗高，在水资源短缺和能源紧张的今天使用受限，高温消毒的同时也消减甚至消灭了土壤中有益微生物。在我国大面积推广应用，需要开发以新能源为动力的设备，同时大幅降低使用成本。

4. 应用建议和注意事项

(1) 该方法应用不受地区和季节限制，建议尽量在水量充足的地区，7～8 月高温季节进行。

(2) 若应用耐热滴灌管灌注到土壤中进行消毒处理，应注意处理的均匀度。同时，田间操作时应注意避免将未处理土块带入。

(3) 此项土壤消毒技术属于灭生性，对土壤生物的杀灭不具有选择性，将打破原有土壤的生态平衡，处理后应及时施用大量有益微生物菌肥，恢复土壤优良生态系。

(4) 实际应用时建议将土壤热水消毒法和太阳能加热土壤消毒法有机地结合起来。

(5) 为使热水能顺畅地到达土壤深层，应尽量在土壤含水量较低的状态下进行热水消毒作业。因为土壤中的水分会阻碍热水向深层渗透。同时，为增加消毒效果，使土壤中的热量不迅速散失掉，灌注热水前应预先在土层铺盖塑料膜保温。

(6) 若处理保护地土壤，处理时最好同时拉上棚室塑料膜，在密闭棚室内进行。

三、臭氧消毒技术

1. 技术简介和技术原理 目前臭氧在公共卫生、工业污水处理等领域均有广泛应用，在农业上鲜有应用。国外在这方面已开展研究，国内仅有零星报道。臭氧具有很强的杀菌消毒能力，其功效是氯的 600～3 000 倍，且环保，无污染，适合无公害蔬菜生产。实践证明，利用臭氧处理土壤后，猝倒病、立枯病、根腐病、枯萎病等多种蔬菜疑难土传病害的发生显著减轻，臭氧对杂草也有很好的防效。针对根结线虫，高浓度臭氧能在瞬间将其体表黏液会转化为水和 CO_2，对虫体表膜也会产生破坏性、不可恢复性损伤，对根结线虫病有良好的防治效果。

2. 具体方法和操作步骤（图 6－35）

(1) 清理棚室。作物收获后及时彻底清洁棚园，集中无害化处理植株病残体。

(2) 使用旋耕机整平地块，深翻土壤 40cm，破碎土块，使土壤疏松均匀。

(3) 南北向开挖做成相间沟垄，并在每条垄一端挖口形成之字形通道，以利于臭氧气体流通和全面接触土壤。

(4) 覆白色透明塑料膜，将四周压实，并留出臭氧进入管道和臭氧流出管道，形成“臭氧发生器—进气管—垄沟—出气管—臭氧发生器”的臭氧循环体系。

(5) 开动臭氧发生装置，向密闭循环体系内通入臭氧。

(6) 处理 24h 后垄沟倒翻再处理。若有需要可如此循环多处理几次。

(7) 处理完毕，翻耕土壤，晾晒，散气后即可种植。

A　B　C　D　E　F

图 6-35　土壤臭氧处理

A. 臭氧处理设备主机　B. 臭氧处理设备配件　C. 待处理地块翻耕起垄　D. 贯通垄沟
E. 臭氧密闭处理循环系统　F. 臭氧循环处理

3. 技术优缺点　臭氧无污染、无残留、杀菌能力强、速度快，且节省费用、省时、省力，在农业土传病虫害处理和土壤连作障碍处理上有应用潜力。缺点在于购买臭氧发生装置一次性投入成本较高，单个农户难以承受。使用技术环节还有待于完善。此外，使用臭氧处理是否会对大气和生态环境产生不利影响还有待于进一步研究。

4. 应用建议和注意事项 实际生产中可以直接利用空气产生的臭氧熏蒸土壤，也可以利用氧气生产臭氧。此外，有人利用气液混合装置制备臭氧水来处理土壤，效果很好。提高臭氧浓度是保障处理效果的关键。除了技术本身不断提高之外，在实际操作中也应根据具体情况采取相应措施确保产生高浓度臭氧。处理后最好将土壤翻耕，晾晒2～3d后再种植。

四、电处理技术

1. 技术简介和技术原理 根结线虫喜欢高湿的土壤环境，一生大多时间生活在土壤颗粒表面有水膜的土壤中或寄生在植物活细胞组织内，除休眠形态之外，其他各虫态都需要有相对稳定持续的湿度条件才能正常存活。短时间内土壤持水量的显著变化可加速线虫的老化和死亡，或显著降低其活性。有报道，土壤温度35℃以上、持水量交替变幅20％以上时线虫会在1～3h内死亡。

土壤电处理技术原理（马正义，2006）：一是可以短时间内改变耕作层土壤持水量或者破坏土壤颗粒表面水膜；二是在土壤表面覆盖保温膜的情况下，电处理技术可迅速使土壤温度增加到足以杀死线虫活体和虫卵的温度；三是活体线虫在土壤电场中会形成电流，从而致死；四是土壤电处理可产生臭氧、氯气、酚类气体等，这些气体均能在土壤中挥发扩散，而且具有杀灭线虫的作用。此外，土壤电处理还能使土壤颗粒、土壤结构、土壤微环境等土壤因子瞬间剧烈改变。当前国内已有关于该技术的大量研究和报道，并开发出了相关设备和产品。在保护地、露地以根结线虫为代表的多种土传病虫害的防治上有广阔应用前景。

2. 技术优缺点 土壤电处理无污染，无残留，是安全环保的技术措施，而且技术应用不受季节限制。缺点在于现有设备一次性投入成本较高，单个农户难以承受；适合我国大面积推广应用的设备还有待于进一步开发，使用技术也需进一步完善。

3. 应用建议和注意事项 实际生产中，休闲期空地和作物生长期都可进行处理。若单一环节处理效果不佳，可以多次处理。针对不同种类的作物和不同的种植模式应制定不同方案，采用不同处理措施。作物生长期的处理应尽量紧贴作物根系进行。

五、微波处理技术

1. 技术简介和技术原理 微波消毒，即利用微波照射进行土壤消毒的技术，兼有热效应和生物效应两重杀灭效果。微波除了可以有效地杀灭土壤中的多种微生物和草籽，控制常规病虫草害之外，对根结线虫亦有良好处理效果。国内外科学家在利用微波进行土壤消毒方面开展一定的研究，截至目前仍未有显著突破，还处于试验研究阶段。据报道，德国的车荷恩赫农业机械公司研制生产了一种微波灭虫犁，该设备犁尖壳内有台 6 000W 的微波发射机，在耕作翻土时微波通过犁尖发射到土壤中，可消灭 50cm 深土中的害虫或病菌。

2. 技术优缺点　理论上，微波辐射处理具有杀菌率高、卫生、方便、效果好、对生态环境无污染、不会产生抗药性、无任何残留等优点（Kraszewski A W，2003；盖志武，2007）。但是该技术本身不成熟，距离推广应用还有很大的距离。

第四节　生物防治

一、蔬菜根结线虫生物防治技术

20 世纪 70 年代中期，根结线虫的生物防治开始受到全世界人们的关注。自此以来，世界各国科学工作者开展了大量的坚持不懈的研究，在不同国家和地区进行根结线虫生物防治天敌资源的广泛调查、收集和筛选。根据调查结果，人们将根结线虫的生防天敌大致划分为生防真菌、生防细菌、放线菌、捕食性线虫、病毒、立克次氏体以及原生动物等类别。在根结线虫所有天敌生物中，关于食线虫真菌和天敌细菌的研究最多，其他天敌生物的研究相对较少（祝明亮，2004）。天敌生物对根结线虫的作用机制研究结果表明，不同种类天敌生物的作用机制各不相同：天敌真菌的作用机制大体上可分为捕食、寄生、颉颃（或毒杀）三类；天敌细菌的主要作用机制可分为活体寄生和颉颃（或毒杀）两类。其他种类天敌生物的作用机制与此大致相同。

近年来，关于根结线虫生物药剂防治的研究工作成效显著，在调查和收集大量生防资源，并明确其作用模式的基础上开发出多个商品化制剂，并在实际生产中发挥一定作用，整体呈现出良好的发展态势。根结线虫生物防治药剂多为活体天敌微生物。如真菌孢子粉剂或细菌高浓度液剂等。这些菌剂受实时天气条件和土壤微生态环境因素影响较大，效果的稳定性难以保证。因此，如何优化生防菌剂的生产工艺，保障菌源的纯度，加快天敌微生物的培养扩繁效率，提高生防菌在土壤中定殖能力，提高生防菌在与土壤其他微生物竞争中的比较优势，尽快形成优势菌群，是当前面临的问题。工业化提取或仿生合成天敌微生物毒素（或代谢产物）是解决上述问题的另外一条有效途径。当前相关研究不多，而且多处于试验阶段，已经商品化并广泛应用的成熟产品有限，如阿维菌素等。如何找到在生产上有实用价值的根结线虫天敌微生物分泌代谢产物，并将其开发成生物农药是今后研究的一个重点方向，具有重要意义。此外，多种植物产生的次生代谢物质对根结线虫具有很好的抑制作用，而且具有安全、环保、分解快、残留低、污染少、毒性小等特点。近年来关于杀线植物及其提取物的研究不断增多。但是，总体上这些植物的筛选及其代谢产物的分离、提纯、化学结构鉴定和产品开发等还处在试验研究阶段。生物防治见效速度相对慢，农民接受有一定难度。但是，根结线虫的生物防治具有安全、环保的特点，在除害增产、保护生态平衡、减轻环境污染、降低成本等方面具有突出优势，应用前景广阔。

（一）生防真菌

杀线真菌（或称食线虫真菌，nematophagous fungi）是对线虫具有颉颃作用一大类真菌的统称，是植物线虫生物防治中最重要、也是研究最多的天敌微生物。这些真菌主要分布于5个真菌亚门，集中在接合菌亚门和半知菌亚门。据报道，这两个亚门的线虫天敌真菌种类约占总量的75%。截至目前，世界上已记载的杀虫真菌约有100属，800多种（陈立杰，2008）。根据作用方式和机理的不同，可将线虫天敌真菌细分为捕食性真菌（trapping fungi）、寄生性真菌（endoparasitic fungi）和产毒真菌（toxic fungi）3大类。产毒真菌也称机会真菌（opportunistic fungi）。有研究表明，寄生根结线虫卵囊、卵和雌虫的天敌真菌种类和数量远远大于寄生二龄幼虫的真菌种类和数量。目前主要应用于根结线虫防治的卵寄生真菌有10余种，而线虫虫体寄生真菌主要为单顶孢霉属真菌等少数几种。

1. 捕食性真菌 1888年，德国科学家Zopf证实节丛孢属（*Arthrobotrys*）真菌形成的菌网具有捕食线虫的作用，从而启动了捕食线虫真菌的研究，也开启了整个食线虫菌物的研究大门。捕食性真菌是一类能捕食活体根结线虫的真菌，主要依靠捕食器捕食线虫。捕食器是由营养菌丝在特定条件下特化变态形成的特殊结构。目前报道的共有7种：收缩环、非收缩环、黏着性菌丝、黏着性菌丝分枝、冠囊体、黏性网（菌丝分枝延伸曲折，互相攀缠成的立体网状物）、黏着球等。

（1）捕食方式。根据捕食性真菌捕捉器官（图6－36）结构和捕食方式的差异，可将其大致分为套捕和黏捕两种。①套捕也可称为物理捕捉法，主要依靠菌丝套住线虫将其杀死，并在虫体内繁殖。捕捉器是环状物，通常由3个弓形、可以膨胀的、具有很高渗透压的细胞构成，并由2～3个细胞连接在菌丝上。根据作用方式不同，可将捕捉环分为收缩环和非收缩环2种类型。对于收缩环，其细胞对线虫体摩擦非常敏感，一旦感应，其细胞壁的结构就快速发生变化，对水的渗透性增强，表现为体积迅速膨胀为原来的3倍，并主要向内侧膨胀造成环内孔隙大大缩小从而缚住线虫。研究表明，弓形细胞膨胀后只需0.1s就能立即收缩将线虫勒住。但是，当线虫进入捕环，从虫体开始接触环到诱发环细胞膨胀的时间可能需要2～3s，线虫可能在此期间内逃脱。因此，实际土壤环境中即使有大量收缩环的存在，其捕食效率仍然不高。另一种非收缩环，即捕环细胞不具收缩性，这种捕食器比较罕见。当线虫头部进入环中就刚好被菌丝套住，捕环在线虫的激烈挣扎下从柄细胞上脱落，并牢牢套在虫体上，不久新的菌丝从捕环细胞生长出来，在机械力和酶的作用下侵入线虫体内，菌丝不断吸食发育，最终将线虫致死。②黏捕又可称为化学捕捉法，靠捕食性真菌自身特化的能分泌出黏性物质的捕捉器黏缠线虫。黏着性捕捉器主要有黏着性菌丝、黏着性菌丝分枝、冠囊体、黏性网、黏着球5种类型。这类捕捉器区别于正常营养菌丝体的主要特征：一是密集体，参与真菌对线虫虫体的穿透和分解；二是表面具有黏液。黏着性捕捉器一经与线虫体接触即分泌黏液将其紧紧黏住，线虫的挣扎使菌丝很快穿透其虫体几丁质表皮，侵入后形成侵入球和营养菌丝体吸食内含物，使线虫虫体消解。

尽管不同类捕食真菌的捕食器不同，但是，捕食对于捕食性真菌来说都是被动的，而且它们的捕食过程和最终结构基本相似。首先是线虫靠近真菌，并被捕食器捕捉。捕食器上的黏性物质紧紧黏附或者捕捉环仅仅勒住虫体，同时捕食器上很快形成侵染管，在机械压力和酶的双重作用下穿透线虫体壁，之后真菌的营养菌丝体侵入虫体内部，并在虫体内不断吸食营养，生长发育，最终彻底分解线虫虫体。具体可分为5个阶段：①识别。捕食性真菌不是对任何一类线虫都能捕食。因此，首先要对线虫进行识别。目前这种识别机制还没有定论。有报道称，这种识别可能是通过捕食性真菌捕食器或孢子上的凝集素和线虫体上的糖和其残基互作来完成的，也可能有真菌蛋白与被捕食线虫蛋白之间的结合。②吸引。捕食性真菌和被捕食线虫之间的吸引是相互的，有真菌游动孢子向线虫游动的现象，但是，更多情况则是被捕食线虫受到吸引，主动向捕食真菌运动。寄主植物对线虫的吸引可能与CO_2有关。但是，目前捕食性真菌对线虫吸引的机制还不清楚。③黏着或捕捉。黏附性捕捉器主要通过菌丝表面分泌的黄色黏性物质（一般认为是多糖和蛋白质的复合物）黏附，在光学显微镜下可见接触点有一层厚而黄的黏性物质。对于具有捕捉环的真菌主要靠捕捉环套住，一般没有黏性物质黏附。④侵入。捕捉器接触虫体后，接触部位会产生侵染管或侵入丝，在机械压力和水解酶的双重甚至多重作用下，穿透线虫体壁进入体内。⑤消解。真菌侵入和将进一步发育形成特定的吸收结构，不断消解和吸取线虫体内营养，直至线虫只剩下空壳。

（2）主要种类。捕食性真菌是防治根结线虫最有潜力的生防真菌，相关产品开发和应用正式开始于20世纪80年代。法国Cayrol，et al.（1978）开发了商品制剂R300（*A. robusta*）。当前已经应用于南方根结线虫生物防治的捕食性真菌主要分布于3个属：

①节丛孢属（*Arthrobotrys*）。该类真菌通过黏性菌网产生作用。主要种包括*A. robusta*、*A. irregularis*、*A. conoides*、*A. oligospora*、*A. dactyloides*。其中*A. irregularis*已形成商品制剂R350。Cayrol and Frankowski（1979）的研究表明，该菌剂能够在土壤中很好的定殖，对于轻病田甚至能够完全防治根结线虫对番茄的为害。但是，对于根结线虫重病田防治效果不显著。若结合化学药剂防治效果较理想。Stirling et al.（1998）研究结果表明，利用指状节丛孢（*A. dactyloides*）制成的颗粒剂可显著防治土壤中的爪哇根结线虫。

②单顶孢霉属（*Monacrosporium*）。该类真菌既可产生黏性球，又可产生非收缩环。Man and Wu（1985）利用*M. ellipsosporium*防治花生根结线虫，室内效果在50%以下，单独使用难以有效防治根结线虫。

③小指孢霉属（*Dactylella*，或隔指孢霉属）。该类真菌产生多黏液的菌钮、菌丝和孢子。

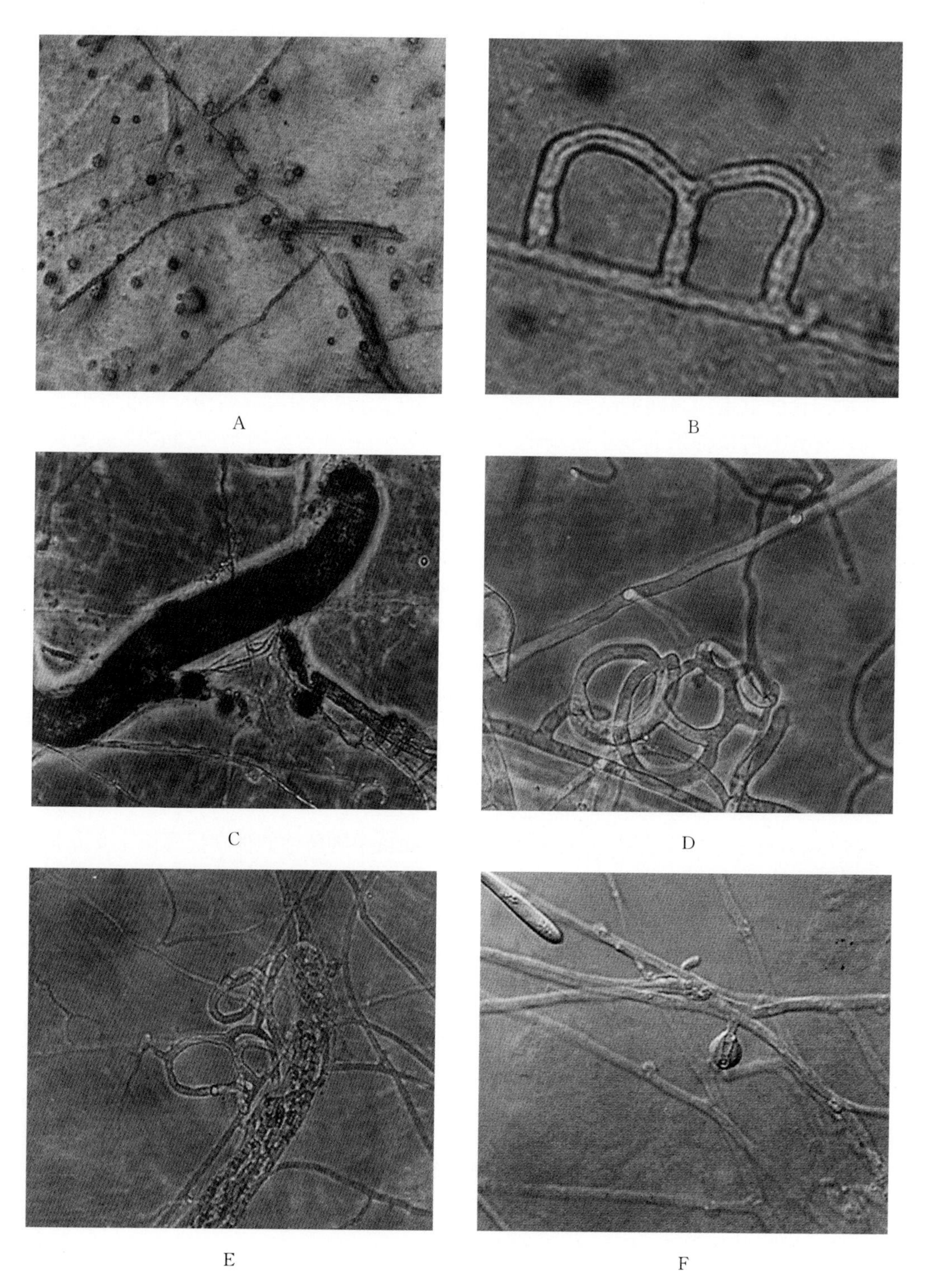

图 6－36（a） 捕食性真菌捕食器官

A. 黏性菌丝 B～C. 黏性分枝 D～E. 黏性网 F. 漏斗状黏球

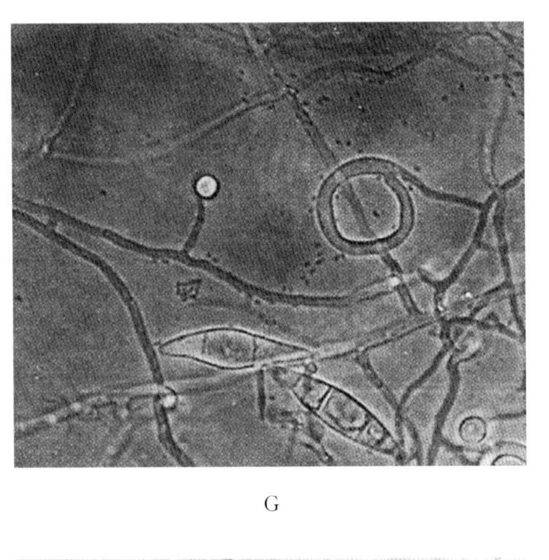

G

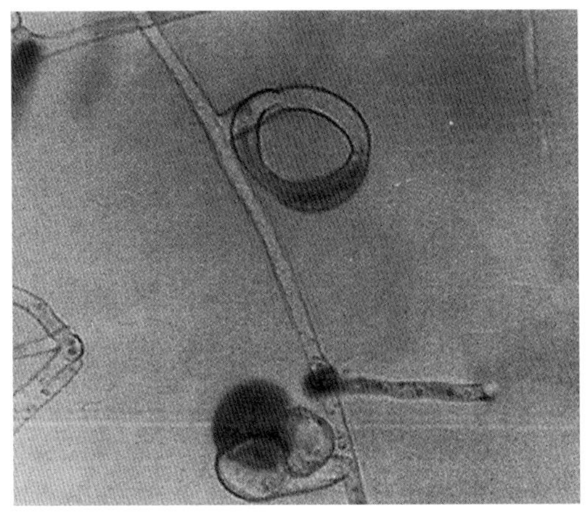

H

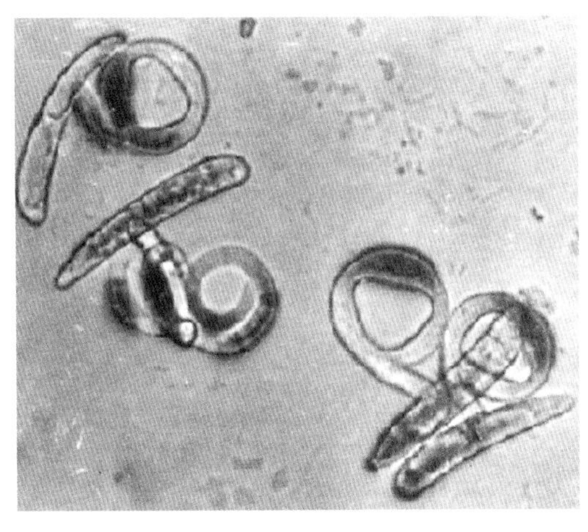

I

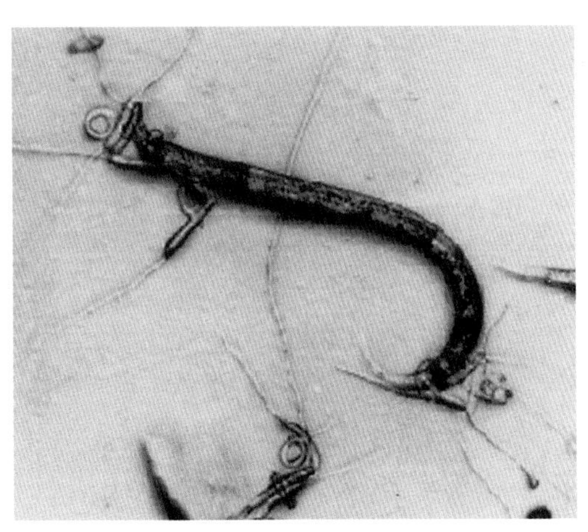

J

图 6-36（b）　捕食性真菌捕食器官

G. 黏性球及非收缩环　H. 菌丝上的收缩性环

I. 孢子萌发形成收缩性环　J. 非收缩环捕食线虫

（张克勤等，2001）

2. 内寄生性真菌　有一类真菌能寄生于线虫卵或虫体内，从而抑制虫卵孵化或直接杀死线虫，人们称之为内寄生性真菌。通常情况下这些真菌的大多数孢子在土壤中处于休眠状态，只有和线虫卵或虫体接触后才开始激活，并萌发生长。这些孢子通常以 3 种方式进入线虫体内：①黏附于靶标体表，通过降解几丁质表皮直接侵入。这类真菌的分生孢子或者次生甚至三生孢子表面具有黏性物质，孢子依靠这些黏性物质能够黏附在线虫虫体表面。从形态上说，所有产生黏性孢子的线虫内寄生真菌，其分生孢子体型都比较小。这些黏性分生孢子携带的营养成分很少，只能维持萌发并完成侵染。通常，黏性分生孢子也可以黏附非寄主线虫，而且孢子黏附强度和侵染能力没有直接相关性。这类真菌有 *Drechmeria*、*Harposporium*、*Hirsutella*、*Meria*、*Nematoctonus*、*Verticillum* 等。②从线虫生殖孔、排泄孔和肛门等孔口侵入。这类真菌通常其游动孢子通过感知线虫虫体口腔、肛门、阴门等各类孔口的分泌物，准确靠近这些部位，并在此休止，失去鞭毛，形成囊，因此，也叫成囊孢子（encysting zoospores）。随后，这些成囊孢子直接萌发侵入孔口或者穿透线虫体壁侵入。这类真菌有壶菌纲（Chytridiomycetes）、卵菌纲（Oomycetes）等。③孢子被线虫吞食后附着于口腔、食道或肠中寄生。一般情况下寄生于植物体内的线虫很少有机会吞食到这类真菌的分生孢子。但是，这些分生孢子常可以杀死游离的线虫。这类真菌最典型的是钩丝孢属（*Harposporium*）真菌。此外，还有一些特殊的真菌，如舌形孢属（*Haptoglossa*），其游动孢子休止后产生舌形孢子。舌形孢子再发育成枪细孢将三生孢子注射入线虫虫体内，从而达到侵染目的。目前这种现象的机理仍不清楚。

由于根结线虫幼虫在土壤中活动时间短，捕食性真菌和内寄生真菌与之相遇机会不多，而且这些内寄生真菌的专化性不强，因此，相对于虫体寄生真菌，卵寄生菌更具开发应用潜力。目前用于（或具有开发潜力）根结线虫生物防治的内寄生性真菌主要分布于拟青霉属（*Paecilomyces*）、轮枝霉属（*Verticillium*）、普奇尼亚霉属（*Pochonia*）、被毛霉属（*Hirsutella*）等科属。此外，*Harposporium oxysporium*、*H. anguillulae*、*H. crassum*、*H. lillipvtanum*、*Pachysporus*、*Meria Coniospoa*，以及 *Nematoctonus* 属能寄生南方根结线虫，且寄生率较高，具有开发利用潜力。

（1）拟青霉属（*Paecilomyces*）。拟青霉属（*Paecilomyces*）属于半知菌丛梗孢目。已发现该属寄生根结线虫的有 4 个种。其中淡紫拟青霉（*P. lilacinus*）是一类十分重要的植物线虫内寄生真菌。近 20 年来人们对其分类、生物学、生态学、防线虫机制等各方面进行了较为全面的研究，可用于南方根结线虫的生物防治。在美洲和中东地区有所应用。*P. lilacinus* 在土壤中能快速大量繁殖，田间试验效果显著，且具有持效性，同时该菌对多种杀菌剂具有耐抗性，其商品制剂名为 Biocon，在菲律宾有售。Jatala et al.（1979）报道，淡紫拟青霉对南方根结线虫的卵寄生率高达 60%～70%。*P. nostocoides*、*P. varioti* 等还有待于进一步研究和开发。

淡紫拟青霉（*P. lilacinus*）是一类分布广泛的土壤真菌，世界上许多地区尤其是温带地区分布更为广泛，非洲、亚洲、欧洲、美洲的几十个国家均有报道；在耕作田、非耕作田，甚至荒地、沙丘、矿井中都能发现该真菌的存在。淡紫拟青霉生长的温度为 8～38℃，适宜生长的温度为 25～30℃，35℃时停止产孢，40℃时停止生长。土壤酸碱度在 pH2～11 之间都能生长，适宜的范围为 pH 5～9。光照对淡紫拟青霉的生长和产孢有抑制作用，完全黑暗的情况下最适宜。在人工培养的情况下，淡紫拟青霉菌落初为白色毡状，产孢时变为葡萄酒红色，随着产孢量的增多颜色逐渐加深。分生孢子梗直立，分生孢子串生于顶端。

淡紫拟青霉可以寄生根结线虫（*Meloidogyne* spp.）、胞囊线虫（*Heterodera* spp.），甚至昆虫和动物的组织中也曾发现该菌的存在。该菌低毒，对人眼睛和皮肤无刺激性，轻度致敏；对鱼、鸟为低毒，对蜜蜂、家蚕安全。淡紫拟青霉主要寄生于线虫卵（张绍升，1999；肖顺等，2004），也能侵染幼虫和雌虫，可明显减轻多种作物根结线虫、胞囊线虫、茎线虫等植物线虫的为害。国际马铃薯中心 Jatala（1979）首先发现该菌对南方根结线虫（*M. incognita*）卵寄生率高达 60%～70%。肖顺等（2004）研究表明，根结线虫卵的侵染率可达 98.2%。淡紫拟青霉作为生物杀线剂，在防治过程中具有安全、高效、持效期长等特点（王明祖，1990；王东昌等，2001），杀线的活性并不比化学杀线剂差（李芳，1998），同时具有促进植物生长的作用（汪来发，1998）。目前全世界有近 70 个国家使用它来防治根结线虫、胞囊线虫等植物寄生线虫，并取得较好的效果（赵培静，2007）。淡紫拟青霉能够通过多种方式作用侵染根结线虫等植物寄生线虫，既可通过物理方式寄生线虫的卵和孢囊，又能通过酶或毒性代谢物质等寄生（Janssonhb，1997；姜培增，2006）：①寄生线虫的卵和孢囊，尤其是对未成熟的卵（胚胎阶段）的寄生能力更强。对于寄生卵的机理，华静月等（1989）认为，淡紫拟青霉与线虫孢囊或卵接触后，于黏性基质中生长菌丝，并缠卷整个卵，随后菌丝末端变粗，在外源性代谢和几丁质酶的联合作用下，卵壳中发生一系列超微结构变化，表皮破裂，使真菌得以穿入而寄生早期胚胎发育阶段的卵，从而影响其正常发育。②产生具有杀线虫作用的毒素。目前已证明的活性物质之一为乙酸，对线虫虫卵和幼虫的生长发育均有较强的抑制作用。③产生丰富的几丁质酶，降解卵壳的几丁质，促使线虫卵孵化。肖炎农等（1997）认为，孵化率与几丁质酶的浓度呈正相关。受酶刺激后的卵和幼虫更易被菌丝、分生孢子或者附着孢吸附侵染穿透线虫体壁，提高对线虫的寄生率。侵入的线虫体的菌丝进而在其体内吸取营养，进行繁殖，破坏正常生理代谢，最终导致寄生线虫死亡。淡紫拟青霉产生的几丁质酶能直接促进根结线虫卵的孵化，对幼虫有一定的致死作用。

（2）轮枝霉属（*Verticillium*）。轮枝霉属属于半知菌类真菌，目前已报道的约有 40 余种，是土壤中的常见真菌。目前，该属已发现 12 种噬线虫的轮枝孢菌，其中 8 个种能寄生根结线虫。在能寄生根结线虫的轮枝孢菌中，虫生轮枝孢（*V. insectorum*）等对南方根结线虫有较好的控制作用。

厚垣轮枝菌（*V. chlamydosporium*）在传统分类上属于轮枝霉属（*Verticillium*），是该属中研究最多的一种（刘杏忠，1991）。Gams et al.（2001）根据分子系统学研究结果认为，*V. chlamydosporium* 应划归其原来的属——普可尼亚菌属（*Pochonia*）。Zare et al.（2000）、Sung et al.（2001），分子生物学研究结果也支持这种观点。因此，厚垣轮枝菌（*V. chlamydosporium*）被重新命名为厚垣孢普奇尼亚霉（*Pochonia chlamydosporia*）。

厚垣孢普奇尼亚霉（*Pochonia chlamydosporia*）自然状态下生活于土壤中，在平板上人工培养时，营养菌丝（hyphae）呈匍匐状生长，分隔、分枝、淡白色。离体状态下厚垣孢普奇尼亚霉适宜的生长温度一般为 25℃。但是，不同菌株之间差异可能较大，应以具体菌株而定。在土壤中适宜生长和产孢的温度一般为 22℃，5℃以下基本停止生长。适宜生长的土壤酸碱度 pH4～8，总体较适应偏酸的土壤。但是，不同菌株之间差异较大。分生孢子（conidiospore）圆形或椭圆形，单细胞核，微带色泽，易脱落。孢子产生于气生菌丝顶端，瓶梗常从平卧菌丝上单生或2～3个轮生。厚垣孢子砖格状，多细胞核，由气生菌丝细胞质浓缩、外壁增厚而形成，是一种无休眠性的孢子。这种孢子在营养丰富和正常环境下都能大量产生。较之分生孢子和菌丝，厚垣孢子对高温、干旱等逆境的耐受力更强，更易在土壤中存活，所以防治时使用厚垣孢子更理想。

厚垣孢普奇尼亚霉是一种兼性寄生菌，即能在土壤中营腐生生活，又能寄生于植物根围区的球形胞囊线虫（*Globodera* spp.）、胞囊线虫（*Heterodera* spp.）和根结线虫（*Meloidogyne* spp.）等的雌虫、胞囊、卵囊或虫卵内（Stirling G R et al.，1983；Freire F C O，1985；Leij de F A A M et al.，1993）。其寄生机理主要：依靠菌丝网在蛋白酶和几丁质酶的作用下，以一种目前尚不清楚的识别机制对线虫雌虫及虫卵等进行识别（卢明科，2004），在卵壳表面侵染点处形成附着器，然后形成很细的侵染丝进入卵壳，并在卵内形成侵染泡消解并吸收其中的营养物质。有报道，厚垣孢普奇尼亚霉也可能侵染植物的根表皮，但由于其不能进一步侵染根内部的维管组织，所以一般不会对植物产生为害（Thomason I J，1987）。厚垣孢子对高温、干旱的耐受力比分生孢子和菌丝强，更易在土壤中存活和繁殖，因此，进行生防时最好施用这种厚垣孢子制剂（Lopez-Llorca L V et al.，2002）。

目前，厚垣孢普奇尼亚霉在英国已生产成制剂，在我国也有商品化制剂。在商业生产上，生防菌多采用液体进行培养，以大量生产孢子和菌丝（Papavizas G C et al.，1984）。实际生产中颗粒型菌剂更有利于应用，故有学者建议将菌物制成固体剂型使用（Fravel D R，1985）。其制剂施入土壤后，孢子迅速萌发繁殖，通过内寄生线虫卵或虫体来捕杀线虫，可有效降低病原根结线虫病种群数量，抑制根结形成，对蔬菜根结线虫有很好防治效果。实际生产中厚垣孢普奇尼亚霉商品菌剂的防效受多种条件制约和影响。土壤环境是影响厚垣轮枝孢菌防效的重要因素。土壤温度、湿度、酸碱度、含沙量、有机质含量等都对厚垣孢普奇尼亚霉的侵染有影响。这些因素过高或过低都对侵染有害而无利。土壤中 Cu^{2+}、Mg^{2+} 等重金属离子会在一定程度上抑制厚垣孢普奇尼亚霉。植物根围土壤中的微生物群落对厚垣轮枝孢菌的生防效果也有一定影响。寄主植物是影响厚垣轮枝孢菌防效的另一重要因素。例如在番茄和甘蓝的根围比马铃薯的根围更有利于该菌的定殖。此外，若植物对线虫特别敏感，线虫寄生引起的根结或根瘤过大，使得大量的卵块被埋藏于根内而很难受到菌物的攻击，此时防效也会受到影响。

厚垣孢普奇尼亚霉（*Pochonia chlamydosporia*）对多种农用化学药剂都有较强的忍耐和适应能力。低浓度的多菌灵、乙草胺等对其均无明显影响。因此在实际应用中更有优势。Kerry B R et al.（1996）报道，利用厚垣轮枝孢菌控制根结线虫的试验效果都较好。Leij et al.（1993）将厚垣轮枝菌引入田间土壤，根结线虫（*M. incognita*，*M. hapla*）数量可减少90%。韩方胜等（2008）采用5%线虫必克（37.5kg/hm^2）防治黄瓜根结线虫病效果可达到70%左右。

（3）被毛霉属（*Hirsutella*）。被毛霉属属于半知菌类。在该属真菌中，能寄生根结线虫的种主要有洛斯里被毛孢（*H. rhossiliensis*）、明尼苏达被毛孢（*H. minnesotensis*）、*H. heteroderae* 等。其中前两种在该属中最为常见。自然界中被毛孢真菌广泛分布。

洛斯里被毛孢（*H. rhossiliensis*）：菌丝体丰富，无色、分隔、少分枝；分生孢子梗瓶梗，单生，与菌丝垂直，产孢细胞单育；分生孢子无色，单胞，椭圆形，单生，偶尔双生，6～11μm×4～5μm。洛斯里被毛孢的黏性孢子黏住线虫后，孢子很快产生芽管，并在 12h（25℃）左右穿透线虫角质层进入虫体内，菌丝利用线虫体内营养大量繁殖，致使线虫几天内死亡。若条件合适虫体内充满的菌丝将产生新的分生孢子进行新的侵染。在黏附和侵染过程中瓶梗起着重要作用。世界上许多地方都分离到洛斯里被毛孢真菌，其寄主至少包含 16 个属的 23 种土传线虫。其中包括爪哇根结线虫等。但是，在自然条件下，洛斯里被毛一般具有寄主选择性，一个样点的多种线虫中通常只有一种被寄生。

明尼苏达被毛孢（*H. minnesotensis*）：菌丝体丰富，无色、分隔；瓶梗从气生菌丝上伸出，单细胞，产孢细胞单育；分生孢子单生，球形或亚球形，常被覆黏性物质。无典型厚垣孢子，人工培养后期菌丝膨大成椭圆形，单生或链状，7～9μm×5～8μm。明尼苏达被毛孢能寄生 12 个属的 15 种线虫。

总的来说，洛斯里被毛孢和明尼苏达被毛孢在温室和田间试验中对植物线虫的防治展现出良好的防效，具有很好的生物菌剂商业开发潜力。然而，由于被毛孢一般情况下生长速度缓慢，人工大量生产存在一定困难；施用到土壤中之后，易受土壤各种环境因素制约，在土壤生物群竞争中缺乏优势。因此，它们的商业化开发将面临诸多困难。

3. 产毒真菌和其他机会真菌

（1）产毒真菌（toxic fungi）。土壤中某些真菌能够分泌毒素或裂解酶等来杀死或抑制线虫。目前已发现包括担子菌、子囊菌、半知菌中 90 余种菌物均可以分泌杀线虫毒素。分泌物成分主要有醌类、生物碱类、萜类、肽类、吡喃类、呋喃类、脂肪酸类、萘类等。①绿色木霉（*Trichoderma viride*）。产生胶霉毒素（gliotoxin）和绿色菌素两种抗菌素。可用于防治南方根结线虫。相关作用机制尚不清楚。关于木霉在蔬菜根结线虫病防治上的应用鲜有报道。樊颖伦等（2008）研究表明，康宁木霉（*Trichoderma koningii*）对番茄根结线虫有明显的抑制作用，不仅显著降低番茄根部根结数，还明显增强根系活力，同时延长结实期。②Sr18 真菌，其代谢物对番茄植株无毒害作用，可明显降低土壤中根结线虫二龄侵染幼虫的数量。孙建华（2005）研究结果表明，生防菌株 Sr18 生物杀线虫剂可明显降低土壤内根结线虫二龄幼虫的数量，虫口减退率 94.68%，收获期对黄瓜根结线虫病的防效高达 80.27%。此外，还具有促进植株生长和提高产量的效果。③白僵菌（菌线克，*Beauveria* sp. 的培养液），对北方根结线虫卵囊、分散卵粒及二龄幼虫均有良好抑制作用。有研究报道，菌线克原液与 10μg/mL 涕灭威防效相当。④淡紫拟青霉，能分泌具杀线虫活性的白灰制菌素（Leucinostatin）类毒素物质。⑤糙皮侧耳（*Pleurotus ostreatus*），是一种木腐真菌，生长范围很广。糙皮侧耳属于担子菌亚门、层菌纲、伞菌目、口蘑科，又名粗皮侧耳、平菇、鲍鱼菇、北风菌、冻菌等，在全世界广泛栽培。截至目前，已证明侧耳属的23个种对线虫有活性。Barron and Thorn（1987）证明，侧耳可分泌毒性物质先将线虫击倒，然后菌丝体再侵入虫体寄生。糙皮侧耳的毒素产生于其成熟菌丝上的毒素球（toxin droplets），当线虫与毒素球接触时会使其破裂，毒素在线虫体表扩散，随着虫体接触毒素量的增多，线虫行动逐渐变得迟缓直至被彻底击倒。被击倒的线虫体内物质外渗，菌丝从线虫虫体各部位的孔口侵入，在虫体内逐步生长直至充满虫体，最终从被彻底分解的虫体内又长出具有毒素球的菌丝（Barron and Thorn，1984、1987；Thorn and Tsuneda，1993）。Kwok et al.（1992），从糙皮侧耳中提取获得杀线活性物质癸烯二酸。糙皮侧耳对于包括南方根结线虫在内的多种线虫具有毒杀作用，是一种广谱杀线菌物，不仅能毒杀线虫，还能强烈抑制胚胎发育和孵化。糙皮侧耳是一种广泛商业化的食用菌，其子实体的水、乙醇和丙酮提取物对线虫没有毒杀作用，因而一般认为糙皮侧耳的子实体中不含有毒杀线虫的毒性物质。

（2）菌根真菌（Mycorrhizae fungi）。自然条件下，土壤中植物根系不同程度受到各种微生物的影响。1885年，德国科学家Frank率先发现土壤中有一类真菌能够与植物根系互惠互利，并建立一种共生体，人们将其称为菌根（Mycorrhizae），将这类真菌称为丛枝菌根真菌（AMF，arbuscular mycorrhizal fungi）。据报道，陆地上约90%以上的高等植物根部都能形成菌根（李晓林，2001）。菌根有多种，英国科学家Harley（1989）根据菌根形态和结构特点以及植物和真菌的种类，将其分为7种。胞囊—丛枝菌根（VAM，Vesicular-Arbuscular Mycorrhizae）和外生菌根是其中最重要、分布最广的两类。其中胞囊—丛枝菌根又被简称为丛枝菌根（AM，Arbuscular Mycorrhizae）。

人们通常把参与形成菌根的真菌称为菌根真菌。外生菌根通常指菌根真菌不侵入到植物根组织细胞中，其菌丝只是紧紧吸附在根的表面形成结构致密的菌丝套（Mantle），或者部分菌丝侵入根部皮层细胞间隙而形成网络状的哈氏网（Harting net）。丛枝菌根的菌丝会侵入植物根部皮层细胞，形成树冠枝状结构或者胞囊。菌根真菌参与或者调解植物的多项生理代谢活动。如促进水分吸收、改善矿物质和碳素营养吸收、增强抗逆性、促进植物生长等，对植物本身有多方面的有益作用。

菌根真菌和线虫都生活在土壤中，而且都集中在植物根系周围，因此它们之间的影响和作用是复杂的、相互的。关于AMF对线虫作用，国外报道较多，我国起步较晚，且以番茄南方根结线虫研究为多（王倡宪，2007）。由于AMF种类、寄主种类，甚至环境因子等因素不同，其对根结线虫的防效不能一概而论。有研究表明，AM真菌可以减轻由南方根结线虫、根腐线虫等线虫引发的病害（Pinochet J et al.，1996；Jaizme-Vega M C et al.，1997）；王艳玲等（2000）研究发现，接种AM真菌漏斗孢球囊霉后，番茄菌根化植株的根部根结线虫虫瘿少于对照，线虫的侵染率也显著降低；Gergon et al.（2003）试验表明，AM共生体可提高植物对线虫的耐受性，但却难以从根本上减轻线虫的为害。王鹏等（2009）通过盆栽试验研究认为，AM真菌可显著降低黄瓜根系虫瘿数和根结指数，进而降低根结线虫病的发病指数。Francl and Dropkin（1985）、刘杏忠等（1994）则认为，菌根真菌对植物病原线虫尤其是大多数根结线虫有抑制作用，而且部分菌根真菌可以内寄生线虫。菌根真菌对线虫的作用总体上可分为3种：一是菌根真菌对线虫无影响。即菌根真菌一般不影响线虫的繁殖、发育和侵染。如 *Gigaspora margarita* 对番茄上南方根结线虫（*M. incorgnita*）的侵染、发育和繁殖等都没有明显影响。二是AM真菌能够降低线虫的繁殖率、延缓发育、抑制侵染。Copper and Grandison（1987）发现，AM能抑制南方根结线虫的繁殖、侵染及其在根内的发育，促进根的生长。三是在特定条件下，特定菌根能增加线虫的侵染和繁育。如 *Glomus intraradices* 能增加南方根结线虫（*M. incorgnita*）侵染棉花的几率。一般来说，只要菌根真菌能抑制线虫本身，就能对线虫引起的病害产生相应的作用。此外，也受具体土壤环境因素的影响。反过来，线虫对菌根真菌也有相应的正面、反面的影响，或者没有明显影响。

关于菌根真菌对线虫的抑制作用机制，目前还不清楚。不同种类之间的机制可能也不相同。1994年，刘润进和裘维蕃将其概分为直接作用和间接作用两大类机制：①直接作用机制指的是菌根真菌菌体优先侵占植物根部，并在根部周围迅速定居繁殖，通过消耗根围营养和侵占空间位点抑制线虫的侵染、寄生和繁殖；或者菌根真菌产生特殊的酶、特殊化合物来杀死或抑制线虫。②间接作用指的是菌根真菌通过与植物根部结合形成菌根，改变植物根部的形态和结构，促进根部对水分、矿物质、有机质或特定营养元素等物质的吸收，提高植物根系活力和植株抗逆性，从而增强植株对线虫的抵御能力。

（3）机会真菌（opportunistic fungi）。有些真菌能定殖于根结线虫、球形胞囊线虫（*Globodera* spp.）和胞囊线虫（*Heterodera* spp.）等固定性内寄生线虫的繁殖体上，称之为机会真菌。如茄病镰孢（*Fusarium solani*）和尖孢镰孢（*F. oxysporum*）属于机会真菌，可寄生于南方根结线虫卵和雌虫。Jansson H B et al.（1997）、李天飞等（2000）、肖顺（2004）、杨怀文（2005）均从根结线虫（*Meloidogyne* spp.）和胞囊线虫（*Heterodera* spp.）等定居型线虫的卵和卵囊上分离到镰刀菌（*Fusarium* spp.）。Mania（1984、1986）、Nitao J K et al.（1999、2001）从发酵产物中分离到一些杀线虫活性物质，因此认为镰刀菌可能通过产生这些活性小分子代谢物质先行杀死卵粒后再定殖于卵，或影响卵的发育。刘国坤等（2006）研究发现，胚胎期卵壳及内容物可能更有利于镰刀菌菌丝的侵染，而卵内幼虫体壁可能不易被菌丝侵染。林茂松等（2001）利用尖镰孢菌非致病菌株防治根结线虫取得较好的效果，表明该类真菌在根结线虫防治上具有开发潜力。

（二）生防细菌

目前，关于根结线虫天敌细菌研究较深入。报道较多的主要集中在巴氏杆菌属（*Pasteuria*）的3个种 *P. penetrans*、*P. thornei* 和 *P.* sp.，其中穿刺巴氏杆菌（*Pasteuria penetrans*）是研究最多的线虫天敌细菌。此外，也有关于荧光假单胞菌

(*Pseudomonas* sp.)、芽孢杆菌(*Bacillus* sp.)、苏云金杆菌(Bt, *Bacillus thuringiensis*)(罗兰, 2007)等几类根际细菌的研究,防治效果大部分超过40%(雷敬超, 2007)。

1. 穿刺巴氏杆菌 巴氏杆菌,是一类专性寄生性细菌,在世界上广泛分布,迄今已在五大洲的50多个国家及太平洋、大西洋、印度洋的各类岛屿上从96个属196种土壤线虫体内发现巴氏杆菌或其类似物。现今报道的巴氏杆菌按照其内生孢子大小和寄主类型,可将其划分为4个种:一是可寄生胞囊线虫(*Heterodera* spp.)和球形胞囊线虫(*Globodera* spp.)成虫的 *P. nishizawae*(CNP)(Sayre et al., 1991);二是仅寄生短体线虫(*Pratylenchus brachyurus*)的 *P. thornei*(RLP)(Sayre et al., 1988);三是寄生水虱的 *P. ramosa*(WFP)(Sayre et al., 1983);四是寄生根结线虫(*Meloidogyne* spp.)成虫的穿刺巴氏杆菌(*Pasteuria penetrans*)(RKP)(Sayre and Starr, 1985; Starr and Sayre, 1988)。据报道,寄生植物线虫的巴氏杆菌主要有3种:穿刺巴氏杆菌(*Pasteuria penetrans*),主要寄生根结线虫(*Meloidogyne* spp.);索雷巴氏杆菌(*Pasteuria thornei*),主要寄生根腐线虫(*Pratylenchus* spp.);*P. nishizawae* 寄生大豆胞囊线虫(*Heterodera glycines*)、马铃薯金线虫(*Globodera rostochiensis*)等(Sayre et al., 1985; Starr and Sayre, 1988; Sayre et al., 1991; 彭德良, 1999)。

穿刺巴氏杆菌是专性寄生根结线虫的革兰氏阳性细菌,1906年,美国线虫学家Cobb首次报道穿刺巴氏杆菌(*Pasteuria penetrans*)对线虫的寄生作用。该菌的繁殖方式是产生不游动的内生孢子,通常情况下内生孢子在土壤中呈休眠状态,直至其接触到土壤中活动的根结线虫二龄幼虫,休眠孢子便以球形孢子黏附在线虫的体表。随后孢子萌发出芽管,在酶的作用和芽管自身的机械作用下穿透并侵入线虫表皮,定殖于线虫皮下和假体腔内,并在线虫体内大量繁殖、生长发育,持续不断地削弱线虫。同时,菌体产生有毒代谢物使感染的线虫幼虫反应迟钝;待线虫发育至成虫时,其体内将充满巴氏杆菌菌体孢子,整个成虫最终被彻底摧毁。同时,被侵染的线虫常常绝育不能产卵。死亡的线虫又释放大量的孢子于土壤中,再次感染其他线虫,形成新的侵染循环(Chen Z X and Dickson D W, 1990)。雌虫体内的巴氏杆菌孢子繁殖速度和数量受温度影响,土壤温度在20~30℃时,幼虫附着内生孢子的数量最多,一条雌虫体内最多可繁殖的内生孢子200万个左右;高于30℃时,幼虫附着内生孢子的数量呈下降趋势。在整个侵染发育过程中穿刺巴氏杆菌的菌体形态变化比较大,先由柱形先变成倒卵形,最后形成浅杯形结构。在电镜下,单个柱形的营养细胞截面长0.5μm,宽0.2~0.5μm,细胞中缺少细胞器,细胞中心是典型的类核结构。

通常穿刺巴氏杆菌孢子均有抗性结构,而且在未遇到线虫寄主前处于休眠状态,因此一般具较强的对于热、冻、干燥等不利条件的抗逆能力,经过反复冻融活性仍保持不变,在土壤中可存活多年,而且其生长发育和侵染活力均不受别的杀线剂、杀菌剂等影响(Williams et al., 1989; Bird et al., 1990; Melki et al., 1998),可以与化学杀线虫剂及其他线虫天敌真菌混合使用,以增强防效(Zaki M J, 1991; Deleli,

1992)。除孢子本身活性之外，穿刺巴氏杆菌的侵染力还受孢子浓度、土壤温度、土壤酸碱度和土壤结构等多种因素影响。①一定范围内，穿刺巴氏杆菌孢子浓度越高，对线虫的附着侵染率也越高。一条根结线虫可能同时被几个至几百个穿刺巴氏杆菌孢子侵染和寄生，这在一定程度上取决于孢子本身的浓度，而受侵染时间的影响不大。研究表明，当穿刺巴氏杆菌孢子浓度达到 10^5/mL 以上时，几乎所有线虫都能被寄生；当孢子浓度达到 10^3/mL 以下时，线虫被侵染率很低。在土壤中，也发现类似现象，即穿刺巴氏杆菌孢子的浓度越高，对线虫的附着率也越高。②温度对穿刺巴氏杆菌孢子的生长、发育和分布等具有重要影响。通常 28～35℃时最适宜穿刺巴氏杆菌孢子生长，17℃时停止发育（Chen Z X and Dickson D W，1997），10℃时停止生长（Hatz and Dickson，1992；Serracin et al.，1997），温度对根结线虫及巴氏杆菌的生活周期的影响是一致的，20℃条件下繁殖周期为 85～100d，25℃条件下为 37～47d，30℃时为 20～30d，高于 30℃时周期则变长。③土壤结构和土壤酸碱度等也对穿刺巴氏杆菌具有一定影响。一般来说沙土和壤沙土更有利于线虫的附着和侵染（张帆，2004），中性土壤比酸、碱性土壤有更多内生孢子附着幼虫（Chen Z X and Dickson D W，1990）。

穿刺巴氏杆菌孢子个体很小，可随土壤水分渗滤进行扩散。该菌专化性强，只寄生植物病原线虫而对土壤中其他微生物没有作用，而且从根结线虫上分离的只能抑制根结线虫。近几十年来，国内外对穿刺巴氏杆菌的生物学性状及其在植物根结线虫病害防治上的应用进行大量研究，结果表明，穿刺巴氏杆菌对植物根结线虫有很好的寄生性，在生物防治的应用上有巨大潜力。但是，由于穿刺巴氏杆菌为专性寄生物，人工难以培养，大量生产受到限制。鉴于穿刺巴氏杆菌的诸多优良特性，诸多国家都十分重视该菌的产业化开发。有报道称，美国已经开发出产品，并将其商品化生产；日本已投入数亿美元专门用于该菌的研发。我国相关研究始于 20 世纪 90 年代初，起步较晚，目前国内尚无商品化制剂。虽然直至目前市场上还没有成熟的、可大面积推广应用的穿刺巴氏杆菌产品，但是作为一种公认的非常有潜力的植物根结线虫生防因子，随着科学技术的进步，相信不久的将来将有相关的产品问世，在植物尤其是蔬菜根结线虫防治上发挥重要作用。

2. 根际细菌 1904 年，Hiltner 率先提出根际（rhizosphere）的概念，用于特指根瘤菌与豆科植物之间的关系。随后，1992 年，Stirling 重新将根际定义为紧密围绕根部，生物和物理特性受到根影响的区域。根际土壤与非根际的相比，受根的影响较大，微生物更多。根际细菌（rhizobacteria）是指在土壤中生活于植物根际的细菌，依据与植物之间的利害关系可将其分为有益、有害和中性 3 类。1978 年 Kloepper、Schroth 和 Suslow 将对植物有益，能促进植物生长的根际细菌称为 plant growth-promoting rhizobacteria（PGPR）。根际细菌对作物有益，一种情况是细菌直接与作物互作促进作物对营养元素的吸收，另外一种情况是细菌通过抑制或杀死为害作物的微生物间接地有益于作物生长。

关于根际细菌防治植物寄生线虫的研究始于 20 世纪 80 年代。1982 年，Zavaleta-

Mejia and Van Gundy，首次报道根际细菌对黄瓜和番茄根结线虫的抑制作用；随后，Becker（1988）报道根际细菌对南方根结线虫的抑制作用；近年来，我国也展开相关研究。戴梅等（2009）通过温室盆栽试验研究芽孢杆菌、巨大芽孢杆菌、固氮螺菌等根围促生细菌对番茄植株生长和南方根结线虫病发生情况的影响，认为不同 PGPR 促生防的作用存在差异。目前已发现对植物根结线虫，尤其是对南方根结线虫具有防效的根际细菌主要有荧光假单胞菌（*Pseudomonas fluorescens*）、球形芽孢杆菌（*Bacillus sphaericus*）、枯草芽孢杆菌（*B. subtilis*）、蜡状芽孢杆菌（*B. cereus*）、放射性土壤杆菌（*Agrobacterium radiobacter*），以及金色假单胞菌（*Pseudomonas aureofaciens*）等。

迄今为止，根际细菌对线虫的作用机理尚不完全清楚，有三个方面：一是分泌产生杀线虫物质，可能是含氮物在降解过程中产生挥发性的对根结线虫有杀灭作用的 NH_3 和 NO_2。二是改变作物根系分泌物与线虫的互作方式，特定根区（主要指根尖伸长区）的分泌物是影响线虫生活史中特定发育阶段的重要因子，线虫卵孵化、线虫趋向于根的运动、线虫与寄主的识别及侵入等阶段被认为是线虫发育和寄生的关键，但也是较脆弱易受影响的时期，植物根系分泌物在这些阶段起到重要作用。作物根围有些根际细菌可消耗这些根系分泌物或改变根的分泌形式，从而影响根分泌物依赖型植物寄生线虫的发育。三是营养和空间位点竞争，线虫与根的相互识别机制是线虫依靠体表糖类物质感应作物根表面的外源凝聚素，进而识别并形成侵染。有益根际细菌的细胞壁双层脂膜上具有结合植物外源凝聚素的结构而优先占据线虫的侵染位点，并且在根部迅速大量定居繁殖，消耗根围营养、占据空间位点而达到抑制根结线虫的作用。此外，也有报道表明，有益根际细菌可能产生水解酶类抑制线虫的生长发育和侵染，或者能诱导植物产生系统抗性降低线虫侵染率，相关研究还需要进一步深入开展。

（三）放线菌

与生防真菌和细菌一样，放线菌也能产生具有抗生或杀线虫特性的化合物，对根结线虫具有颉颃或毒杀作用。这些放线菌主要是链霉菌及其变种。阿维菌素即为从阿维链霉菌（*Streptomyces avermitilis*）的代谢物中分离得到一种大环内酯类化合物。其作用机制是刺激神经传递介质 *r*-氨基丁酸的释放，干扰根结线虫正常的神经生理活动。当前该化合物目前已经作为一种抗生素类杀线虫、杀虫、杀螨剂进行了成功的商业化开发，为实际生产做出重要贡献。实践证明，阿维菌素颗粒剂和液体剂型对南方根结线虫都有很好防效。但是，阿维菌素用于土传根结线虫病害防治具有一定局限性。主要是由于该化合物在土壤内易被土壤团粒吸附，难以扩散移动，且易被多种土壤微生物迅速降解成为没有杀虫活性的次级物质。这些原因导致阿维菌素在土壤中分布不均，存留时间短，药效低。因此，阿维菌素用于根结线虫病防治，在产品本身特性和使用技术上有待于进一步优化改进。放线菌广泛、大量分布于土壤中，在根结线虫防治方面的天敌菌株有待于进一步筛选和开发。

（四）捕食性线虫和其他天敌

农田土壤中存在大量的捕食性线虫，它们能通过捕食根结线虫从而对线虫病害有一定控制效果。但是，目前对它们研究较少，了解有限。据报道，捕食性线虫主要以较大的口器吞食，或者以口针吸食内含物，从而实现对植物线虫的捕食。线虫的肉食目（Mononchida）、矛线目（Dorylaimida）和膜皮目（Diplogasteroidea）3个目中许多属的许多线虫都具有捕食性。其中滑刃总科（Aphelenchoidea）的长尾属（*Seinura*）的线虫是专性捕食性线虫。捕食性线虫通常捕食线虫、菌物、藻类及其他土壤微生物。有报道，肉食目的多个线虫种类具有作为控制根结线虫的天敌生物可能性。虽然在实际农田土壤中这些捕食性线虫可能对根结线虫的自然繁育发挥一定的控制作用，但它们对根结线虫的生防潜力尚不确定。此外，有报道，水熊、扁虫、跳虫、螨类、弹尾目昆虫等土壤小动物也具有捕食线虫的特性，但对根结线虫是否有捕食作用尚不明确。

在线虫寄生性天敌生物中，除真菌、细菌、放线菌和捕食性线虫之外，还有病毒和立克次氏体两类天敌微生物。由于现在很难对被病毒侵染和无活动性的线虫进行有效的分离，使得相关研究进展缓慢。目前仅有 *Globodera rostochiensis* 等少数几个种线虫报道了立克次氏体的存在。Loewenberg et al.（1959）报道，可能有一种能通过细菌滤膜的病毒引起南方根结线虫的行动呆滞，从而不能使植物形成根结，但并没有从这种感病线虫中发现病毒颗粒。目前，病毒和立克次氏体在线虫生物防治中的作用机制等基础性问题还不明确，有待于深入研究。

（五）杀线植物及几种重要的活性提取物

1. 杀线植物

具有杀线活性的植物。自然界中很多天然植物体内含有对线虫有活性的物质，人们将此类植物称为杀线植物。杀线植物含有的活性物质本身或其分解转化的次级物质能抑制线虫卵的孵化，降低线虫活性，导致线虫死亡，从而减轻线虫对寄主作物为害。1929年，Triffitt首次报道芥菜对胞囊线虫的毒杀效果。此后，20世纪80年代以来，国内外开展大量关于不同植物杀线虫活性研究。Goswami et al.（1987）首次报道白花曼陀罗具有杀线活性，叶提取物对胚胎、胚后发育均有抑制作用，对南方根结线虫胚后发育的抑制作用主要表现为对二龄幼虫和成虫的影响，对三龄幼虫和四龄幼虫的影响不大。陆秀红等（2006）报道，白花曼陀罗叶对南方根结线虫二龄幼虫具有较强活性的物质是生物碱（莨菪生物碱）；张美淑等（2005）认为，莨菪烷碱类化合物毒性低，对环境安全，而且生物碱的母环结构简单，易人工合成，有可能成为创制新农药的先导物。翁群芳等（2006）报道，骆驼蓬（*Peganum harmala*）等几种植物提取物对南方根结线虫具有较好的毒杀活性。范建斌等（2002）报道，将豆科植物干燥碎片掺入土壤中可减少根结线虫数量，利用豆科植物羊角豆、大麻和刀豆的干燥碎片混入盆栽土壤中可使番茄根部线虫数量可降低89%。张楠等（2008）再次报道，大豆荚壳提取液对南方根结线虫的抑杀活性很强。Begum S et al.（2000）、Ali N I（2001）、杨秀娟等（2005）、张楠等（2008）先后报道，蓖麻对根结线虫具有较高的毒杀效果。截至目前，在所有杀线植物中，菊目和豆目植物研究最广泛、最深入的两大类植物。其中，又以菊目的万寿菊属（*Tagetes*）最引人注目，也可能是目前所知对线虫防效最好的一类植物。历史上很长时间以来，万寿菊都是作为一种重要的药用植物为人们所熟知。直到20世纪40年代，Tyler（1938）和Steiner（1941）先后报道多种万寿菊（*Tagetes* spp.）能抵抗线虫的为害，至此人们才认识到万寿菊在农业上防治线虫的重要价值和潜力。此后的众多试验研究表明，万寿菊无论与作物轮作还是间作，均能很好的防治线虫病害。1958年，Uhlenbroek等报道，从矮万寿菊（*Tagetes nana*）提取的制剂对线虫具有优异的杀灭作用，后经证明主要有效成分为两个噻吩类化合物 α-terthienyl 和 5-（-3-buten-l-ynyl）-2，2-bithienyl。Oostenbrink et al.（1957）、Gommers（1973）试验表明，这两种噻吩类化合物几乎与杀线农药相当，对线虫具有很强的活性。Mareggiani et al.（1997）通过试验8种植物提取液，证明 *Tagetes patula* 植物的丙酮粗提液对南方根结线虫的防效非常理想。多年来的众多研究和实践均能证明，万寿菊对多种线虫，尤其是对 *Meloidogyne* 和 *Partylenchus* 均具有良好的防治效果。需要注意的是，万寿菊在其盛花或生长后期，对线虫的杀灭或抑制作用大大减弱。因此，实际生产中可以将万寿菊和蔬菜作物轮作或者间作。但是，应注意在其生长中、后期应及时通过人工修剪等措施避免或延缓万寿菊的生殖生长。

据初步统计，世界上已报道的杀线虫植物主要类群分布在21个目的47个属中（刘杏忠等，2004）（表6-2），有70多科200多种植物有杀线虫活性（杨秀娟，2005）。据张敏等（2009）统计，自20世纪90年代以来的10余年间，我国在植物源杀根结线虫活性药剂研究方面，已经进行了60多种植物资源活性药剂的筛选，其中具有显著杀根结线虫活性的植物分布在21科之中，对南方根结线虫有活性的有13科18种植物，对爪哇根结线虫有活性的有7科8种，对花生根结线虫有活性的有3科4种（表6-3）。

表6-2 世界范围内杀根结线虫活性植物主要类群

目	属	种	参考文献
白花菜目	芸薹属（*Brassica*）	*Brassica campestris*	Halbrendt et al.，1996
(Capparales)		*Brassica* sp.	Potter et al.，1998
	白芥属（*Sinapis*）	*Sinapis* sp.	Halbrendt et al.，1996
百合目（Liliales）	葱属（*Allium*）	蒜（*A. sativum*）	Qamar et al.，1998
	凤眼莲属（*Eichhornia*）	水葫芦（*E. crassipes*）	Shahda et al.，1998
	芦荟属（*Aloe*）	斑纹芦荟（*A. barbadensis*）	Saleem et al.，1997
	天门冬属（*Asparagus*）	石刁柏（*A. officinalis*）	

（续）

目	属	种	参考文献
唇形目（Lamiales）	罗勒属（*Ocimum*）	圣罗勒（*O. sanctum*）	
		灰罗勒（*O. americanum*）	Hussaini et al.，1997
	马樱丹属（*Lantana*）	马缨丹（*L. camara*）	Sharma G C，1996
	绣球防风属（*Leucas*）	蜂巢草（*L. aspera*）	Hussaini et al.，1997
大戟目（Euphorbiales）	蓖麻属（*Ricinus*）	蓖麻（*R. communis*）	Shahda et al.，1998
	大戟属（*Euphorbia*）	飞扬草（*E. hirta*）	Hussaini et al.，1997 Sharma G C，1996
		洋大戟草（*E. pilulifera*）	Hussaini et al.，1997
豆目（Fabales）	合欢属（*Acacia*）	*A. longifolia*	Mareggiani et al.，1997
	凤凰木属（*Delonix*）	凤凰木（*D. regia*）	Shahda et al.，1998
	黄檀属（*Dalbergia*）	印度黄檀（*D. sissoo*）	Saleem et al.，1997
	木蓝属（*Indigofera*）	木蓝（*I. tinctoria*）	Sreejia et al.，1998
	油麻滕属（*Mucuna*）	*M. aterrima*	Nogueita et al.，1996
	猪屎豆属（*Crotalaria*）	三尖叶猪屎豆（*C. anagyroides*）	McBeth et al.，1944
		短叶猪屎豆（*C. brevifolia*）	Oschse et al.，1954
		猪屎豆（*C. mucronata*）	Endo et al.，1959
		短猪屎豆（*C. pumila*）	Good et al.，1965
		美丽猪屎豆（*C. spectabilis*）	Visser et al.，1959
		光萼猪屎豆（*C. usaramoensis*）	
胡椒目（Piperales）	胡椒属（*Piper*）	篓叶（*P. betle*）	Chandravadana et al.，1997
		P. lingum	Sreejia et al.，1998
菊目（Asterales）	艾属（*Artemisia*）	苦艾（*A. absinthium*）	Sharma et al.，1992
		山道年蒿（*A. cina*）	Shahda et al.，1998
	藿香蓟属（*Ageratum*）	藿香蓟（*A. conyzoides*）	Hussaini et al.，1997
	金腰箭属（*Synedrella*）	金腰箭（*S. nodifflora*）	Hussaini et al.，1997
	金盏花属（*Calendula*）	金盏花（*C. officinalis*）	Qamar et al.，1998
	佩兰属（*Eupatorium*）	*E. laevigatum*	Clavin et al.，1999
	万寿菊属（*Tagetes*）	非洲万寿菊（*T. erecta*）	Sasanelli et al.，1997
		矮万寿菊（*T. nana*）	Hussaini et al.，1997
		万寿菊（*T. patula*）	Dhangar et al.，1997
		孔雀草（*T. mituta*）	Mareggiani et al.，1997
	向日葵属（*Helianthus*）	向日葵（*H. annuus*）	Mohammad et al.，1998
兰目（Orchidaceae）	嘉兰属（*Gloriosa*）	嘉兰（*G. superba*）	Chandravadana et al.，1997

（续）

目	属	种	参考文献
龙胆目（Gentianales）	长春花属（*Catharanthus*）	长春花（*C. roseus*）	Chandravadana et al.，1997 Hussaini et al.，1997
	牛角瓜属（*Calotropis*）	百花牛角瓜（*C. procera*）	Hussaini et al.，1997
毛茛目（Ranales）	木防己属（*Cocculus*）	下木防己（*C. pendulus*）	Abid et al.，1997
木兰目（Magoliales）	番荔枝属（*Annona*）	番荔枝（*A. squamosa*）	Abid et al.，1997
牻牛儿目（Geraniales）	酢浆草属（*Oxalis*）	酢浆草（*O. corniculata*）	Bhatti et al.，1997
	天竺葵属（*Pelargonium*）	香叶天竺葵（*P. graveolens*）	Chandravadana et al.，1997
荨麻目（Urticaceae）	大麻属（*Cannabis*）	大麻（*C. sativa*）	Sharma G C，1996
	榕属（*Ficus*）	*F. dioica*	Sharma G C，1996
	荨麻属（*Urtica*）	狭叶荨麻（*U. dioica*）	Sharma G C，1996
蔷薇目（Rosales）	高凉菜属（*Kalanchoe*）	落地生根（*K. pinnata*）	Sreejia et al.，1998
茄目（Solanales）	曼陀罗属（*Datura*）	欧曼陀罗（*D. stramonium*）	Sharma G C，1996 Abid et al.，1997
		美丽曼陀罗（*D. fastuosa*）	Haseeb et al.，1996 Sreejiaet al.，1998
	茄属（*Solanaceae*）	刺天茄（*S. indicum*）	Qamar et al.，1998
		丁茄（*S. surattense*）	Abid et al.，1997
		黄果茄（*S. xanthocarpum*）	Bhatti et al.，1997
莎草目（Cyperales）	莎草属（*Cyperus*）	香附子（ *C. rotundus*）	Sreejia et al.，1998
桃金娘目（Myrtales）	桉属（*Eucalyptus*）	赤桉（*E. camaldulensis*）	Shahda et al.，1998
		蓝桉（*E. globulus*）	Hussaini et al.，1997
	节节菜属（*Rutae*）	芸香（臭草）（*R. graveolens*）	Sasanelli et al.，1997
天南星目（Arales）	菖蒲树（*Acorus*）	菖蒲（*A. calamus*）	Screeja et al.，1998
	黄体芋属（*Xanthosoma*）	*X. sagittifolium*	Galhano et al.，1997
无患子目（Sapindales）	木橘属（*Aegle*）	印度橘（*A. marmelos*）	Sharma et al.，1992
	山小橘属（*Glycosmis*）	酒饼叶（*G. pentaphylla*）	Sreejia et al.，1998
玄参目（Scrophulariales）	鸭嘴花属（*Adhatoda*）	鸭嘴花（*A. vasica*）	Hussaini et al.，1997
罂粟目（Papaverales）	蓟罂粟属（*Argemone*）	蓟罂粟（*A. mexicana*）	Hussaini et al.，1997

表 6－3 我国杀根结线虫活性植物资源统计

科 别	植 物	备 注
6－3－1 对南方根结线虫有活性的植物资源		
白花丹科（Plumbaginaceae）	白花丹（*Plumbago zeylanica*）	
百部科（Stemonaceae）	对叶百部（*Stemonae tuberose*）	

（续）

6-3-1　对南方根结线虫有活性的植物资源

科　别	植　物	备　注
百合科（Liliacea）	韭菜（*Allium tuberosum*）	
唇形科（Labiata）	黄芩（*Scutellaria baicalensis*）	
	紫背金盘（*Ajuga nipponens*）	
大戟科（Euphorbiacea）	蓖麻（*Ricinus communis*）	高活性
	火殃勒（*Euphorbia antiguorum*）	
	乌桕（*Sapium sebiferum*）	高活性
冬青科（Aquifoliaceae）	冬青（*Llex latifolia*）	高活性
豆科（Fabaceae）	厚果鸡血藤（*Millettia pachycarpa*）	
	紫花非洲山毛豆（*Tephrosia vogeli*）	
杜鹃花科（Ericacea）	黄杜鹃（*Rhododendron moll*）	
含羞草科（Mimosaceae）	合欢（*Albizzia julibrissin*）	高活性
禾本科（Gramineae）	假俭草（*Eremochloa ophiuroides*）	高活性
蒺藜科（Zygophyllaceae）	骆驼蓬（*Peganum harmala*）	高活性
夹竹桃科（Apocynaceae）	鸡蛋花（*Pumeria rubra*）	高活性
	夹竹桃（*Nerium indicum*）	高活性
姜科（Zingiberaceae）	生姜（*Zingiber officinale*）	
菊科（Asteraceae）	艾蒿（*Artemisia argg*）	
	苍耳（*Xanthium sibiricum*）	
	黄花蒿（*Artemisia annu*）	
	黄花菊（*Amberboa turanica*）	高活性
	蟛蜞菊（*Wedelia chinensi*）	
	青蒿（*Artemisia apiace*）	
	万寿菊（*Tagetes erecta*）	高活性
	一枝黄花（*Solidago canadensi*）	高活性
	肿柄菊（*Tithonia diversifolia*）	
	紫茎泽兰（*Eupatorium adenophorum*）	
楝科（Meliaceae）	大叶桃花心木（*Swietenia macrophylla*）	
	红果米仔兰（*Aglaia odorata* var. *chaudocensis*）	
	苦楝（*Melia azedarac*）	高活性
	四季米仔兰（*Aglaia duperreana*）	
	桃花心木（*Swietenia mahagany*）	
马鞭草科（Verbenaceae）	马缨丹（*Lantana camara*）	高活性
马兜铃科（Aristolochiaceae）	细辛（*Asarum sieboldii*）	高活性

（续）

科　　别	植　　物	备　　注
6-3-1　对南方根结线虫有活性的植物资源		
茜草科（Rubiaceae）	鸡矢藤（*Paederia scandens*）	高活性
茄科（Solanaceae）	金钮扣（*Spilanthes paniculata*）	
	曼陀罗（*Datura stramonium*）	
	烟草（*Nicotiana tabucum*）	高活性
瑞香科（Thymelaeaceae）	了哥王（*Wikstroemia indic*）	
松柏科（Pinaceae & Cupressaceae）	松柏（*Sabina chinensis*）	
桃金娘科（Myrtaceae）	岗松（*Baechea fruiescen*）	
卫矛科（Celastraceae）	雷公藤（*Tripterygium wilfordii*）	高活性
玄参科（Scrophulariaceae）	地黄（*Rehmannia glutinosa*）	
罂粟科（Papaveraceae）	博落回（*Macleya cordat*）	
鱼藤科（Derristrifoliata）	黄文江鱼藤（*Derris elliptica*）	
芸香科（Rutaceae）	花椒（*Zanthoxylum bungeanum*）	
6-3-2　对花生根结线虫有活性的植物资源		
豆科（Fabaceae）	大血藤（*Sargentodoxa cuneata*）	
	狼牙刺（*Sophora davidii*）	高活性
	毛鱼藤（*Derris elliptica*）	高活性
菊科（Asteraceae）	神农香菊（*Chrysanthemum indicum*）	
毛茛科（Ranunculacea）	紫斑牡丹（*Paeonia rockii*）	高活性
木兰科（Magnoliaceae）	巴东木莲（*Manglietia patungensis*）	
木通科（Lardizabalaceae）	土麦冬（*Liriope spicata*）	
三尖杉科（Cephalotaxaceae）	三尖杉（*Cephalotaxus fortunei*）	高活性
6-3-3　对爪哇根结线虫有活性的植物资源		
百合科（Liliaceae）	大蒜（*Allium sativum*）	高活性
	洋葱（*Allium cepa*）	高活性
夹竹桃科（Apocynaceae）	夹竹桃（*Nerium indicum*）	高活性
姜科（Zingiberacea）	生姜（*Zingiber officinale*）	高活性
毛茛科（Ranunculacea）	黄连（*Pistacia chinensis*）	高活性
十字花科（Crucifera）	白芥子（*Semen brassicae*）	高活性
银杏科（Ginkgoaceae）	银杏（*Ginkgo biloba*）	高活性
芸香科（Rutaceae）	花椒（*Zanthoxylum bungeanum*）	高活性

2. 植物杀线活性提取物　Mojtahedi et al.（1993），郑良等（2001）、陆秀红等（2004）报道，植物残渣有杀灭植物线虫的作用。陈健平等（2007）报道，茶麸对西

瓜根结线虫病有较好的防治效果，且防治效果与茶麸的施用量成正相关。但是，实际生产中，对于杀线植物的应用，最理想的还是利用其提取物杀灭线虫。关于植物源杀线剂的研究基本还处于杀线活性植物资源的筛选阶段，在药剂活性机理研究、产品开发和应用等方面刚刚起步，相关工作有待于全面深入。

（1）具有杀线作用的植物提取物。Swain 研究认为，植物中的次生代谢物超过 40 万种。主要有木脂素类、黄酮、生物碱、萜烯类、特异氨基酸等。其中多种次生代谢物质具有杀虫、抑菌或除草活性。何军（2006）认为，植物源农药的开发主要是利用植物体内的次生代谢物质。目前已报道对线虫有杀灭活性的植物源化合物有 10 多类 100 余个（Chitwood D J et al.，2002），具有很大的开发潜力（Claudia B D et al.，2004）。这些物质主要包括聚噻吩、异硫氰酸酯、硫代葡萄糖甙、氰苷、多炔类化合物、生物碱、脂肪酸及其衍生物、类异戊二烯化合物、倍半萜类化合物、苦木素萜、类固醇、三萜类化合物和酚类化合物等（丁琦，2006；张铁峰，2008）。

①多联噻吩和多炔类化合物。它们均是菊科植物的主要杀线虫成分，都需要光照等刺激才可发挥出杀线虫活性。多联噻吩类化合物（Polythienyls）最先从万寿菊属植物中分离得到，在土壤中仅有微弱的杀线虫活性，只有在光照、过氧化物酶等因子的辅助作用下才可有效杀死线虫（Commers F J et al.，1981）。菊科植物中还含有多种多炔（Polyacetylenes）类化合物，它们都具有广谱生物活性。其中很多具有杀线虫活性，但也需要经光照后才能发挥优异活性。

②异硫氰酸盐（Isothiocyanate）与芥子油苷（Glucosinolates）类化合物。该类化合物存在于芸薹属植物中，芥子油属于硫葡萄糖共扼物，在土壤中可水解为异硫氰酸酯，烯丙基异硫氰酸醋（allyl isothiocyanate）是黑芥子（black mustard）种油主要成分，对线虫具有活性。但是，其在土壤中的挥发性和移动性都相当较差。

③生氰糖苷（Cyanogentic glycosides）与生物碱（Alkaloid）类化合物。某些植物含有葡糖苷，可释放杀线虫化合物。如苏丹草（*Sorghum sudanense*）（Halbrent，1996）和普通高粱（*Sorghum bicolor*）均含有蜀黍苷，经水解生成氰化物，并可能对根结线虫有活性（Widmer T L et al.，2000）。木薯（*Manihot esculenta*）根含有多种生氰糖苷。该种植物处理液体在巴西用于线虫防治已有几十年的历史。关于生物碱类化合物，第一个报道具有杀线活性的是从毒扁豆（*Physostigma venenosum*）中分离出的毒扁豆碱，可抑制乙酰胆碱酯酶（Bijloo J D et al.，1965）；野百合碱（Fassuliotis G et al.，1969）、秋水仙素（Nidiry E S J et al.，1993）、长春花根五环生物碱，对南方根结线虫均有活性（Chandravadana M V et al.，1994）。

④脂肪酸（Fatty acids）及其衍生物。Sayre et al. 报道，黑麦、梯牧草等植物降解产生的丁酸对南方根结线虫等具有活性。一些脂肪酸，如甲基壬酸酯等可减少番茄爪哇根结线虫虫瘿（Davis E L et al.，1997）；千酸甲酚（Kimura Y，1981）、蓟罂粟种子含有一种甘油三酸酯（Saleh M A et al.，1987）、正辛醇（Tada M et al.，1988）、正三十烷醇（Nogueira et al.，1996）等均对南方根结线虫有活性。

⑤萜、倍半萜及二萜类化合物。多种萜类（Terpene）化合物（植物香精油的主

要成分）对根结线虫具有毒性。最早发现的对线虫有毒性的倍半萜（Sesquiterpene）类化合物是半棉酚（Hemigossypol）、6-甲氧基半棉酚（6-methoxy hemigossypol）等，对南方根结线虫的抗性与这类化合物的后继侵染产物有关（Veech J A et al.，1977）。关于具有杀线虫活性的二萜（Diterpene）类化合物，目前鲜有报道。

⑥其他活性化合物。主要有苦木素类（Quassinoids）、甾类（Steroids）、三萜系化合物（Triterpenoids）、酚类化合物（Phenolics），等。

（2）几种重要的植物杀线提取物。

①辣根素（Allyl Isothiocyanate，AITC）。十字花科芸薹属植物和部分菊科植物组织中含有大量的硫代葡萄糖苷类物质。这些物质本身化学性质稳定、无生物活性，并且在植物亚细胞区室中被多价螯合。常见的硫代葡萄糖苷类物质有 20 多种组分（已报道 23 种以上），如甲基硫代葡萄糖苷、烯丁基硫代葡萄糖苷、烯丙基硫代葡萄糖苷等。通常情况下这些硫代化合物本身无刺激性，对病虫无杀灭或抑制活性。但是，当植物组织遭到损害腐烂时，可以在植物本身细胞中存在的内源黑芥子酶（Myrosinase）的作用下立即反应，糖苷键发生水解，形成各种分解产物，包括硅烷硫酮、腈、硫氰酸酯和不同结构的异硫氰酸酯（Isothiocyanates，ITCs）类产物。这类物质对多种病虫包括根结线虫具有良好防效。其中，烯丙基异硫氰酸酯（AITC）是硫代葡萄糖苷水解后最重要的生物活性成分。AITC 作用于真菌和细菌细胞内 ATP 的合成和能量供应环节，同时还可能对细胞膜结构有破坏作用，而 AITC 纯品对动物的毒副作用主要是作用在呼吸道的内表皮细胞膜上。异硫氰酸甲酯对包括根结线虫在内的多种有害生物也有非常好的生物活性。此外，一些含氮量较高的有机物也能产生氨杀死根结线虫。与磷化铝、溴甲烷等较老的化学熏蒸剂比较，生物熏蒸剂，如硫氰酸酯，在环境保护方面的优势突出，它的毒性只有溴甲烷的 1/5，而且不会破坏大气臭氧层；与硫酰氟等新型熏蒸剂比较，对作物更安全，对地下水无污染，对物质几乎没有腐蚀性，比硫酰氟等用途更广泛。

近年来，人们已经充分认识到硫氰酸酯在农业病虫害防治中的潜在市场。同时由于我国十字花科植物种植面积广，资源丰富，因此，该活性物质具有良好的开发前景。一直以来，人们试图将其提取并纯化出来，形成商品化的生物熏蒸剂。经过反复研究，人们从辣根植物组织中提取获得了活性物质，并将其命名为辣根素，并且在蔬菜土传病虫害包括线虫病害防治上开展了相关试验。除此之外，辣根素对多种仓储病虫等也有良好防效。当前我国有几家公司和研究机构在进行相关研究和产业化开发，关于蔬菜病虫尤其是根结线虫的防效试验在探索中。

②苦参碱（Matrine）。苦参中含有大量苦参碱、黄酮类化合物、脂肪酸和挥发油。国外早在 20 世纪 30 年代初已开始相关研究，国内研究开始于 1972 年，研究的重点均放在苦参碱上。目前国内自豆科苦参植物中提取、分离、鉴定的生物碱主要有苦参碱（Matrine，$C_{15}H_{24}N_2O$）、氧化苦参碱（oxymatrine，$C_{15}H_{24}N_2O_2$）、异苦参碱（Iosmatrine，$C_{15}H_{24}N_2O$）等 20 余种生物碱。其中以苦参碱、氧化苦参碱的含量最高。

苦参碱，又称母菊碱，英文名 Matrine。苦参碱在 1958 年首次被分离和确认，是一类独特的生物碱（喹里西啶生物碱，也称羽扇生物碱，tetracyclo-quinolizindine alkaloids）。苦参素（Matrine，Sophocarpidine）是氧化苦参素碱和极少量氧化槐果碱的混合物。苦参碱和氧化苦参碱主要从豆科属植物苦参（Sophora flavescens Ait.）等植物中分离出来的生物碱，溶于水、甲醇、乙醇、氯仿、苯，难溶于乙醚。

苦参碱是天然植物源农药，具有胃毒和触杀作用，是广谱杀虫剂，对人、畜低毒。害虫一经触及即被麻痹神经中枢，继而使虫体蛋白质凝固，堵死虫体气孔，使害虫窒息而死。目前我国正式登记的相关产品很多。主要以苦参碱和氧化苦参碱为主。苦参碱制剂有 0.3%苦参碱水剂、0.8%苦参碱内酯水剂、1%苦参碱溶液、1.1%苦参碱溶液、1.1%苦参碱粉剂等。这些植物源药剂对蔬菜上刺吸式口器昆虫、鳞翅目昆虫和同翅目昆虫，对霜霉、疫病等多种病菌都有很好的抑制效果。目前国内还未有苦参碱在线虫防治上的正式登记产品，但是大量试验研究取得良好防效，在蔬菜根结线虫病害的防治上有广阔前景。

③印楝素（Azadirachtin）。印楝的各个部位都含有活性物质，以种子尤甚。迄今，印楝中已发现了 100 多种化合物，至少有 70 种化合物具有生物活性。它们为二萜类、三萜类、戊三萜类和非萜类化合物。主要为印度苦楝子素、苦楝三醇和印楝素等。这些提取物对昆虫均有抑制杀灭作用。目前，对印楝的研究主要集中在对其提取物的防虫治虫效果试验、繁殖栽培技术、植物农药及医药保健品的研制生产和利用。印楝产品（主要是印楝农药）生产还处于起始阶段。美国的印楝农药生产发展较快，产品较多，Thermo、Trilogy 公司已开发出 3%印楝素乳油商品制剂；其次是德国、印度、澳大利亚。印楝集经济、生态、社会效益为一体，其产业化前景十分广阔。

印楝素（Azadirachtin）是一类从印楝中分离出来活性最强的化合物。它属于四环三萜类化合物。印楝素可以分为印楝素- A、- B、- C、- D，- E、- F、- G、- I 共 8 种。其中印楝素- A 就是通常所指的印楝素。除此之外，天然印楝素至少还有其他 10 多种柠檬素类物质，对昆虫生长发育具有调节作用。从印楝果实中提取的印楝素等成分是目前世界公认的广谱、高效、低毒、易降解、无残留，且没有抗药性的杀虫剂。有研究证明，印楝提取物除了对多种害虫、植物病原菌具有抑制作用外，也对蔬菜根结线虫有很好的抑制作用。

二、我国主要商品化的生防菌剂及其应用

随着科学技术的发展以及实际生产的需求拉动，线虫生物防治产品历经几代，逐步趋于成熟。第一代商品化的线虫生防制剂主要以浓缩的菌体发酵液体制剂、纯孢子（或生物体）粉剂和复合固体颗粒剂或粉剂为主。常规制备过程：生防菌经发酵、浓缩、干燥、加工。这类产品具有对人畜环境安全、对线虫活性高效、持效期长等特点，在世界范围内广泛应用。但是，作为活体微生物菌剂，其共同的弊病是防效易因外界条件如区域、气候、土壤微环境等因素的变化而表现出不稳定性。第二代产品主

要以线虫天敌微生物的次生代谢产物为对象而开发的生物药剂，如阿维菌素，最初是由放线菌的灰色链霉菌发酵产生的次生代谢物质提纯获得，已经被证明是一种广谱、高效、低残留和对人、畜及环境安全的杀虫、杀螨和杀线虫神经毒剂。对黄瓜、西瓜、番茄等蔬菜根结线虫病具有很好的防治效果，并且已经在根结线虫病害防治上产生良好效益。目前生产登记的主要为仿生合成类阿维菌素及其衍生物，天然阿维菌素商品制剂较少。

根结线虫生物防治药剂历经多年的发展已经形成一些成熟的商品制剂。从20世纪70年代法国登记注册防治蘑菇床菌寄生线虫的商品制剂以来，全世界陆续登记的线虫生防微生物菌剂主要有 *A. robusta*（Royal300，防治蘑菇菌寄生线虫）、*Arthrobotrys irregularis*（Royal350，防治蔬菜根结线虫）、*Pasteuria penentrans*（防治蔬菜根结线虫）、*P. lilacinus*（大豆保根菌剂、线虫必克、Paecil、Bioact，防治根际线虫和胞囊线虫）、*P. chlamydosporia*（灭线灵，防治根际线虫和胞囊线虫）、ARF18（不产孢真菌，防治大豆胞囊线虫）、*Myrothecium verrucaria*（防治植物寄生线虫）、*H. rhossilienesis*（防治植物寄生线虫）等。

与化学杀线剂相比，生物杀线剂具有的突出特点：①安全、环保。对作物不会产生药害，无残留。②持效期长。通过食线虫菌物的大量萌发、繁殖，达到杀死线虫及虫卵的目的，持效期长；线虫不会对其产生抗性，连年使用，效果越来越好。③经济。通常一季作物只需使用1次即可保障防效，用药量少，人工成本低。④方便。该产品在作物移栽时施用，也可以在作物生长期使用，不需大量人工。⑤对于活体微生物杀线剂，其防效易受土壤生态环境等外界因素影响，有时不够稳定。

目前国内商品化的根结线虫生物防治药剂主要有厚垣轮枝菌、淡紫拟青霉、白僵菌等。针对芽孢杆菌（*Bacillus*）等微生物制剂的研究和开发也在进行，目前没有正式登记应用于农作物线虫防治的该类产品。

（一）厚垣轮枝菌（*Verticillium chlamydosporium*）

1. 药剂简介 我国第一个在线虫生物防治领域正式登记、获得农药“三证”、具有自主知识产权的产品，商品名为线虫必克。该产品由云南省工业微生物发酵工程重点实验室经筛选、培育而得，采用现代生物发酵工艺制成，剂型为微粒剂，药剂浓度2.5亿孢子/g。该技术曾先后获得多个奖项和国家发明专利。

2. 使用方法和操作步骤 移栽或直播时拌土集中施药，苗期药剂用量每667m^2 0.5～1kg。

生长期追肥时拌入土或农家肥集中施于作物根部，用量为每667m^2 1.5～2kg。

具体操作方法和步骤可参考下述“噻唑膦施药技术”。

3. 应用建议和注意事项

（1）不可与化学杀菌剂混用。

（2）使用时必须现配现用，必须施于作物根部。

（3）施用方法不可对水浇灌或喷施，只能混拌细土、营养土或农家肥等沟施或穴施。若药剂量少，为保障防治效果，最好集中施药，或者将发酵物与有机肥料结合制成生物有机肥施用（李洪涛，2006）。

（4）移栽时使用应注意控制土壤湿度，以持水量60%～70%为宜。

（5）本品应存放于阴凉、干燥处，避光保存。

（6）注意产品保质期，过期的药剂不可使用。

（二）淡紫拟青霉（*Paecilomyces lilacinus*）

1. 药剂简介　淡紫拟青霉菌剂是纯微生物活体孢子制剂。目前在我国登记为线虫防治药剂的有效成分含量有2亿活孢子/g、5亿活孢子/g，产品商品名称有灭线宁、壮根宝等。该药剂可在播前拌种，也可在定植时穴施，对种子萌发与幼苗生长具有促进作用，可明显刺激作物生长，一般可使作物增产15%以上。王波等（2009）研究认为，淡紫拟青霉与放线菌的复配菌剂对根结线虫的防治效果比单菌株的防治效果显著，因此实际应用时可考虑复配使用。

2. 使用方法和操作步骤　淡紫拟青霉菌剂可以在拌种、育苗基质处理、苗床处理以及移栽定植等多个环节使用。拌种，按种子重量的1%量取药剂进行拌种，拌种后堆闷2～3h，阴干即可播种。育苗基质处理，按每方基质添加0.3～0.5kg菌剂的用量混合均匀，装入育苗容器中即可育苗。苗床处理，将淡紫拟青霉菌剂与适量基质混匀后撒入苗床，播种覆土，用药量$10m^2$苗床施用0.25～0.3kg菌剂。移栽施药，拌土穴施或沟施于种子或种苗根系附近，用量为每$667m^2$ 0.5～1kg。

具体操作步骤可参考下述“噻唑膦施药技术”。

3. 应用建议和注意事项

（1）不可与化学杀菌剂混用。

（2）使用时必须现配现用，必须施于作物根部。

（3）最佳施药时间为早上或傍晚。勿使药剂直接放于强阳光下，使用时如不慎进入眼睛，请立即用大量清水冲洗。

（4）移栽时使用应注意控制土壤湿度，以持水量60%～70%为宜。

（5）本品应存放于阴凉、干燥处，避光保存，勿使药剂受潮。

（6）注意产品保质期，过期的药剂不可使用。

（三）白僵菌（*Beauveria vuillemin*）

1. 药剂简介　白僵菌（*Beauveria vuillemin*）属于丝孢纲，丛梗孢目，丛梗孢科，白僵菌属，是一种广谱性的昆虫病原真菌，对700多种有害昆虫具有寄生性。白僵菌的作用机理包括酶的作用和机械作用。白僵菌分生孢子与虫体表面接触后，在一定温、湿条件下吸水膨胀长出芽管。芽管在其顶端形成能够分泌黏液的附着胞，附着在表皮上。同时，分泌表皮分解酶溶解与附着胞连接的表皮以便于芽管的侵入。侵入的菌丝在虫体组织内吸收虫体养分，并不断产生草酸钙，或消耗脂肪细胞的细胞质和细胞核，使细胞萎缩，破坏害虫组织。菌丝在体内不断产生芽生孢子，芽生孢子再形成菌丝体，如此不断繁殖，不断侵染。另外，白僵菌分泌的毒素对靶标也起重要作用。这些毒素可促使害虫组织衰变，破坏细胞器的膜结构，干扰神经系统的正常功能，增加氧的消耗，干扰发育。

目前白僵菌制剂主要成分为活体孢子，产品剂型为粉剂或粒剂。在我国生产应用的产品有菌线克等，对北方根结线虫具有良好防效。

2. 使用方法和操作步骤 白僵菌菌剂可以在移栽和生长期使用。移栽或播种前使用，每 $667m^2$ 用制剂 1kg 与 10kg 细土或 5～10kg 潮麦麸加 1kg 大豆粉混匀，随种子一起进行穴施或随耕地机沟施，盖土即可。移栽施药，每 $667m^2$ 用菌剂 1kg 拌5～10kg 潮麦麸穴施，或挖侧沟沟施。也可以每 $667m^2$ 用制剂 1kg，用水稀释 600～800 倍，对作物进行灌根。

拌土集中施药措施具体操作步骤可参考下述“噻唑膦施药技术”；药剂对水灌根技术具体操作步骤可参考下述“阿维菌素生长期对水灌根技术”。

3. 应用建议和注意事项

（1）不可与化学杀菌剂混用。

（2）该制剂适用于土壤含水量较高或有灌溉条件的地区，土壤过于干燥会影响防治效果。

（3）使用时最好现配现用，施于作物根部。

（4）避免高温和阳光直射，施菌后应及时覆土。

（5）本品应存放于阴凉、干燥处，不可将制剂暴露于阳光下。

（6）注意产品保质期，过期的药剂不可使用。

（7）本品对家蚕有毒，在养蚕区和桑园附近禁用。

第五节 化学防治

随着世界范围内线虫病害，尤其是蔬菜根结线虫病害日益严重，人们在线虫病害防治药剂方面进行大量研究，开发很多产品，防治药剂品种日益丰富。20 世纪 60～70 年代，我国杀线虫剂主要以二溴氯丙烷、滴滴混剂、溴甲烷等高毒农药为主；20 世纪 80 年代，我国由于二溴氯丙烷等被禁用，其他药剂防效不够理想而引进涕灭威、克百威等。随后，在此基础上先后自主开发了甲基异柳磷、辛硫磷、克百威和涕灭威等杀线虫剂。20 世纪末至 21 世纪初，又相继引进和开发了威百亩、棉隆、噻唑膦、阿维菌素以及淡紫拟青霉、厚垣轮枝菌等多种新型化学农药和生物农药。近几年，李乖绵（2007）、刘霆等（2008）报道，2% Agri-Terra 颗粒剂（有效成分为海藻酸丙二酯，目前还未在我国取得正式登记）可有效地控制蔬菜根结线虫为害，有较高的推广应用价值。

全世界杀线虫药剂品种有几十种。总体上可分为化学药剂和生物药剂两大类。其中化学药剂占大部分。化学药剂又可分为熏蒸性和非熏蒸性两类。熏蒸性化学药剂主要有溴甲烷、威百亩、必速灭（棉隆）、氯化苦、碘甲烷、1，3 -二氯丙烯等；

非熏蒸性化学药剂以有机磷类药剂为主，还有氨基甲酸酯类、仿生合成类等。防治线虫的生物药剂主要有生防真菌、生防细菌和杀线植物等，近年越来越受到人们的重视。

据2011年统计，在我国正式登记的杀线剂（登记植物包括粮食作物、蔬菜、经济作物、松树，登记防治对象包括线虫、根结线虫、胞囊线虫、松材线虫、茎线虫、茎线虫病等）共26种药剂（阿维菌素、阿维·丁硫、苯线磷、丙溴磷、丁硫·毒死蜱、丁硫克百威、多·福·克、多·福·甲维盐、甲基异柳磷、克百威、硫线磷、咪鲜·杀螟丹、杀螟丹、杀螟·乙蒜素、灭线磷、噻唑膦、涕灭威、辛硫·甲拌磷、氰氨化钙、氯化苦、棉隆、威百亩、溴甲烷、淡紫拟青霉、厚孢轮枝菌、苏云金杆菌），84个产品。其中在农作物上登记的有26种药剂、82个产品，在蔬菜上登记的有9种药剂（棉隆、威百亩、溴甲烷、硫线磷、噻唑膦、丁硫·克百威、阿维菌素、氰氨化钙、淡紫拟青霉），16个产品（详见附录4　我国正式登记的杀线虫剂）。

一直以来，防治线虫的化学药剂以有机磷类较为普遍，防治效果好，使用成本也相对有优势。但多为剧毒或高毒农药，残留期长，易产生药害和残留，目前多种药剂已被禁用或限用。化学熏蒸性药剂对根结线虫的防治效果显著，而且多属于广谱灭生性药剂，除了根结线虫之外，对多种土传病虫害包括杂草均有一定的防治效果。该类药剂原药一般毒性较高，而实际应用分解后基本对土壤环境无污染。同时，对蔬菜还具有明显的增产作用。但是，高昂的一次性成本投入限制了这些药剂在我国的大面积应用。新型安全、高效、低毒的药剂正在推向市场，并逐步为农民所接受。虽然生物药剂防治根结线虫难以起到立竿见影的效果，不过由于环保和食品安全日益深入人心，生物药剂越来越受到人们的重视，开发和推广应用前景广阔。

一、化学杀线虫剂

世界范围内，关于植物线虫化学防治的研究与其他的病、虫、草害相比总体上较为落后，而且发展缓慢。早期曾用于防治线虫的化学药剂有二硫化碳、甲醛、氰化物、氯化苦等。但均因为成本太高而无法大面积推广应用。1935年，人们发现溴甲烷具有杀线虫活性，当时也因成本问题只应用于温室、苗床（黄耀师，2000）。化学杀线虫剂的真正发展起始于20世纪40年代。1943年Carter等发现塑料工业的副产D-D（1，2-二氯丙烷和1，3-二氯丙烯的混合物）具有杀线虫的活性，随后开发了EDB（1，2-二溴乙烯）的商品化（陶氏公司和Shell公司，1945）制剂，由此拉开了植物线虫化学防治的序幕。此后，人们展开大量研究，相继开发有机磷类、氨基甲酸酯类、有机硫类、卤代烃类等几类化合物。但是，总体上防治线虫的药剂很少，针对根结线虫的药剂更是有限。

（一）熏蒸性化学药剂

熏蒸性药剂多为灭生性，是防治根结线虫病的一项重要措施。除了杀灭根结线虫之外，还对各种土壤微生物包括土传病虫、中性微生物、有益微生物，甚至杂草都有不同程度的杀灭作用。现有已登记并使用的熏蒸剂几乎全都是化学合成农药。化学熏蒸剂防治效果优良，但是在环保、安全等方面可能存在一定隐患。常见的有溴甲烷、碘甲烷、棉隆微粒剂（又名必速灭，商品名垄鑫）、威百亩水剂、氯化苦、1，3-二氯丙烯、硫酰氟、二甲基二硫、二氯异丙醚（DCIP）、异硫氰酸甲酯、二甲基二硫等。其中溴甲烷由于破坏臭氧层已在全球范围内被逐步禁用；棉隆、石灰氮等目前已经在实际生产中大面积应用，产生了良好的效益；1，3-二氯丙烯、硫酰氟、二甲基二硫、碘甲烷等处于试验阶段，体现出应用潜力。但是，目前在我国有正式登记应用于蔬菜根结线虫病害防治的产品有待开发。

此外，福尔马林作为土壤消毒剂，在国外应用广泛，使用方式有漫灌或滴灌等。在我国相关报道还较少见。氧硫化碳（carbonyl sulfide），是大气中自然存在的化学物质和地球硫循环的重要组分，有较好的渗透性，对许多害虫有较好的毒杀作用，是最有前景的溴甲烷替代药剂（黄耀师，2000）。但是，在根结线虫病害的防治上还没有深入研究。此外还有报道，日本利用酒精进行土壤消毒。具体操作是在土壤上喷洒浓度为2%左右的酒精水溶液，然后用塑料薄膜覆盖1～2周，由于酒精能降低土壤内含氧量，从而起到杀灭线虫和其他多种病虫的效果。酒精几天后就会在土壤中分解，不会对环境造成影响。但此种土壤消毒方法在国内鲜有报道。

1. 溴甲烷（methyl bromide） 溴甲烷也称溴灭泰、甲基溴。商品名：Brom-O-Gas、Haltox、Meth-O-Gas 100。英文化学名称：bromomethane、methyl bromide。CAS（Chemical Abstracts Service。美国化学文摘登记号，用来判定检索有多个名称的化学物质信息的重要工具）登录号为[74-83-9]。

（1）理化性质。室温下，纯品为无色、无臭气体，高浓度下具有氯仿气味。熔点-93℃，沸点3.6℃，自燃点537.22℃。蒸气相对密度3.27，蒸气压190kPa（20℃）。蒸气与空气混合物爆炸限13.5%～14.5%。与冰水形成水合物，可溶于醇、醚、酮、芳烃等大多数有机溶剂，易溶于乙醇、乙醚、氯仿、苯、四氯化碳、二硫化碳。在水中水解很慢，而在碱性水中水解很快。

（2）产品毒性。溴甲烷是一种强烈的动物神经毒剂。进入动物生物体后，一部分经呼吸道排出体外，另一部分在留在体内可能通过直接作用于生物体的神经系统而产生作用。液体能直接灼伤人的皮肤和眼睛，吸入体内能作用于人的中枢神经系统、肺、肾、肝、及心血管系统，引起中毒，可出现心脏衰竭、休克等症状，个别中毒者还会出现双目失明。因此，在许多国家都要求受过培训的人员，且要求有相应的安全设备和达到一定的通风时间，方可使用溴甲烷。

（3）作用特点和原理。溴甲烷作用谱广，属于灭生性气体。对于病、虫、草等多种生物具有杀灭作用，对各种害虫的卵、幼虫、蛹和成虫杀灭效果良好，能杀死各种形态的线虫。溴甲烷沸点低，气化快，具有强烈的熏蒸作用，渗透和穿透力很强，即使在冬季低温条件下也能起作用。土壤熏蒸后，残留的气体能迅速挥发，短时间内可播种或定植。但是，溴甲烷会破坏大气臭氧层，因此在全世界范围内正逐步被禁用。人们展开大量研究以需求溴甲烷替代产品。曹坳程（2007）、冯明祥（2007）等认为现有单一药剂难以达到与溴甲烷相同的防治效果，需要混用才能有更理想的效果。

（4）登记和生产情况。1997年9月，《蒙特利尔议定书》约定，发达国家自2005年起，发展中国家至2015年，全面禁止溴甲烷的生产、销售和使用。目前，我国溴甲烷按照配额生产，全国仅有几家厂家有配额生产资格，年产量总共约200t，至2015年将逐年递减直至全面禁止。目前在我国正式登记的有99%溴甲烷原药和98%气体制剂。99%溴甲烷原药，登记作物为烟草（苗床），登记防治对象为土壤线虫；98%气体制剂，登记作物为姜和烟草（苗床），登记防治对象分别为根结线虫和土壤线虫。制剂类型主要为压缩气体，有单剂和混剂（本品+氯化苦）。

（5）适宜作物和防治对象。主要用于土壤熏蒸，也可熏蒸密闭仓储和温室等密闭空间。直接喷施到作物上会产生药害。用于土壤熏蒸，除了对线虫有防效之外，还具有杀虫、灭鼠、除草、杀灭多种真菌的作用。如可杀灭青枯病菌、立枯病菌、镰刀菌、疫霉菌等病原菌，但同时对根瘤菌、木霉等其他有益土壤微生物也有杀灭作用。

2. 碘甲烷（methyl iodide）　碘甲烷又名甲基碘（methyl-iodide）。英文名：methyl iodide 或 iodomethane。CAS登录号为[74-88-4]。

（1）理化性质。相对密度2.279（20/4℃）。熔点-66.1℃，沸点42.5℃，蒸气压53.3kPa（25℃），蒸气密度4.9g/L。微溶于水（15℃，溶解度为1.8%），易溶于乙醇、乙醚和四氯化碳。常温下为无色有甜味的酸性透明液体，暴露于空气中或曝光下因析出游离碘而呈黄至棕色。

（2）产品毒性。中等毒性。

（3）作用特点和原理。碘甲烷的产品特点和作用方式与溴甲烷有相似之处。碘甲烷防治谱广，对根结线虫和杂草活性很高。常温下为液体，使用安全，且操作技术简单、方便，温室与大田均可使用。在平流层很快分解，对臭氧层影响较小。长期使用不会在土壤中产生产残留问题。但是，对水体和大气环境可能有危害。用量在112～168kg/hm^2 情况下，对线虫和多种土传病菌的防效优于溴甲烷。

（4）登记和生产情况。目前在国内还没有正式登记应用于作物线虫病和蔬菜根结线虫病防治的产品。

（5）适宜作物和防治对象。参考溴甲烷。

3. 棉隆（dazomet）　商品名Basamid、隆鑫，又名必速灭。化学成分：四氢化-3，5-二甲基-2H-1，3，5-噻二嗪-2-硫酮。CAS登录号为[533-74-4]。

（1）理化性质。棉隆原药为白色结晶体，是一种低毒、灰白色、具轻微刺激气味的微颗粒剂。有效含量为98%～100%，密度0.5～0.7kg/L。熔点104～105℃，相对密度1.37（20/4℃），蒸气压0.37mPa（20℃）。易溶于丙酮、氯仿、环已烷、二氯乙烷等多种有机溶剂，微溶于水。常温条件下（35℃以下）储存稳定，高温（50℃

以上）易分解。在土壤中分解成有毒的异硫氰酸甲酯、甲醛和硫化氢等物质。

（2）产品毒性。中等毒性。

（3）作用特点和原理。广谱熏蒸性杀线剂。同时对多种土传真菌、杂草和地下害虫有防效。应用时，易在土壤中扩散，不会在植株体内残留，杀线虫作用全面而持久。但是，田间不宜均匀施药，在冬季气温低的条件下防效不稳定。异硫氰酸酯类熏蒸剂处理后降解的最终产物为氮素，活性成分完全分解无残留，安全、环保；操作技术相对简单、方便；消毒效果好、持续时间长，不仅能保证当茬作物有效，对后续几茬作物均有不同程度的效果，且具有增产效果，适合连作土壤，温室与大田均可使用。技术的关键在于如何使药剂均匀地混入耕作层土壤中。

（4）登记和生产情况。棉隆是一种广谱性土壤消毒剂。Union Carbide 公司开发的产品。国内有正式登记生产应用于蔬菜根结线虫病防治的产品（见附录 4　我国正式登记的杀线虫剂）。

（5）适宜作物和防治对象。在花生、蔬菜、草莓、烟草、果树、茶等植株上都可应用。可用于温室、苗床、肥料、基质，甚至大田的熏蒸处理。对根结线虫、胞囊线虫等多种线虫防效良好。此外，对土壤害虫、真菌和杂草等均有防效。

4. 威百亩（metam） 威百亩化学名称为甲基二硫代氨基甲酸，又名线克、保丰收、斯美地、维巴亩。英文化学名称为 methyldithiocarbamic acid。英文名称 Vapam、Metham Sodium、*N*-869 等。商品名 Busan。CAS 登录号为［144-54-7］。

（1）理化性质。威百亩是一种白色结晶的甲胺衍生物。熔点以下就分解，无蒸气压。20℃时在水溶液中溶解度为 722g/L，在甲醇中有一定的溶解度，但在其他有机溶剂中几乎不溶。其水溶液浓时相对稳定，稀水溶液不稳定，在湿土壤中发生化学变化，分解出异硫氰酸甲酯。

（2）产品毒性。属低毒杀线虫剂。对眼及黏膜有刺激。人体皮肤或器官直接接触应按皮肤烧伤处理。

（3）作用特点和原理。Munnecke D E et al.（1962）认为，威百亩的效果依赖于其在土壤中分解后产生的异硫氰酸甲酯。这种物质（MITC）占分解产物总量的 90%（Leistra et al.，1974）。异硫氰酸甲酯具有熏蒸作用，具有内吸性，能抑制细胞分裂和 DNA、RNA 蛋白质的合成及造成呼吸受阻。威百亩分解的其他产物包括 CS_2、COS、和 H_2S（Turne et al.，1963）。但这些产物对熏蒸效果并无影响（褚世海，2003）。威百亩用于播种前土壤处理，对土传病虫、线虫、杂草等都有作用。

（4）登记和生产情况。1955 年美国 Stauffer 化学公司最先推出其工业化制品，先正达和杜邦公司开发，此后得到推广应用。威百亩常用商品剂型为介于黄色与琥珀色之间的水状溶液。目前国外威百亩制剂主要为有 48%水溶液、32.7%水溶液。我国由沈阳农药研究所开发研制了 35%威百亩水剂登记为蔬菜根结线虫病害防治产品。具体登记情况详见附录 4。

（5）适宜作物和防治对象。对蔬菜根结线虫、花生根结线虫、烟草线虫、棉花黄萎病、十字花科蔬菜根肿病等均有防效，对马唐、看麦娘、马齿苋、豚草、狗牙根、石茅和莎草等杂草也有很好效果。不能与酸性铜制剂、碱性金属类及重金属类农药混用。

5. 1,3-二氯丙烯（1，3-D） 二氯丙烯，中文名称为1，3-二氯丙烯基氯，又名1，3-D。商品名有D-D、Nematox、Nematrap、Telone。英文名称为1，3-dichloropropene，指的是顺式1，3-二氯丙烯。CAS登录号为[542-75-6]。

（1）理化性质。纯品是一种无色有甜味的液体，通常呈白色或琥珀色。熔点低于50℃，沸点108℃，蒸气压3.7kPa（20℃），易燃，易爆。1，3-二氯丙烯不溶于水，可溶于苯、丙酮等有机溶剂。

（2）产品毒性。中等毒性。对眼睛、皮肤、黏膜和呼吸道有强烈的刺激作用。通过呼吸、口服或经皮肤吸入人体造成危害。

（3）作用特点和原理。二氯丙烯穿透力很强，施入土壤后蒸发为蒸汽在土壤颗粒间扩散渗透，并溶于土壤持有水内，从而具有杀虫效果。研究表明，1，3-二氯丙烯对根结线虫具有很好的防效，对土传病菌也有良好防效。其作用机理：二氯丙烯同难以识别的重要酶系统，在含有硫氢根离子、氨根离子或氢氧根离子的位点相互作用，在酶的表面发生取代反应，即二氯丙烯分子失去氯原子取而代之以氢原子。结果导致酶终止正常功能，随后激活杀线活性，致使线虫麻痹直至死亡。二氯丙烯处理土壤操作技术简单、方便，温室与大田均可使用。对根结线虫效果很好，适合于根结线虫重病田使用。由于1，3-二氯丙烯具有很强的挥发性，使用时容易扩散到大气中造成大气污染，而且对水体可造成污染。国内外均有相关应用研究：1956年，人们首次发现播前使用1，3-二氯丙烯熏蒸处理土壤具有杀线虫活性；Zhang X W et al.（1989）报道，1，3-二氯丙烯对西瓜根结线虫的防效最高可达100%；Basile M（1990）研究认为，1，3-二氯丙烯对葡萄根结线虫具有显著的防治效果，且防效可持续1年之久；范昆等（2006）研究报道，92%的1，3-二氯丙烯乳油施药量为120kg/hm^2，对番茄根结线虫具有很好的防治效果，且对番茄的生长具有刺激作用，明显优于常用熏蒸性杀线剂棉隆。由于成本较低，该产品在美国、日本、荷兰、意大利和土耳其等发达国家温室和露地蔬菜生产中已大量使用，对根结线虫具有很好的防治效果（Csinos A S et al.，1963；Basile M et al.，1990；Zhang X W et al.，1989；Stirlin G R et al.，1989；Melichar M W，1995）。

（4）登记和生产情况。最初由陶氏益农公司开发的杀线剂，现有陶氏公司和巴斯夫公司等厂家生产销售。1，3-二氯丙烯是目前世界上使用量最大的杀线剂之一。目前在国内尚未有正式登记应用于作物线虫病或蔬菜根结线虫病防治的产品。

（5）适宜作物和防治对象。适用于多种作物。对根结线虫防效极好。主要用于产前土壤熏蒸处理，用药量30～50g/m^2。

6. 硫酰氟（sulfuryl fluoride） 硫酰氟又名氟氧化硫。英文名称sulfuryl fluoride（sulfuric oxyfluoride）。CAS登录号为[2699-79-8]。

（1）理化性质。熔点－137℃，沸点－55℃，常温下为无色无臭气体，具强刺激性。硫酰氟化学性质稳定，不易分解，不易燃，无腐蚀性；自然蒸气压大，10℃时为

1.23MPa，25℃时为1.8MPa，扩散渗透能力远比甲基溴强，吸附量是甲基溴的1/3。

（2）产品毒性。对高等动物的毒性比其他熏蒸剂低。

（3）作用特点和原理。是一种惊厥剂。损害靶标的中枢神经系统。主要作用机理在于抑制氧的吸收，破坏正常磷酸盐平衡和组织机体脂肪的分解。与甲基溴等其他熏蒸剂相比，硫酰氟具有扩散渗透性强、杀虫谱广、杀虫速度快、用药量省、散气时间短、毒性小、残留量低、解吸速度快，对塑料膜的穿透力差，对熏蒸物和种子发芽率没有影响，以及低温下使用方便等特点。使用时对周围环境条件和额外设备没有特殊要求，即使在寒冷的冬季也不需要采用加热施药系统。硫酰氟熏蒸技术操作简单方便，使用时对人和环境安全，因而是具有发展前途的甲基溴重要替代品之一。曹坳程等（2002）报道，硫酞氟对番茄根结线虫具有良好的杀灭效果。

（4）登记和生产情况。在我国登记的有50%、99%、99.8%三个含量的气体制剂和原药。登记对象主要为仓储害虫用药、蛀虫用药、卫生熏蒸用药和集装箱熏蒸用药。目前，国内还未在农业病虫害防治上的硫酰氟产品登记，也未在农作物线虫病和蔬菜根结线虫病防治上正式产品登记。硫酰氟作为土壤熏蒸防治土传病虫害处于试验阶段，产品和技术本身还有待于进一步完善和开发。

（5）适宜作物和防治对象。硫酰氟对根结线虫和已发芽的杂草防效良好，对土传真菌也有一定防效，而且对杂草乃至豆科、葫芦科、茄科和十字花科等多种作物及作物种子安全。

7. 二氯异丙醚（DCIP） 二氯异丙醚，又名二氯异丙基醚，别名nemamort。英文名dichloroisopropyl ethe。CAS登录号为［108－60－1］。

（1）理化性质。纯品为无色透明液体，原油淡黄色，具有特殊的刺激性臭味，有效成分含量为98%以上。对热、光和水稳定。相对密度为1.113 5（20℃），沸点187℃（101.3kPa），闪点87℃，蒸气压为74.6Pa（20℃），在水中溶解度0.17%；溶于有机溶剂。

（2）产品毒性。低毒杀线虫剂。对眼睛有中等刺激作用，对皮肤有轻微的刺激作用。

（3）作用特点和原理。有熏蒸作用的杀线虫剂。由于其蒸汽压低，气体在土壤中挥发缓慢，因此对植物安全，可以在作物的生育期施用。能防治多种线虫，使作物有较好的增产效果。土温低于10℃时，不宜施用。

（4）登记和生产情况。主要剂型有8%乳油，30%颗粒剂，95%油剂。目前在我国还没有正式登记应用于作物线虫病和蔬菜根结线虫病的防治。

（5）适宜作物和防治对象。对柑橘、烟草、桑、茶、棉、甘薯、花生和蔬菜等多种作物的根结属、胞囊属、短体属、半穿刺属、剑属和毛刺属线虫等有良好的防治效果。作物生长期使用时，在植株两侧离根部15cm处开沟施药，沟深10～15cm，一般施药量为有效成分60～90kg/hm^2。

8. 异硫氰酸甲酯（methyl isothiocyanate） 异硫氰酸甲酯，又名甲基芥子油。英文名Methyl isothiocyanate。CAS登录号为［556－61－6］。

（1）理化性质。纯品为无色结晶体。熔点36℃，沸点119℃，相对密度1.069 1（37/4℃），折光率1.525 8（37℃），闪点32℃。易溶于乙醇、乙醚，微溶于水（7.6 g/L）。异硫氢酸甲酯为重要的医药和农药中间体。

（2）产品毒性。高毒。

（3）作用特点和原理。异硫氰酸酯（Isothiocyanate）类物质是一类通式为R-N=C=S的有机化合物，可看作是异氰酸酯中的氧原子被硫替换后形成。异硫氰酸酯类物质挥发形成的气体可在土壤间隙向上扩散，杀死所接触的生物机体。异硫氰酸酯类物质作用谱宽（几乎与蒸汽灭菌的消毒相当），能防治短体属、矮化属、纽带属、剑属、根结属、胞囊属、茎属的多种线虫。同时，对真菌、细菌等多种土传病害，对地下害虫、杂草也有防治效果。它是一种具有多重功效的广谱性土壤熏蒸消毒剂。该类物质在土壤中无残留，是一种较为理想的土壤熏蒸消毒物质。异硫氰酸甲酯是异硫氰酸酯类物质的一种，是灭生性土壤熏蒸剂，在作物种植前使用以杀灭土壤中的真菌、线虫、地下害虫及杂草种子，亦为棉隆、威百亩在土壤中分解后实际发挥作用的活性物质。目前，此类产品使用成本相对较高，在我国短时间内难以大面积推广应用。

（4）登记和生产情况。目前在国内还没有正式登记应用于农作物线虫病和蔬菜根结线虫病防治。

（5）适宜作物和防治对象。灭生性土壤熏蒸剂。在作物种植前杀灭土壤中的真菌、线虫、地下害虫及杂草种子。几十年来，该类土壤熏蒸剂在欧美等农业机械化程度较高的国家使用量不断加大，在我国由于受到经济水平，尤其是农业机械化作业程度低的影响，尚未得以广泛推广应用。但随着我国农业规模化生产的不断加深以及从手工劳作向机械化操作的不断转变，该类土壤熏蒸剂大有应用前途。

9. 氯化苦（trichloronitromethane） 氯化苦中文名称为三氯硝基甲烷。英文名称为chloropicrin、nitrotrichloromethane，别名硝基三氯甲烷。CAS登录号为［76-06-2］。

（1）理化性质。相对密度1.69（20/4℃），熔点－64℃，沸点112℃，蒸汽压5.33kPa（33.8℃）。氯化苦为无色或微黄色油状液体，不溶于水，溶于乙醇、苯等多数有机溶剂。具有挥发性，但挥发速度较慢，在土壤中扩散深度为0.75～1m，易被多孔物质吸收，特别是在潮湿物体上可保持很久。主要作为熏蒸剂使用。

（2）产品毒性。有催泪性，属于剧毒品。

（3）作用特点和原理。氯化苦是一种有警戒性的熏蒸剂。可以杀虫、杀菌、杀鼠，也可用于粮食害虫熏蒸，还可用于木材防腐，房屋、船舶消毒，土壤、植物种子消毒等。氯化苦熏蒸操作技术简单、方便，易于均匀施药，温室与大田均可使用。氯化苦对真菌效果良好。但是，对根结线虫非特效，单独应用对根结线虫重病田防效不理想，可与对根结线虫防效良好的1，3-二氯丙烯混用，对土传病虫有良好的广谱性防效。

（4）登记和生产情况。该产品在国外已有登记。在国内，正式登记的氯化苦为

99.5%液剂，登记对象为数十种作物的枯萎病、黄萎病、线虫病等多种病害和非成品粮的多种害虫和病菌。但是，没有在蔬菜根结线虫病防治上正式登记的产品。

（5）适宜作物和防治对象。氯化苦对多种土传真菌防效显著，用于防治线虫最好能与其他对线虫活性更高的熏蒸剂混匀，从而提高对土传有害生物的综合防效。针对氯化苦液体，可采用注射施药，用大型的注射器把原药（含量99.5%）注入土壤，每30cm见方一针，每针注入2～3mL，针头入土深度为15cm左右，667m^2用药14～22kg，注射完毕后用薄膜立即覆盖；或者将制剂溶于水，采用负压或压力混合泵进行滴灌施药，药剂浓度1 000μL/L以下，用水量30～50L/m^2（用药量10～20g/m^2）。若是氯化苦胶囊制剂，可采用打孔穴施、沟施法进行施药。需要注意：一是处理时间最好选择在秋茬前高温季节处理，最好不要冬季处理；二是处理时土壤湿度最好保持在60%～70%；三是施药后应立即密闭处理20d左右。建议5～20℃，20d；20～30℃，10～20d；25℃以上，7～10d；四是处理完毕揭膜后，一定等土壤中氯化苦气体充分散尽之后再进行播种或栽植，以免造成种苗药害。此外，氯化苦对人的眼睛有刺激作用，施药时动作要快速。

10. 二甲基二硫（DMDS） 二甲基二硫又称二甲基二硫化物。英文名Dimethyl disulfide。CAS登录号为［624-92-0］。

（1）理化性质。相对密度（20℃）1.064 7，纯度≥99.8%；熔点－98℃，沸点109.5℃，不溶于水，易溶于醋酸、乙醇。常温下二甲基二硫为淡黄色透明液体，有恶臭味。

（2）产品毒性。高毒。

（3）作用特点和原理。二甲基二硫是一种广谱的土壤熏蒸剂。作用机理很复杂。主要是造成线粒体机能紊乱、激活三磷酸腺苷（ATP）的钾离子通道，抑制细胞色素氧化酶活性等。一定条件下其防治效果与溴甲烷相当。

（4）登记和生产情况。目前，在我国还没有应用于防治农作物线虫病或蔬菜根结线虫病的正式登记产品。

（5）适宜作物和防治对象。参考碘甲烷。该产品操作技术简单、方便，温室与大田均可使用。对根结线虫、土传病害、杂草具有良好防效。有研究表明，DMDS施药量为600～800kg/hm^2。采用注射或滴灌方法施用。对根结线虫和土壤病原菌的防治效果与溴甲烷相当（De Cal A et al.，2004；Fritsch J et al.，2002；Komada H，1975；Masago H et al.，1996）。但是，该项技术本身还不够完善，国内还处于试验研究阶段，离大面积推广应用还有一段距离。

11. 氰氨化钙（calcium cyanamide） 氰氨化钙，又名石灰氮、氰胺化钙、氨基氰化钙、氰氨基化钙、碳氮化钙、氨腈钙、氰氨基钙、碳酰亚氨钙、氰氮化鈣、氰胺钙。英文名calcium cyanamide、Calcium carbimide、Lime nitrogen、Cyanamide、Nitrolime。CAS登录号为［156-62-7］。

（1）理化性质。纯品是无色六方晶体，为白色粉末。纯品熔点约1 340℃，相对密度2.29（20/4℃），能溶于盐酸，在水中生成氰胺。不溶于水，有吸潮性，呈碱性反应。工业品因含有碳（石墨）等杂质而呈深灰色粉末。有电石或氨的气味。

（2）产品毒性。高毒。对人致死量40～50g。有全身毒性作用，特别是对血管运动中枢、呼吸中枢及血液的作用，发生植物神经衰弱综合症，同时有内分泌器官和基础代谢的功能障碍。急性中毒后可能有器质性的神经疾患，肢体无力及随后的多发性神经炎。慢性中毒往往发生类喘息性支气管炎及支气管喘息，慢性胃炎及肝炎、血压降低、心肌营养不良、性机能障碍、甲状腺及肾上腺机能障碍，皮肤干燥、搔痒、皮炎。落入眼内会引起化脓性结膜炎、角膜溃疡及浑浊等。紧急治疗需要保持安静。眼黏膜损伤时，用水或生理盐水仔细冲洗，然后将1%奴佛卡因溶液滴人眼内；急性皮炎时，可用铅水制的湿绷带包紧敷液；轻度烧伤时，用1%～2%龙胆紫、亚甲蓝或亮绿的酒精溶液涂于损伤部位，轻伤可用碘酊、呋喃西林及杀菌胶布。工作人员工作时应穿戴用致密布做的工作服，戴手套、防护眼镜、口罩。用无刺激性的脂肪软膏先涂敷手的皮肤。严格遵守个人卫生措施。

（3）作用特点和原理。石灰氮，俗称乌肥或黑肥。主要成分为氰氨化钙。因含有石灰成分，故叫石灰氮。石灰氮含氮20%左右，含钙50%，pH为12.4，强碱性，是一种黑灰色带有电石臭味的油性颗粒，属于药肥两用的土壤净化剂。具有土壤消毒与培肥地力的双重作用。石灰氮消毒效果好，与其他熏蒸性药剂相比具有成本低、无任何残毒、操作安全等优点。但由于是强碱性物质，易导致土壤碱度偏高。石灰氮不溶于水，施入土壤后先与土壤中的水分、二氧化碳发生化学反应，生成游离氰氨、氰氨化钙、氢氧化钙和碳酸钙。碱性土壤条件下，分解形成的氰氨可进一步聚合而形成双氰氨；氰氨化钙与土壤胶体中的水置换生成氰胺，进一步水解生成尿素，再进一步水解为碳酸铵。石灰氮有效成分全部分解为作物可吸收的氮，是一种无残留、无污染、能抑制病虫为害和改良土壤多功能药肥。氰氨和双氰氨都可杀灭根结线虫。此外，对其他多种有害生物具有杀灭作用。可有效防治各种蔬菜的青枯病、立枯病、根肿病、蔓枯病等病害，有效防治地下害虫，驱避蜗牛和田螺，同时还能减轻单子叶杂草的危害；氰氨和双氰氨都能抑制土壤中硝化细菌的活性，阻碍硝化作用，使施入土壤中的铵态氮不易转化为硝态氮，减少土壤和蔬菜中硝酸盐的积累；氮素缓慢释放最终形成的铵态氮在土壤中不易淋失，氮肥肥效期可达3～4个月，能满足蔬菜作物前期生长对氮肥的需求，减少化学氮肥的施用量，降低农产品中硝酸盐的含量和对地下水的污染；分解产生的氢氧化钙，可对酸性土壤有中和作用，还可预防作物缺钙症，减少果实生理性病害的发生，如番茄脐腐病、白菜干烧心病等。同时，还可增加果蔬的耐储性。此外，石灰氮还有其他功用：可中和酸性，有利于微生物的繁殖，还有分解秸秆中坚固纤维的作用，能促进堆肥中秸秆等有机物的分解，在植物生长中具有打破植物休眠、促进植物发芽和早熟等作用。

20世纪60年代到70年代中期，石灰氮在我国农业上开始广泛应用，至今已有几十年的应用历史。但是，前期主要是作为肥料应用，随着化肥工业的崛起，农用石灰氮因其操作复杂、价格比高等缺点而逐步退出这一领域。近年来，国际上许多专家学者对石灰氮重新进行深入研究，发现石灰氮分解得到的液体氰氨和气体氰氨能起到杀菌的效果。另外，土表薄膜封闭覆盖，夏季太阳光照射可提高土壤温度，起到热力灭菌作用。同时，额外添加的有机质在腐熟的过程中又会产生热量，使土壤较长时间保持较高的温度。几方面联合作用使土壤中的根结线虫和虫卵以及其他病原菌在较短时间内失去活性，从而达到对土传病虫的良好防效。人们针对原来粉剂型石灰氮施用时粉末飞扬、污染环境的弊端，近年来经改进研制生产出施用方便、安全可靠的颗粒石灰氮，进一步提高使用效率和效果。因此，当前在蔬菜安全生产中石灰氮又焕发新活力，展现出新价值。李宝聚（2006）报道，应用石灰氮与生防制剂配合施用，对番茄、西瓜根结线虫病的防治有明显的增效作用。当前，氰胺化钙土壤消毒技术在日本、德国、我国台湾等地已经得到大面积的推广和应用（崔国庆，2006）。

（4）登记和生产情况。目前在我国登记剂型为50％氰氨化钙颗粒剂，也是目前各种氮肥中含钙量最高的肥料。登记作物为黄瓜、番茄，登记防治对象为根结线虫（详见附录4　我国正式登记的杀线虫剂）。这种登记剂型其颗粒剂直径为1.5～2.2mm，在运输和使用过程中均能最大限度地降低粉尘污染，有利于有效成分分解完全，利用率高，使用效果好，对人和作物更为安全，适合中国分散农户的安全使用。此外，德国有生产，产品销往日本、韩国、美国、澳大利亚、巴西、比利时等全球几十个国家和地区。

（5）适宜作物和防治对象。氰氨化钙适合用于蔬菜、花卉、烟草、果树等各类植物。可用于防治各种土传病害、线虫、害虫以及杂草。

（二）非熏蒸性化学药剂

非熏蒸性化学药剂以有机磷类为主。此外，还有氨基甲酸酯类药剂，以及阿维菌素等其他仿生合成类药剂。

有机磷类杀线虫剂主要有噻唑膦（fosthiazate）、氯唑磷（isazofos）、辛硫磷（phoxim）、灭线磷（ethoprophos）、克线磷（phenamiphos）、硫线磷（cadusafos）、丰索磷（fensulfothion）、虫线磷（thionazin）、除线磷（dichlofenthion）、丁硫环磷（fosthietan）等，有的已被限用或禁用，应用时需注意。有机磷类杀线剂是最早开发的杀线药剂，除了对线虫有防治效果外，对其他地上和地下多种不同种类的害虫也有防效。

氨基甲酸酯类（carbamates）杀虫剂农药可分为5大类：①萘基氨基甲酸酯类，如西维因；②苯基氨基甲酸酯类，如叶蝉散；③氨基甲酸肟酯类，如涕灭威；④杂环甲基氨基甲酸酯类，如克百威（呋喃丹）；⑤杂环二甲基氨基甲酸酯类，如异索威。该类杀虫剂除少数品种如呋喃丹等毒性较高外，大多属中、低毒性。氨基甲酸酯类杀线剂主要有涕灭克、克百威、丁硫克百威等。其中涕灭克属于氨基甲酸肟酯类，克百威属于杂环甲基氨基甲酸酯类。氨基甲酸酯类农药的作用机理与有机磷农药相似。主要是抑制胆碱酯酶活性，使酶活性中心丝氨酸的羟基被氨基甲酰化，因而失去酶对乙酰胆碱的水解能力。氨基甲酸酯类农药不需经代谢活化，即可直接与胆碱酯酶形成疏松的复合体。由于氨基甲酸酯类农药与胆碱酯酶结合是可逆的，且在机体内很快被水解，胆碱酯酶活性较易恢复，故其毒性作用较有机磷农药中毒轻。与轻度有机磷农药中毒相同。阿托品为治疗氨基甲酸酯类农药中毒首选药物，疗效极佳，能迅速控制由胆碱酯酶受抑制所引起的症状和体征，以采用常规用量 0.5～1mg 口服或肌注为宜，不必应用过大剂量。

仿生合成类杀线剂。这类杀线剂主要有阿维菌素等。最初这些药剂并不是作为专门的线虫防治药剂而开发的，只是在实际应用过程中发现对线虫有良好的防效，因此相关的研究和产品的开发不断加强。

1. 噻唑膦（fosthiazate） 商品名 Cierto、Eclahra、Fugiduo、Nemathorin、Sinnema。其他名称线螨磷。CAS 登录号为［98886－44－3］。

（1）理化性质。沸点 198℃（66.66Pa）。纯品为浅棕色油状物。溶解度（20℃，mg/L），水 9.85，正己烷 15.14。

（2）产品毒性。毒性较低。

（3）作用特点和原理。属于有机磷杀线虫剂。主要用于防治线虫、蚜虫等。噻唑膦对根结线虫的作用方式为触杀，即只有线虫接触到药剂才可能被杀死。一种情况是土壤中线虫直接接触药剂中毒；第二种情况是侵入根内的线虫接触到内吸的药剂也会被杀死。噻唑膦在作物根部具有优良的内吸性，具有明显的向上传导特性。有报道表明，作物根内噻唑膦浓度在 0.1μL/L 左右时，能够阻碍线虫在根内的运动和交配繁殖；当作物根内噻唑膦浓度达 0.3μL/L 左右时即可直接杀死线虫的二龄幼虫。噻唑膦施药不受天气与温度限制，各个季节都能应用；不受作物类型限制，几乎各类作物都能使用；除根结线虫之外，能兼防其他多种地下害虫。但是，对土传病害无效。噻唑膦药剂的持效期为 2～3 个月，可有效防治蔬菜根结线虫病。关于噻唑膦的应用研究报道较多。郑永利（2006）研究表明，10%福气多能有效防治芹菜根结线虫，且防治效果优良，持效期长，定植前使用 1 次即可实现整个生育期的全程控害。

（4）登记和生产情况。噻唑膦符合安全农产品生产标准，为我国批准的可在蔬菜上使用的高效、低毒类杀线剂。该产品对根结线虫有良好防治效果。最初由日本石原公司研制，日本石原和欧洲先正达公司共同开发，属于硫代膦酸酯类杀虫、杀线剂。在世界数十个国家被广泛应用。剂型有乳油和颗粒剂。目前，在中国取得黄瓜、番茄和西瓜上的正式登记，剂型为 10%颗粒剂（详见附录 4　我国正式登记的杀线虫剂）。

（5）适宜作物和防治对象。可用于蔬菜、马铃薯、香蕉、棉花等作物的线虫病害防治。同时，对螨类也有良好防效。

2. 氯唑磷（isazofos） 氯唑磷又名米乐尔、异丙三唑硫磷、异唑磷、异丙三唑磷。化学名称：O－5－氯－1－异丙基－1H－1，2，4－三唑－3－基－O，O－二乙基硫代膦酸酯。英文名称 isazofos。CAS 登录号为［42509－80－8］。

（1）理化性质。相对密度 1.23（20℃），沸点 120℃（32Pa）、蒸气压 7.45mPa（20℃）。纯品为黄色液体，20℃水中溶解度为 168mg/L，溶于苯、氯仿、已烷和甲醇。

（2）产品毒性。高毒。

（3）作用特点和原理。氯唑磷是一种高效、广谱、中等毒性的非熏蒸性有机磷杀虫杀线剂。通过抑制胆碱酯酶的活性，干扰昆虫和线虫神经系统而致其死亡。氯唑磷具有触杀、胃毒和内吸作用。主要用于防治地下害虫，对刺吸式、咀嚼式口器害虫和钻蛀性害虫也有较好的防治效果；对根结线虫、胞囊线虫等多种土壤线虫具有良好防效。该药半衰期在土壤中为1～3个月，在作物上1～2d。

（4）登记和生产情况。主要剂型有2%、3%、5%的颗粒剂，50%微囊悬浮剂和50%乳油。通常在播种前作为土壤处理剂使用。施药方式为拌土撒施或沟施。用药剂量为每667m^2 4～6kg。国外公司曾在我国登记氯唑磷产品，剂型为3%颗粒剂，登记证号LS92007（目前已过期），登记作物为甘蔗和水稻，商品名为米乐尔。

（5）适宜作物和防治对象。氯唑磷毒性相对较高，属于国家规定的19种在蔬菜、果树、茶叶、中草药材上不得使用和限制使用的高毒农药之列，在豆类、白萝卜、胡萝卜、芹菜等蔬菜作物的无公害生产中不允许使用。适用于大田作物、牧草、果树等植物。

3. 辛硫磷（phoxim） 辛硫磷又名肟硫磷、倍腈松、腈肟磷。化学名称：O，O-二乙基-O-（苯乙腈酮肟）硫代膦酸酯。英文名称：phoxim、Valaxon、Benzoyl cyanide-O-（diethoxyphosphinothioyl）oxime。CAS登录号为［14816-18-3］。

（1）理化性质。熔点5～6℃，相对密度1.176。不溶于水，溶于丙酮、芳烃等化合物。纯品为浅黄色油状液体。遇明火、高热可燃；受高热分解，放出高毒的烟气。

（2）产品毒性。原药毒性稍高于纯品，对人、畜低毒，对蜜蜂有触杀和熏蒸毒性。

（3）作用特点和原理。辛硫磷为为高效、低毒、低残留的有机磷杀虫剂，能抑制胆碱酯酶活性，杀虫谱广，击倒力强。具有胃杀和触杀作用，无内吸作用，对幼虫和虫卵都很有效。辛硫磷在环境中见光易降解，残留期短，残留危险小。但在土中不易降解，残留期很长。因此，也可用于防治地下害虫。辛硫磷毒性较低，剂型多样，可供选择的药剂种类丰富。但是，针对根结线虫防效不很突出，对于重病田应结合其他技术应用。

（4）登记和生产情况。在我国广泛登记。剂型主要有50%、45%辛硫磷乳油，5%颗粒剂。防治地下害虫可用50%和45%的乳油对水灌根，或使用颗粒剂拌土集中施药。防治线虫的产品曾登记的有阿维·辛硫磷（含量3.2%，颗粒剂，登记作物为黄瓜，登记对象为根结线虫）。

（5）适宜作物和防治对象。可用于花生、小麦、水稻、棉花、玉米、果树、蔬菜、桑、茶等作物。黄瓜、菜豆等对辛硫磷敏感，易产生药害。可用于防治各种鳞翅目害虫的幼虫、虫卵，仓库和卫生害虫，以及土壤线虫等有害生物。

4. 灭线磷（ethoprophos） 灭线磷又名灭克磷、丙线磷、益收宝、益舒宝。商品名Mocap。化学名称：O-乙基-S，S-二丙基二硫代膦酸酯。英文通用名ethoprophos。CAS登录号为［13194-48-4］。

（1）理化性质。浅黄色透明液体。沸点86～91℃，蒸气压46.5mPa（26℃），闪点140℃，相对密度1.094（20℃）；溶解度，水700mg/L，丙酮、乙醇、二甲苯、1，2-二氯乙烷、乙醚、乙酸乙酯、环已烷大于300g/kg；在中性和弱酸性介质中很稳定，在碱性介质中迅速水解，在水中稳定（100℃以下，pH7）。

（2）产品毒性。高毒。

（3）作用特点和原理。灭线磷是具有触杀作用，但无内吸和熏蒸作用的有机磷酸酯类杀线虫剂。属于胆碱酯酶抑制剂。对根结线虫及多种地下害虫有效。该药的半衰期为14～28d。

（4）登记和生产情况。目前该药在国内大量登记。主要有5%、10%、20%的颗粒剂，40%乳油以及95%的原药。10%灭线磷商品名有益舒丰颗粒剂、线瘤神丹等。

（5）适宜作物和防治对象。毒性相对较高。属于国家规定的19种在蔬菜、果树、茶叶、中草药材上禁用或限制使用的高毒农药之列。在黄瓜、豆类、白萝卜、胡萝卜、芹菜等蔬菜作物的无公害生产中不能使用。适宜作物有甘蔗、大豆、花生、烟草、观赏植物、香蕉、菠萝等。有些作物对灭线磷敏感，应谨慎使用。药效广谱，对根结线虫防效良好，还可防治短体线虫、剑线虫、毛刺线虫等。同时，对鳞翅目、双翅目、直翅目等种类的幼虫具有防效。

5. 克线磷（phenamiphos） 克线磷又称苯线磷、虫胺磷、苯胺磷、线威磷、力满库。商品名Nemacur、Phenamiphos。化学名称：乙基3-甲基-4-（甲硫基）苯基异丙基氨基膦酸酯。英文名phenamiphos，英文通用名fenamiphos。CAS登录号为[22224-92-6]。

（1）理化性质。产品为白色固体（原药为蜡状固体），熔点49℃。在水中溶解度为400mg/L，易溶于甲苯、二氯甲烷中。

（2）产品毒性。高毒。

（3）作用特点和原理。克线磷属有机磷杀线剂，能很好地分布在土壤中，借助雨水和灌溉水进入作物根层，具有触杀和内吸作用。药剂从根部进入植物体，在植物体内上下传导，作物有良好的耐药性，不会产生药害。能在播种、种植及作物生长期使用。药剂要施在根部附近的土壤中。可以沟施、穴施和撒施，也可以将药剂直接施入灌溉水中。

（4）登记和生产情况。在我国曾登记的剂型为10%克线磷颗粒剂，德国拜尔公司生产，目前没有正式登记用于线虫防治的产品。

（5）适宜作物和防治对象。毒性较高。属于国家规定在蔬菜、果树、茶叶、中草药材上不得使用和限制使用的高毒农药。在黄瓜、豆类、白萝卜、胡萝卜、芹菜等蔬菜作物的无公害生产中不能使用。适用于香蕉、菠萝、棉花、花生、马铃薯、烟草、柑橘、葡萄、可可、咖啡、啤酒花、草坪、大豆及观赏植物等。克线磷药效广谱，对多种线虫防效良好，能有效地防治根结线虫、穿孔线虫、胞囊线虫、马铃薯金线虫、半穿刺线虫、茎线虫、肾形线虫、短体线虫、矮化线虫、螺旋线虫、盾线虫、拟环线虫、刺线虫、针线虫、毛刺线虫、剑线虫和滑刃线虫等。

6. 硫线磷（cadusafos） 硫线磷又名克线丹（sebufos）、Rugby、ebufos。化学名称：O-乙基-S，S-二仲丁基二硫代膦酸酯。英文通用名称：cadusafos。CAS登录号为［95465-99-9］。

（1）理化性质。原油（有效成分含量为92%）为黄色清亮液体。相对密度1.054（20/4℃），蒸汽压0.12Pa（25℃），闪点129.4℃。微溶于水（0.25g/L），可溶于一般有机溶剂，在酸性水溶液中稳定，在碱性水溶液中很快降解。常温储存稳定性为一年，50℃时可储存3～6个月。对光、热稳定。

（2）产品毒性。高毒。

（3）作用特点和原理。硫线磷是触杀性的杀线虫剂，无内吸性，是一种胆碱酯酶抑制剂，是当前较理想的杀线虫剂。硫线磷无熏蒸作用，水溶性及在土壤中的移动性较低，在沙壤土和黏土中半衰期为40～60d。

（4）登记和生产情况。剂型多样。主要剂型为10%颗粒剂，在我国登记的杀线剂的为颗粒剂。5%含量登记作物为黄瓜，防治对象为根结线虫；10%含量登记作物为甘蔗和柑橘，防治对象为线虫和根结线虫（详见附件4 我国正式登记的线虫防治药剂）。

（5）适宜作物和防治对象。主要剂型为5%颗粒剂，适于防治柑橘、菠萝、咖啡、香蕉、花生、甘蔗、烟草及麻类作物。对根结线虫、短体线虫、毛刺、肾形等线虫有良好防效。

7. 丰索磷（fensulfothion） 丰索磷又名线虫磷、苯胺磷或葑硫松。商品名：Dasanit、Terracur P、Terracur。其他名DMSP。化学名称：O，O-二乙基O-4-甲基亚硫酰基苯基硫代膦酸酯。英文名O，O-diethyl-O-4-methylsulfinylphenyl phosphorothioate。CAS登录号为［115-90-2］。

（1）理化性质。黄色油状液体。沸点138～141℃（1.33Pa）。相对密度1.202（20/4℃）。折射率1.540。25℃水中溶解度1.54g/L，可溶于大多数有机溶剂。易被氧化成砜，并异构化成S-乙基异构体。

（2）产品毒性。剧毒。

（3）作用特点和原理。为杀虫剂和杀线虫剂。可防治游离线虫、胞囊线虫和根结线虫等。

（4）登记和生产情况。制剂有10%粉剂，2.5%、5%、10%水分散粒剂，25%可湿性粉剂，60%液剂，是由Bayer AG开发的杀线虫剂。目前在国内没有正式登记的防治线虫的产品。

（5）适宜作物和防治对象。可用于香蕉、可可、禾谷类、棉花、马铃薯、草莓烟草等作物，通过土壤处理以防治游离线虫、胞囊线虫和根结线虫。

8. 虫线磷（thionazin） 虫线磷又名治线磷、硫磷嗪。商品名Nefamos、Zinophos、Cynem。化学名称：O，O-二乙基-O-吡嗪基硫代膦酸酯。英文名为thionazin。CAS登录号为［297-97-2］。

（1）理化性质。纯品为清澈至浅黄色液体（原药为暗棕色液体，纯度90%左右)。熔点－1.7℃，沸点 80℃，蒸汽压约 0.4Pa (30℃)，相对密度 1.207 (20/4℃)。27℃时水中溶解 1 140mg/L。与有机溶剂混溶。遇碱迅速分解。

(2) 产品毒性。高毒。

(3) 作用特点和原理。可有效防治植物寄生性和非寄生性线虫，如根结线虫、异皮线虫、花生线虫、柑橘线虫等。

(4) 登记和生产情况。制剂有 25%、46%乳油，5%、10%颗粒剂，巴斯夫开发的土壤杀虫杀线剂。目前在国内未有正式登记的防治线虫或蔬菜根结线虫的产品。

(5) 适宜作物和防治对象。适用于果树、蔬菜等植物。用于防治土壤害虫和线虫。如金龟子、叶甲、叩甲、花蝇、种蝇、异皮线虫、根结线虫等。

9. 除线磷 (dichlofenthion)　除线磷又名酚线磷、氯线磷。化学名称：O-二乙基-O-(2，4-二氯苯基) 硫代膦酸酯、O-2，4-二氯苯基-O，O-二乙基硫代膦酸酯、硫代磷酸-O，O-二乙基-O-2，4-二氯苯基酯。英文名：dichlofenthion。CAS 登录号为 [97-17-6]。

(1) 理化性质。无色液体。沸点 164～169℃ (1.33×10^{-2}kPa)，相对密度 1.320 (20/4℃)。易溶于多数有机溶剂和煤油中，在水中的溶解度 0.245μl/L。热稳定。除强碱外，化学性质稳定。

(2) 产品毒性。高毒。

(3) 作用特点和原理。作用于神经系统的毒剂。抑制乙酰胆碱酯酶活性。无内吸性，具有触杀作用。

(4) 登记和生产情况。20 世纪 50 年代中期出现的第一个有机磷杀线虫剂。制剂有 25%、50%、75%乳油，10%颗粒剂。曾用于防治观赏植物上的线虫，药效可维持 1～2 年之久。因用药量大，现已很少使用。目前在国内未有正式登记的杀线虫产品。

(5) 适宜作物和防治对象。可防治大豆、芸豆、瓜的种蝇，萝卜的黄条跳甲，葱、洋葱的洋葱蝇，柑橘线虫等。

10. 丁硫环磷 (fosthietan)　丁硫环磷又名伐线丹、丁环硫磷。商品名：Nem-A-tak、Acconem、Geofos。化学名称：O，O-二乙基-N-(1，3-二噻丁环-2-亚基磷酰胺)。英文名：fosthietan、Nem-A-Tak、Acconem、Geofos (ACC)。CAS 登录号为 [21548-32-3]。

(1) 理化性质。纯品为黄色液体。25℃水中溶解度为 50g/kg，蒸汽压 0.867MPa (20℃)。能溶于丙酮、氯仿、甲醇和甲苯。

(2) 产品毒性。高毒。

(3) 作用特点和原理。为广谱、内吸、触杀性有机磷杀线剂和杀虫剂，对根结线虫防治效果尤佳。

(4) 登记和生产情况。是美国氰胺公司开发的杀虫、杀线剂。剂型主要有 3%～15%的颗粒剂，25%可溶性液剂等。目前在国内未有正式登记的杀线虫产品。

(5) 适宜作物和防治对象。可土壤处理防治烟草、花生、大豆、玉米田等线虫和土壤害虫，667m² 用剂量 66.7～333.4g。

11. 涕灭克（aldicard） 涕灭克又名铁灭克、涕灭威。化学名称：O-（甲氧氨基甲酰基）-2-甲基-2-甲硫基丙醛肟。英文名称：aldicard、Ambush、Temix、Sanacarb。CAS 登录号为［116-06-3］。

（1）理化性质。纯品为有硫黄味的白色结晶。相对密度 1.195（25/20℃）、熔点 98～100℃。在水中溶解度为 0.6%，可溶于丙酮（400g/L）、氯仿（350g/L），甲苯（100g/L，20℃）苯等有机溶剂，几乎不溶于己烷。除对强碱外，它是稳定的，对金属容器、设备没有腐蚀性，不易燃。

（2）产品毒性。高毒。

（3）作用特点和原理。涕灭克是一种氨基甲酸酯类杀虫、杀螨及杀线剂，毒性高毒。对害虫具有触杀、胃毒和内吸杀虫作用。施入土壤后，该药能被植物根系吸收，经木质部传导到地上的茎叶，因此对作物地下害虫、线虫以及各种地上为害茎叶的害虫均有良好防效。药剂进入动物体后，由于其结构上的甲基氨基甲酰肟和乙酰胆碱类似，能阻碍胆碱酯酶的反应，能强烈抑制胆碱酯酶活性。涕灭克对根结线虫防效好，见效快。但是机理不完全清楚。此外，该药剂速效性好，一般在施药后数小时即能发挥作用，药效可持续 6～8 周。

（4）登记和生产情况。20 世纪 60 年代出现的著名氧基甲酸酯类药剂，是拜尔公司开发的杀虫、杀螨和杀线剂。以颗粒剂形式土壤施药较为安全。规格有 2%、5%、10%、15%颗粒剂，在许多国家广泛使用。在国外登记的作物主要为棉花、花生、马铃薯、橡胶和果树。目前在我国登记的是 15%颗粒剂，登记作物为棉花、花卉、烟草和花生（详见附录 4 我国正式登记的杀线虫剂）。

（5）适宜作物和防治对象。该药毒性高。属于我国规定在蔬菜、果树、茶叶、中草药材上不得使用和限制使用的高毒农药范畴，在茄果类、黄瓜、豆类、白萝卜、胡萝卜、芹菜等蔬菜作物的无公害生产中不能使用。可用于玉米、花生、棉花、甜菜、马铃薯、甘薯、观赏园林和花卉上，防治蚜虫、蓟马、螨类和线虫等。

12. 克百威（carbofuran） 克百威又名呋喃丹、大扶农、虫螨威。商品名：Curaterr、Furadan、Agrofuran、Carbodan、Carbosip、Cekufuraan、Furacarb、Fury、Terrafuran，化学名称：2，3-二氢-2，2-二甲基-7-苯并呋喃基甲氨基甲酸酯。英文名称：carbofuran。CAS 登录号为［1563-66-2］。

（1）理化性质。纯品为无色晶体，无味，无臭。熔点 150～153℃，相对密度 1.18，沸点 200℃，蒸汽压 0.031MPa（20℃）、0.072MPa（25℃）。25℃时在水中溶解度 700mg/L，在丙酮中的溶解度 15%，乙腈中 14%，苯中 4%，环乙酮中 9%，二甲基亚砜中 25%，二甲基甲酰胺中 27%。无腐蚀性，对热、光、酸均稳定，但在碱性介质中不稳定。

（2）产品毒性。高毒。

（3）作用特点和原理。克百威是广谱性杀虫、杀线虫剂，具有触杀和胃毒作用。它与胆碱酯酶结合不可逆，因此毒性甚高。能被植物根部吸收，并输送到植物各器官，以叶缘最多，果实中较少。土壤处量残效期长，可用于多种作物上多种害虫的防治，也可专门用作种子处理剂使用。克百威对根结线虫防效好，见效快。但是，克百威毒性较大，给环境造成严重负面作用。美国环保局估计，每年死于含克百威的颗粒状农药剂型的鸟类超过100万只，因此，该局1994年禁止粒状克百威农药的应用。而其液体剂型未被禁用，目前还用于保护苜蓿、大豆等农作物。据报道，美国近年打算全面禁止克百威的登记。因为含有这种物质的所有农药剂型与其对于一些作物的保护作用相比，其对人类健康及野生动植物的危害要大得多。但是，国外许多农场主反映，目前还没有任何其他农药在发生一些病虫害时能像克百威那样药到病除。如果全面禁用克百威的话，势必农业经济造成较大影响。

（4）登记和生产情况。最初，FMC（富美实）和拜尔公司开发的杀虫、杀螨、杀线虫剂，主要剂型75%原粉、35%种子处理剂、3%颗粒剂。目前在我国主要登记作物为花生，剂型为3%颗粒剂，防治对象为线虫和根结线虫（详见附录4　我国正式登记的杀线虫剂）。施药方式为拌土集中施药，严禁喷施使用。

（5）适宜作物和防治对象。该药毒性高。属于我国规定的19种在蔬菜、果树、茶叶、中草药材上不得使用和限制使用的高毒农药范畴，在蔬菜作物的无公害生产中不能使用。适宜作物有花生、玉米、马铃薯、棉花、水稻、甘蔗、大豆、茶树、香蕉、谷物、咖啡和烟草等，可用于防治地上和地下几乎所有害虫和各种线虫。

13. 丁硫克百威（carbosulfan）　丁硫克百威又名丁硫威、好安威、好年冬、丁呋丹、丁基加保扶、克百丁威。化学名称：2，3-二氢-2，2-二甲基苯并呋喃-7-基（二丁基氨基硫）N-甲基氨基甲酸酯，或2，3-二氢-2，2-二甲基-7-苯并呋喃-N-（2-正丁氨基硫基）-N-甲基氨基甲酸酯。英文名称：Carbosulfan。CAS登录号为[55285-14-8]。

（1）理化性质。褐色黏稠液体。熔点124～128℃，蒸汽压0.041×10^{-3}Pa，相对密度1.056（20/4℃）。能与丙酮、乙醇、二甲苯互溶，在水中溶解度为0.3mg/L。分配系数为157（pH7.05）。在水中分解较快，pH<7易分解成呋喃丹。在日光下，5μg/mL丁硫克百威在pH7的缓冲溶液中，半衰期为1.4d，在蒸馏水中为4～8d。

（2）产品毒性。丁硫克百威是克百威的低毒化衍生物，是克百威低毒化品种。

（3）作用特点和原理。具有较高的内吸性和广谱性的氨基甲酸酯类杀虫、杀螨、杀线虫剂。该药剂与呋喃丹杀虫活性相当，具有胃毒和触杀作用。高效、脂溶性、内吸性好、残效长、作用迅速，其毒性比呋喃丹低得多，对作物无药害，对环境和人、畜安全。丁硫克百威在生物体内先代谢成呋喃丹再发挥其药效作用，使靶标生物致死。可用于蔬菜上多种害虫的综合防治。

（4）登记和生产情况。主要剂型有5%颗粒剂（商品名好年冬）、20%乳油、35%种子处理剂，是一种高效、广谱、低毒化的氨基甲酸酯类杀虫、杀螨、杀线虫剂。目前，在我国有在黄瓜和番茄上登记的5%丁硫克百威，登记防治对象为线虫（详见附录4　我国正式登记的杀线虫剂）。

（5）适宜作物和防治对象。用于防治柑橘、果树、棉花、水稻作物的蚜虫、螨、金针虫、甜菜隐食甲、马铃薯甲虫、茶微叶蝉、梨小食心虫、苹果卷叶蛾等多种害虫，以及蔬菜根结线虫。

14. 杀线威（oxamyl） 其他名称：甲氨叉威、Vydate、万强、草安威、草肟威。化学名称：O-甲基氨基甲酰基-1-二甲氨基甲酰-1-甲硫基甲醛肟，英文名称：N′，N′-dimethylcarbamoyl（methylthio）methylenamine N-methylcarbamate。CAS 登录号为［23135-22-0］。

（1）理化性质。白色结晶，略带硫的臭味。熔点 101～103℃，相对密度 0.97（25/4℃），蒸汽压 0.051mPa（25℃）。在水中溶解度为 280g/L（25℃），在有机溶剂中的溶解度（g/kg，25℃）为丙酮 670、乙醇 330、甲醇 1 440、甲苯 10。化学性质较稳定，水溶液分解缓慢。

（2）产品毒性。高毒。

（3）作用特点和原理。氨基甲酸肟酯类杀虫、杀线虫剂，内吸性杀虫剂。主要是通过抑制生物体的乙酰胆碱酯酶起作用。被植物根部或叶部吸收后，可在植物体内吸收传导，也可保留在土壤中对线虫起作用，土壤中残效期可达 20d。

（4）登记和生产情况。剂型有 24%可湿性粉剂及油剂、10%颗粒剂。目前在国内未有正式登记的杀线虫产品。

（5）适宜作物和防治对象。马铃薯、柑橘、大豆、花生、烟草、棉花、甜菜、苹果、观赏植物以及蔬菜等。可用于防治蚜虫、叶甲、叶蝉、鳞翅目幼虫、潜叶蝇、蓟马等，对根结线虫防效良好。

15. 阿维菌素（avermectins） 阿维菌素又名爱福丁、7051 杀虫素、虫螨光等。英文名称：avermectins。CAS 登录号为［71751-41-2］。

（1）理化性质。阿维菌素，是一类十六元大环内酯化合物。具有杀虫、杀螨、杀线虫活性。阿维菌素由链霉菌中灰色链霉菌（*Streptomyces avermitilis*）发酵产生，天然阿维菌素（Avermectins）中含有 8 个组分，主要有 4 种，即 A_{1a}、A_{2a}、B_{1a} 和 B_{2a}，其总含量≥80%，其余对应的 4 个同系物总含量≤20%。仿生合成的阿维菌素原药精粉为白色或黄色结晶（含 B_{1a}≥90%），相对密度 1.16，熔点 150～155℃，蒸汽压<200nPa。溶解度，21℃时在水中 7.8μg/L、丙酮中 100、甲苯中 350、异丙醇中 70，氯仿 25（g/L），常温下不易分解；在 25℃时，pH 5～9 的溶液中无分解现象。

（2）产品毒性。高毒。

（3）作用特点和原理。阿维菌素对昆虫和螨类具有杀灭作用，有微弱的熏蒸作用，无内吸性。其作用方式及特点为触杀、胃毒。但胃毒活性更佳。施药后 2～3d 杀虫效果达到最高峰，残效期 7～15d（徐丽君，2008）。喷施叶表面的阿维菌素可迅速分解消散，但阿维菌素渗透力强，渗入植物薄壁组织的活性成分可较长时间地存在于植物组织中，并有传导作用，这种作用决定了它对害螨和植物组织内取食为害的昆虫的长残效性。阿维菌素能杀死表皮下的害虫，杀死藏在叶内的潜叶幼虫，抑制新生的幼虫潜入叶内。但是不杀卵。其作用机制与一般杀虫剂不同的是它干扰神经生理活动，刺激释放 r-氨基丁酸，而 r-氨基丁酸对节肢动物的神经传导有抑制作用，螨类成、若螨和昆虫与幼虫与药剂接触后即出现麻痹症状，不活动不取食，2～4d 后死亡。因不引起昆虫迅速脱水，所以它的致死作用较慢。但因植物表面残留少，故对益虫的损伤小。阿维菌素在土内易被土壤吸附，对根结线虫作用明显，但土壤中的药剂易被微生物分解。朱卫刚等（2008）室内毒力测定结果表明，1.8%阿维菌素 EC 对南方根结线虫具有很强的杀线活性，LC_{50} 达 1.48 mg/L，活性明显高于对照药剂 10%噻唑膦 GR（颗粒剂）；而范鸿雁等（2006）田间试验研究表明，10% 噻唑磷 GR 对根结线虫的防治效果不仅显著高于阿维菌素等其他药剂，而且持效性更长。理论上由于阿维菌素原药本身高毒，其原药室内毒力高也合理。但是，室内毒力不能完全等于田间防治效果。

阿维菌素最初由日本北里大学大村智等和美国 Merck 公司首先开发的。我国 20 世纪 80 年代末开始相关工作，1993 年北京农业大学新技术开发总公司立项研究并生产开发此药。Avermectins 一直是生物农药市场中最受欢迎和具激烈竞争性的产品之一，其主要成分以 abamectin 为主（Avermectin B_{1a}+B_{1b}，其中 B_{1a}不低于 90%、B_{1b}不超过 5%），以 B_{1a}的含量来标定。当前，Avermectins 在我国有 10 余家企业生产，已经取得农药正式登记的企业有 11 家。市售的 Avermectins 系列农药有阿维菌素油膏、阿维菌素精粉、伊维菌素精粉和甲氨基阿维菌素苯甲酸盐精粉。阿维菌素油膏，是阿维菌素精粉提炼后的附属品，为二甲苯溶解乳油装，含量在 3%～7%之间。

（4）登记和生产情况。当前阿维菌素剂型和商品名繁多。主要剂型有 0.5%、0.6%、1.0%、1.8%、2%、3.2%、5%乳油，0.15%、0.2%高渗，1%、1.8%可湿性粉剂，0.5%高渗微乳油等。目前在我国蔬菜上登记（登记作物为黄瓜）的为 5%的颗粒剂（详见附录 4　我国正式登记的杀线虫剂）；商品名主要有爱诺虫清、土线散、除虫菌素、爱福丁、7051 杀虫素、虫螨光、绿菜宝、虫螨克、阿巴丁、害极灭、齐墩螨素、螨虫盖特、虫螨克、螨虱净、毒虫丁、菜蛾灵、菜虫星、菜宝、菜农乐、杀虫丁等。有的与其他成分混配登记，如阿维·丁硫（阿维菌素+丁硫克百威），又名卫根；苦豆子水提取物和阿维菌素复配又名阿罗蒎兹。阿维菌素原药高毒，制剂中到低毒，对作物较安全，用药安全期约为 20d。

（5）适宜作物和防治对象。适宜于蔬菜、柑橘、棉花等作物。可用于小菜蛾、潜叶蛾、红蜘蛛等地上害虫，也可用于土壤线虫的防治。

二、蔬菜根结线虫病化学防治技术

在蔬菜生产的各个时期（间休期、育苗期和生长期）都可采取化学措施防治根结线虫病害。不同种类的杀线剂特性不同，处理所需时间不同，效果也不同。因此，实际生产中应根据实际需求选用适合的化学药剂，一方面要考虑药剂本身的特性和作用方式，另一方面要充分考虑投入产出比，兼顾短期利益和长期效益。

(一)蔬菜生产间休期化学药剂熏蒸

熏蒸技术通常在蔬菜种植前(上茬和下茬之间的间休期)应用。不同的土壤熏蒸药剂实际防效不同。但应用方法和步骤大同小异:清洁田园、深翻土壤、均匀施药、覆盖地膜、密封处理、揭膜散气、播种移栽。在具体实施时应做好三要:一要深翻并疏松土壤,至少深耕30cm;二要尽量施药均匀,包括水平方向和垂直方向都要均匀;三要覆盖并密封塑料膜。同时注意几个环节:高温季节结合太阳能高温消毒技术应用效果更佳;密闭处理完毕应充分散气,必要时可以试种作物安全后再进行生产。此外,处理完毕还应注意及时向土壤施用大量有益微生物菌肥,以尽快构建土壤有益微生物优势菌群。

1. 石灰氮高温消毒

(1)使用建议。

①使用时间。一般在蔬菜生产间期。北方地区最好在春茬作物产后的6~8月份使用。这段季节温度高,有利于石灰氮在土壤中的分解和扩散。不建议在冬季或温度较低的季节使用。具体施药时,应选择4~10时或16~20时,充分避开曝晒时段,以保障安全。

②使用方法。将石灰氮均匀撒施在土表,然后用旋耕机均匀混入土壤耕作层。使用时若将石灰氮和粉碎的作物秸秆或者牛粪等农家肥混合使用效果更理想。作物秸秆和农家肥的用量可视情况而定,均匀混入到土壤耕作层。

③使用剂量。种植的作物不同,石灰氮用量也有差别。出于使用成本、作物类型、上茬作物病害程度和土壤中根结线虫基数等因素考虑,针对根系发达的大型蔬菜,如番茄、黄瓜、茄子等茄果和瓜果类作物,可适当加大用量;对于十字花科蔬菜、菠菜、芹菜等中、小型、但是又相对敏感的作物可适当减少用药量(表6-4)。

表6-4 不同类作物使用石灰氮推荐用量

作物种类	每667m^{2}推荐用量(kg)	备注
茄果类蔬菜	40~70	作物感病,受害较重
瓜类蔬菜	30~60	作物感病,受害较重
十字花科蔬菜	30~70	作物感病,受害中等
菠菜、芹菜、生菜等	30~50	作物感病,受害较重
葱、姜、蒜、韭菜	30~40	作物受根结线虫危害较轻

④土壤湿度。石灰氮处理期间土壤耕作层(30cm深度)相对湿度保持最好在60%~70%之间。可以在施药前先通过灌水调整好土壤湿度,等土壤湿度适宜后再进行施药、覆膜密闭熏蒸处理。这种处理有利于充分诱导土壤中线虫卵的发育和孵化,有助于提高杀灭效果。

（2）使用方法和操作步骤。

①上茬作物收获完毕，及时、彻底清理田间植株残体和其他生产垃圾，包括作物地上植株体和地下所有根部以及杂草，将其移出温室或大棚，并集中无害化消毒处理。

②使用旋耕机或其他措施平整土地，通过灌水等措施调整土壤湿度，待土壤湿度为60%～70%时即可进行熏蒸处理（图6-37）。

③将石灰氮颗粒剂均匀撒施在土壤表层，具体用量可根据作物类型参考表6-4，若病害严重可适当加大用量。随后撒入农家粪肥或粉碎的作物秸秆等有机物。

图6-37　石灰氮消毒

④撒施完毕后，尽快用旋耕机等农机具将石灰氮连同有机粪肥均匀地深翻入土壤耕作层，深度25～35cm。具体深度可根据下茬作物而定。对于小型叶菜类蔬菜，25cm深度即可；若是茄果类和瓜果类蔬菜，翻耕深度至少应在30cm。

⑤南北向起垄做畦，垄应尽量窄而高，以最大限度增加土壤吸热面积。

⑥覆膜密封，用透明无破损塑料膜将垄和沟完全封闭。若在温室内处理，可同时拉上温室塑料膜，将温室完全封闭，以提高温度。密闭处理15d左右，具体可视天气而定。晴好的高温天气可适当缩短，阴天、下雨的低温天气可适当延长处理时间。

⑦揭膜晾晒。消毒完成后揭开塑料膜，及时翻耕土壤，翻耕深度以30cm左右，不超过施药时翻耕的深度，以免把土壤深层的有害生物翻到地表。晾晒3～5d后即可播种或定植。若是处理时药量较大，不确定安全与否，可采取局部试种（栽）的方法确定安全后再行大面积种（栽）植。

（3）注意事项。

①石灰氮发挥作用一般应具备高温、密闭和适宜湿度等几个关键条件。因此，石灰氮最好是在高温的夏季收获清园后施用，充分结合太阳能进行土壤消毒。

②石灰氮最好与其他技术配合使用，以提高防效。如针对病害重的田块，在消毒完成后或定植前再施用淡紫拟青霉或阿维菌素等以提高防效。

③石灰氮是强碱性物质，在实际应用时应充分考虑其对土壤酸碱度的影响，尤其是我国北方大部分地区土壤都偏碱性，以防应用后土壤pH进一步提高。实际操作时可以和牛粪等酸性物质相结合使用，在避免或减少pH升高的同时进一步提高防效。

④使用时应注意尽量防止药剂粉末随风飞落到其他邻近作物叶片上以免产生药害。石灰氮是强碱性物质，与有机肥、草木灰、过磷酸钙、尿素混合施用作基肥，不能与氨态氮（硫铵、碳铵及含硫铵、碳铵的复混肥）肥料混用，以免造成养分流失。

⑤石灰氮分解产生的氰胺对人体有害，在使用石灰氮前后 24h 内严禁饮酒。若药剂黏附到皮肤和眼睛应立即用大量清洁流水冲洗，并去就医。若有中毒事件发生应立即就医。打开后未使用完的药品应密封保存，存储在阴凉、干燥处，远离儿童和家禽、家畜。

⑥未经培训人员不要单独使用，可在农业技术人员或者公司专业人员的培训或指导下使用。使用时尽量穿防护衣物，佩戴手套和防毒面具，以免药肥接触皮肤或吸入体内。

2. 溴甲烷密闭熏蒸

（1）使用建议。

①使用时间。一般在蔬菜生产间期应用。北方地区最好在春茬作物产后的 6～8 月份使用。这段季节温度高，有利于溴甲烷在土壤中的挥发和扩散。由于溴甲烷穿透力强，在不得已的情况下，冬季或温度较低的季节也可以使用。具体到施药当天，应选择早晨 4～10 时，或下午 16～20 时，充分避开温度较高的时段。

②使用方法。将土壤深耕疏松，地表覆盖薄膜密闭熏蒸。要用透明的聚乙烯薄膜覆盖（无滴膜更好），厚度为 0.1mm，薄膜周边宽度要比消毒地块宽出 1m 左右。溴甲烷有两种包装：一是钢瓶装，规格有 15kg、25kg、40kg、100kg 和 150kg，钢瓶收取押金，回收使用；二是一次性马口铁听罐包装，681g/听、454g/听。包装内溴甲烷通常为 7～8 个大气压。为了使用安全，98%的商品溴甲烷中一般需加入 2%的氯化苦作催泪剂，用作预警。对于钢瓶装的溴甲烷使用时应配备蒸发器，可使用普通 600mL（重量约 1kg，可消毒 $20m^2$）以上的玻璃啤酒瓶，每个蒸发器准备 1 根约 2m 长的聚乙烯导药管（不能用聚氯乙烯或橡胶管），导管的粗细要求其内径能与盛装溴甲烷的钢瓶接口相适应。

③使用剂量。使用时应参考产品使用说明书。每平方米溴甲烷用量约 50～80g，每 $667m^2$ 用量 33～53kg。针对上茬作物病情和土壤中的线虫基数，上茬病情越重，土壤中线虫虫口基数越大，使用的剂量可适度增大。

④碘甲烷、硫酰氟等在常温常压下均为气体，在实际使用时可参考溴甲烷的使用方法。目前，这些产品在国外甚至一些发达国家已经正式登记并应用，我国尚未有正式登记应用于蔬菜线虫病害防治的相关产品。

（2）使用方法和操作步骤。

①上茬作物收获完毕，及时、彻底清理田间植株残体和其他生产垃圾，包括作物地上植株体和地下所有根部以及杂草，将其移出温室或大棚，并集中无害化消毒处理。

②使用旋耕机翻耕土壤 30cm 深度，并使土壤疏松，平整，粉碎，没有大土块。

③通过灌水等措施调整土壤湿度至 60%～70%。同时，在需要熏蒸的地块四周开挖 15～20cm 深的压膜沟。

④布放施药点。1）对于钢瓶包装的溴甲烷，事先准备按照每 $667m^2$ 33 个 630mL 玻璃啤酒瓶的用量准备蒸发器，并在 600mL 位置作出标记，每 $20m^2$ 放置 1 个，瓶子

的一半埋入土中，瓶口略向外倾斜，以便于放药结束后抽出导药管。将导药管的一端插入啤酒瓶口内5～10cm处，其余部分引出熏蒸地块，并用土埋固定。伸出熏蒸地界的导管长度应保持在80cm左右，以便于钢罐内溴甲烷液体流入蒸发器内。最后在蒸发器瓶口的位置用竹竿撑出一定空间，以便于放药完毕导管的抽出以及抽出后溴甲烷的有效挥发和扩散。2）针对马口铁听装溴甲烷，不需要另外准备蒸发器和导药管，直接按照每平方米50～80g的用量将其均匀地摆放于熏蒸地块。之后再挖一个深度20cm左右、直径30cm见方的坑，并用无任何破损的双层聚乙烯塑料膜垫在底部，膜周边延伸至坑外。同时，在坑的最底部放置一块扎有3根钢钉（呈品字形分布）的小木板，钢钉尖头向上。再将听装溴甲烷轻轻置于坑底木板的三根铁钉之上。

⑤覆膜。将无破损的塑料膜覆盖在需要熏蒸的土壤表面，薄膜周边宽度要比消毒地块宽出1m左右。将塑料薄膜四周的膜边反埋入事先挖好的压膜沟内，保证膜下体系封闭。对于钢瓶包装的溴甲烷处理，同时将导药管压于膜下通过压膜沟引出密闭体系之外，以便于放药。

⑥放药。1）对于钢瓶包装的溴甲烷，准备完好后取下溴甲烷钢瓶保护帽，换上接头，将导药管与接头连接。开启钢瓶阀门，使液态溴甲烷沿导药管流入薄膜下的蒸发器中，当溴甲烷达到作标记处时，立即关闭阀门。从钢瓶上拔下导药管，并慢慢地把导药管从棚内抽出，注意动作要轻缓以免碰倒蒸发器。同时，再次踩紧压实抽取导管处的压膜沟。如此，再进行下一施药点继续放药。2）针对马口铁听装溴甲烷，垫上柔软的棉布在膜上压挤膜下的瓶罐，直至瓶罐下面的铁钉刺穿瓶壁，此时有罐内液体流到施药点坑内的塑料膜上，进而挥发。

⑦一般密闭处理2～3d（48～72h）。具体可视天气而定。阴天、下雨的低温天气可适当延长处理时间。

⑧揭膜晾晒。消毒完成后揭开塑料膜，撤掉施药设备，及时翻耕土壤，翻耕深度以30cm左右，不超过药剂翻耕的深度为宜。晾晒5～7d，即可播种或定植，若是开始用药量较大，不确定安全性，可采取局部试种（栽）的方法确定安全后再行大面积种（栽）植。

（3）注意事项。

①溴甲烷最好在高温的夏季收获清园后施用，充分结合太阳能进行土壤消毒。若在保护地内消毒，最好不要密闭整个保护地棚室，以免发生中毒危险。

②使用时尽量穿防护衣物，佩戴手套和防毒面具，以免药肥接触皮肤或吸入体内。操作完毕应尽快离开现场。

③未经培训的人员不要单独使用本品，应在专业人员的培训或指导下使用。

3. 棉隆密闭熏蒸

（1）使用建议。

①使用时间。一般在蔬菜生产间期应用。北方地区最好在春茬作物产后的6～8月份使用。高温季节，有利于棉隆在土壤中的分解和扩散。不建议在冬季或温度较低的季节使用。具体到施药当天，应选择4～10时或16～20时，充分避开曝晒时段。

②使用方法。将棉隆均匀撒施在土表，然后用旋耕机均匀混入土壤耕作层。具体使用时，棉隆可以采取均匀撒施或集中沟施处理土壤；也可以对堆肥进行处理（表 6 -5）。

表 6-5 不同处理方式棉隆用量和用法

	10℃	20℃	30℃
沟施	沟深 20～30cm，667m^2 用量 6～8kg，熏蒸 12d，揭膜透气 8d，松土 1～2 次	沟深 20～30cm，667m^2 用量 6～7kg，熏蒸 10d，揭膜透气 6d，松土 1～2 次	沟深 20～30cm，667m^2 用量 5～6kg，熏蒸 7～10d，揭膜透气 4d，松土 1～2 次
撒施	深度 20～30cm，667m^2 用量14～17kg，熏蒸 12d，揭膜透气 8d，松土 1～2 次	深度 20～30cm，667m^2 用量 13～16kg，熏蒸 10d，揭膜透气 7d，松土 1～2 次	深度 20～30cm，667m^2 用量 12～15kg，熏蒸 7～10d，揭膜透气 4d，松土 1～2 次
堆肥	每立方米土壤或介质用量 150～300g，翻动均匀，然后覆膜，7～10d 后揭膜，翻动 1～2 次	每立方米土或介质用量 120～260g，翻动均匀，然后覆膜，7～10d 后揭膜，翻动 1～2 次	每立方米土壤用量 100～250g，翻动均匀，然后覆膜，3～7d 后揭膜，翻动 1～2 次

③使用剂量。处理模式不同，施药量差别较大。同时，针对下茬所要种植作物的不同，棉隆的用量也有差别。出于使用成本、作物类型、上茬作物病害程度和土壤中根结线虫基数等因素考虑，针对根系发达的大型蔬菜，如番茄、黄瓜、茄子等茄果和瓜果类作物，可适当加大用量或者采用沟施的集中处理方法；对于十字花科、菠菜、芹菜等中、小型，根系不太发达的作物，土壤处理深度可控制在 25cm 左右，采取分散施药的方法进行处理。

④土壤湿度。棉隆处理期间土壤耕作层（25cm 深度）保持相对湿度最好在 60％～70％之间。可以在施药前先通过灌水调整好土壤湿度，等土壤湿度适宜后再进行覆膜密闭熏蒸处理，这样也有利于诱导土壤中线虫卵的发育和孵化，有助于提高杀灭率。

（2）使用方法和操作步骤。

①上茬作物收获完毕，及时、彻底清理田间植株残体和其他生产垃圾，包括作物地上植株体和地下所有根部以及杂草，将其移出温室或大棚，并集中无害化消毒处理。

②通过灌水等措施调整土壤湿度在 60％～70％之间。

③施药。可根据具体情况选择下面二两种中的任一种。a. 分散施药。将熏蒸剂均匀撒施在要消毒的土壤表面。使用旋耕机翻耕土壤 30cm 深，并使土壤疏松，平整，粉碎，没有大土块。b. 集中施药。在种植垄上开沟 20～25cm 深，将棉隆均匀施入沟内，并立即覆盖土壤。

④施药完成后，应立即将塑料膜四周埋入 15～20cm 深的压膜沟内，压实。

⑤密闭熏蒸，参考产品使用说明书指导。具体根据外界环境和土壤温、湿度，适当延长或缩短消毒时间。通常外界环境和土壤温度越低，密闭熏蒸的时间应越长。

⑥晾晒通风。熏蒸结束后，揭开薄膜通风透气，通风期间可松土 1～2 次以确保土壤中没有残留气体。必要时可做种子发芽试验，确定安全后即可进行播种或移栽。

（3）注意事项。

①在施药处理前要求土壤疏松，无大土块，土壤温度在 6℃以上，最好在夏休季节应用，与太阳能高温消毒相结合效果更好。

②药剂施入土壤后后应立即均匀混入土壤，深度 30cm 左右，并立即盖膜密封。

③消毒后松土不能超过原施药深度，透气 7d 后才能种植作物。

④尽量避免药剂长期接触皮肤，禁止接触眼睛或黏膜。作业时应戴橡胶手套，穿长靴。操作后用肥皂和清水充分洗涤受污染的皮肤。凡施药用过的靴子、手套等，以及操作机械，作业之后应充分清洗。

⑤药剂对鱼有一定毒性，尽量不在供水区使用。

4. 威百亩密闭熏蒸

（1）使用建议。

①使用时间。一般在蔬菜生产间期应用。北方地区最好在春茬作物产后的 6～8 月份使用。高温季节，有利于威百亩在土壤中分解和扩散。不建议在冬季或温度较低的季节使用。具体到施药当天，应选择 4～10 时或 16～20 时，充分避开曝晒时段。

②使用方法。1）注射施药。采用注射器将药液注入需处理土壤内。2）沟施。将药液集中施用于事先开好的沟内。3）滴灌施药。借用节水滴灌系统将药液配成 4%以上的有效含量，随水滴灌，用量 30～50L/m^2。

③使用剂量。处理模式不同，防治对象不同，使用剂量有很大差别。一般使用有效成分用量约 35mL/m^2，折合 35%水剂量为 100mL/m^2，防治根结线虫时需提高至 150～200mL/m^2。

④土壤湿度。威百亩处理期间土壤耕作层（25cm 深度）保持相对湿度最好在 60%～75%之间。可以在施药前先通过灌水调整好土壤湿度，土壤湿度适宜后再进行覆膜密闭熏蒸处理。这样有利于诱导土壤中线虫卵的发育和孵化，有助于提高杀灭率。

（2）使用方法和操作步骤。

①参考上述“石灰氮高温消毒技术”，进行使用前准备工作，将土壤湿度调整至 60%～70%。

②施药。可根据具体情况选择下面三种中的任一种。a. 注射施药。施药深度 15～20cm，施药密度每个注射点前后左右间隔 30cm。b. 沟施。沟深 15～20cm，沟距 25～30cm。c. 滴灌施药。一般在作物生长期应用。

③盖膜。一般情况下应边施药边盖膜。以最大限度地减少药液挥发。

④密闭熏蒸。参考产品使用说明书指导。一般情况下密闭熏蒸10～15d。具体根据外界环境和土壤温湿度，适当延长或缩短消毒时间。通常外界环境和土壤温度越低，密闭熏蒸的时间应越长。

⑤晾晒通风。熏蒸结束后，揭开薄膜通风透气，确保土壤中没有残留气体，安全后即可进行播种或移栽。

（3）注意事项。

①在施药处理前要求土壤疏松，无大土块，土壤温度在6℃以上，最好在夏休季节应用，与太阳能高温消毒相结合效果更好。

②药液使用时应现配现用。

③威百亩和多种金属起化学反应，应尽量避免使用金属器具。

④不能与波尔多液、石硫合剂等含钙的农药混用。

⑤药剂对鱼有一定毒性，尽量不在供水区使用。

⑥使用时应穿戴好手套、面罩、防护服等防护工具，避免危害人体。若遇不适应及时应急处理或到医院就诊。

5. 氯化苦密闭熏蒸

（1）使用建议。

①使用时间。一般在蔬菜生产间期应用。北方地区最好在春茬作物产后的6～8月份使用。高温季节，有利于氯化苦在土壤中的分解和扩散。不建议在冬季或温度较低的季节使用。具体到施药当天，应选择4～10时或16～20时，充分避开曝晒时段。

②使用方法。1）注射施药。采用注射器将药液注入需处理土壤内。2）专用机械施药。

③使用剂量。一般使用有效成分用量30～50g/m^2。

④土壤湿度。氯化苦处理期间土壤耕作层（25cm深度）相对湿度最好保持在50%～75%之间。可以在施药前先通过灌水调整好土壤湿度，等土壤湿度适宜后再进行覆膜密闭熏蒸处理。这样有利于诱导土壤中线虫卵的发育和孵化，有助于提高杀灭率。

（2）使用方法和操作步骤。

①参考上述“石灰氮高温消毒技术”，进行使用前准备工作，将土壤湿度调整至50%～75%。

②施药。通常可根据具体情况选择下面二种中的任一种。1）注射施药。施药深度15～20cm，施药密度每个注射点前后左右间隔30cm，每个注射点施药2～3mL；2）专用机械施药。施药完成时应立即覆土，压实。

③盖膜。一般情况下应边施药边盖膜。以最大限度地减少药液挥发。

④密闭熏蒸。参考产品使用说明书指导。一般情况下密闭熏蒸10～15d。具体根据外界环境和土壤温、湿度，适当延长或缩短消毒时间。通常外界环境和土壤温度越低，密闭熏蒸的时间应越长。

⑤晾晒通风。熏蒸结束后，揭开薄膜通风透气，确保土壤中没有残留气体，安全后即可进行播种或移栽。

（3）注意事项。

①严格按照产品使用说明书执行。

②在施药处理前要求土壤疏松，无大土块，土壤温度在6℃以上，最好在夏休季节应用。与太阳能高温消毒相结合效果更好。

③注意施药安全。最好在有风的天气迎风后退逆向施药。注意施药现场人员安全。对于液态药品，严禁撒施或沟施，只能按照产品适应说明进行注射、或专业机械施药。对于胶囊丸剂，采用打孔施药。

④注意药品保管安全。轻拿轻放，置于阴凉、干燥、通风的安全环境中。严禁将药品释放到环境中，严禁专卖用作其他用途。

⑤药剂对鱼有一定毒性，尽量不在供水区使用。

（二）蔬菜定植期化学药剂处理

在实际生产中，所有非熏蒸性杀线剂的施药可归结为两种方式：全面施药处理和集中施药处理。全面施药处理即对整个菜田进行施药处理，均匀撒施药剂后旋耕将其混入耕作层，防治范围广，但是用药分散，药剂利用率不高。集中施药处理即针对播种行或移栽行进行沟施或穴施的用药方式。将药剂集中施于作物根系部位，充分利用根结线虫活动范围小，且密集于根围的特点将其有效杀灭，有利于药效发挥，但只能抑制作物根围的根结线虫，垄间线虫难以防治。实际操作时，无论采用什么施药方式，用药后都必须立即进行旋耕或覆土，减少药剂在空气中的暴露时间，以免分解降低药效。乳油或水剂多采用对水喷施或浇灌，颗粒剂采用拌细土或细沙撒施的施用方式。

1. 噻唑膦等颗粒剂的使用

（1）使用建议。

①使用时间。非熏蒸性触杀剂，使用时间不受季节气候条件限制，一年四季都可以使用。一般在蔬菜播种或移栽定植的当天或头天使用。在6～8月份高温季节施药时应选择4～10时或16～20时，充分避开曝晒时段。

②使用方法。拌土穴施、沟施或撒施（图6－38）。

③使用剂量。噻唑膦（10％含量）每667m^{2}用1.5～2kg。

④土壤湿度。施药时土壤耕作层（25cm深）相对湿度最好保持在60％～70％之间。可以在施药前先通过灌水调整好土壤湿度，土壤湿度适宜后再进行覆膜密闭熏蒸处理。这样有利于诱导土壤中线虫卵的发育和孵化，有助于提高杀灭率。

⑤其他可在该时期使用的同类药剂还有0.5％阿维菌素颗粒剂、5％丁硫·毒死蜱颗粒剂、5％丁硫克百威颗粒剂、5％硫线磷颗粒剂。这些药剂都是目前在我国正式登记的能在蔬菜上使用的杀线剂。这些杀线剂的使用方法可以参考10％噻唑膦颗粒剂使用方法，使用剂量应根据产品使用说明书确定，病情严重时可适当加大用药量。

⑥3％克百威颗粒剂、5％硫线磷颗粒剂、10％硫线磷颗粒剂、5％灭线磷颗粒剂、

10%灭线磷颗粒剂、20%灭线磷颗粒剂、5%涕灭威颗粒剂、15%涕灭威颗粒剂。这些颗粒（或粉粒）型药剂也是在我国正式登记的杀线剂。但是，属于在蔬菜上禁用或限用的农药，可在登记范围内的大田作物或果树上使用，不能应用于蔬菜根结线虫病防治。

（2）操作步骤。

①清园整地。上茬作物收获完毕及时清除地上和地下所有的作物病残体，并将其集中无害化处理。

②在种苗移栽或播种前1～2周调节土壤水分，使土壤含水量达到60%～70%。将土壤均匀翻耕，粉碎大土块，进一步平整地表。

③施药模式。1）分散施药（图6－42）。将拌土混匀的药剂直接均匀的撒施在土地表面（图6－39），使用旋耕机或铁耙将其均匀混入15～25cm深土壤中，并平整地表。2）集中施药（图6－41）。先在整理平整的土地上开沟，沟深15～20cm，或先起垄，并在垄上开种植沟，沟深15cm左右。将拌土混匀的药土均匀施入种植沟内。

④种植作物。按照正常种植方式安排生产，对于集中施药的应尽快覆盖药土。

⑤苗期正常管理。

A B C D

图6－38（a） 噻唑膦颗粒剂应用

A. 施药前平整地块 B. 细土、药剂和称量工具 C. 定量称量药剂 D. 均匀拌制药土

图 6-38（b）　噻唑膦颗粒剂应用

E. 备用药土　F. 药土沟施　G. 施药的种植沟　H. 混匀药土
I. 备用种植沟　J. 移栽种苗

K

L

图 6-38（c） 噻唑膦颗粒剂应用

K. 幼苗 L. 防效（左为处理，右为未用药对照）

（3）注意事项。

①针对中小型叶菜类蔬菜，由于其生长期短，根系相对不够发达，建议采用拌土均匀撒施的方法，每 667m² 用药量为 1.5kg（10%含量）。药土施入土壤深度 15～20cm。

②针对大中型果菜类蔬菜，如番茄、黄瓜、西甜瓜等果类蔬菜，由于其生长期长，根系相对发达，根部延伸的范围较大，而且人们食用的部位主要为果实，可以适当加大用量。建议每 667m² 用 1.5～2.0 kg（10%有效含量）。采用沟施或穴施的集中施药方式。由于噻唑膦在作物体内横向和向下传导能力较弱，因此施药深度应保持在 25cm 左右，并尽量保持均匀施药（图 6-39）。太浅或者施药不均匀都易导致部分根系仍受危害（图 6-40）。

图 6-39 均匀施药——整个根系防效良好

图 6－40　不均匀施药——部分根系受害（根下部未接触药剂）

③鉴于噻唑膦药剂本身的特性，施药时应尽量均匀，集中施药后，应将药土和沟内周边土壤混合，扩大药剂接触范围，同时稀释药剂浓度以免对幼苗产生药害。

④用药量不能太大以免产生药害或残留，尤其是对于葫芦科一些敏感蔬菜更应注意控制用量；果实的采收时期尽量不提前。

图 6－41　药剂穴施

图 6－42　药剂撒施

2. 阿维·丁硫等液体药剂的使用　目前，可应用于蔬菜根结线虫病防治的液体化学药剂种类有限。在我国正式登记的防治根结线虫的化学药剂有 25％阿维·丁硫复配水乳剂，登记作物为烟草。由于两种原药都是在蔬菜上允许使用的药剂，因此，实际生产中有些农民也将 25％阿维·丁硫用于蔬菜根结线虫病害防治。在定期或播种时施药方法和步骤可参考上述“噻唑膦等颗粒剂使用技术”。使用浓度 100～200mg/kg，667m^2 用药液 50～60L，参考产品使用说明书。药液现配现用，将配制好的药液沟施或者穴施，移栽定植后尽快覆土、浇水。此外，25％阿维·丁硫也可用于蔬菜生产期灌根使用。

（三）蔬菜生长期化学药剂处理

1. 液体药剂灌根防治 当前可供应用的主要有25%阿维·丁硫复配水乳剂，其使用技术如下。

使用方法和操作步骤（图6-43）：

①在植株根部附近挖坑，坑口直径15cm，深度10～15cm，或在垄侧贴近根部沿着垄的方向开沟，沟深15～20cm。注意应尽量避免伤害植株根部。

图6-43 液体药剂灌根

A. 液体药剂配制器具 B. 定量量取药剂 C. 药剂稀释 D. 定量配制药液

E～F. 定量量取药液灌根

②准备好配药器材和工具，包括药剂、带有刻度的量杯、药剂浓度配制刻度板、竹棍、自来水等。

③根据药剂使用说明，按照推荐使用浓度和所要处理的面积用带有刻度的小量杯准确量取药剂。将量取好的药剂先倒入稍大的装有大半杯水的容器中先行稀释。

④使用浓度 100～200mg/kg，667m^2 用药液 50～60L，每株用 150～200mL。将先行稀释的药剂倒入定好量装入自来水的塑料桶中，搅拌均匀待用。所用自来水的量应根据药剂推荐使用浓度和具体施用面积推算。

⑤用量杯倒取配制好的药液，将药液倒入事先在作物根部周围或一侧挖好的坑，或者垄边根部附近的侧沟中以防外流。

⑥待药液全部渗入土壤后及时覆盖细土，以更好保护药效。

⑦灌根之后应根据具体情况适当浇水，以免产生药害。

2. 颗粒剂侧沟拌土施药防治　10％噻唑膦、0.5％阿维菌素颗粒剂、5％丁硫·毒死蜱颗粒剂、5％丁硫克百威颗粒剂、5％硫线磷颗粒剂，不仅可以在播种或定植时使用，在作物生产期也可使用。具体使用方法和步骤可参考上述“阿维·丁硫灌根防治技术”。但是应适当减少使用量，同时应注意药剂安全期，不要影响产品的采收。

这种施药方式只适合成垄种植的作物，而且作物生长期越长越适用，对于生长期较短的作物意义不大。

3. 熏蒸性药剂膜下滴灌防治　棉隆、威百亩等多种熏蒸性药剂不但可以在蔬菜生产期间进行土壤熏蒸处理，同时也可以在作物生长期间通过膜下滴灌系统随浇灌水应用。在国外一些农业发达国家，这种施药方式应用较为广泛，在保障防效的同时能大大减轻劳动强度。但是，目前在我国由于滴灌系统不完善等原因，这种施药方式还没在实际生产中广泛应用。

第六节　根结线虫病害综合治理技术在主要蔬菜上的应用

一、茄果类蔬菜根结线虫病害综合治理

茄果类蔬菜经济价值高，适区域围广，是我国种植面积较大的一类蔬菜。常见的品种有番茄、甜椒、茄子等。茄果类蔬菜受根结线虫的为害较为严重。其中番茄是对南方根结线虫最为敏感的蔬菜种类之一，受害后根部膨大畸形，严重影响产量和产品的商品价值。目前，茄果类蔬菜的栽培模式以育苗移栽为主，直播的较少。关于番茄根结线虫病害防治，研究最多，成效最显著，有多种商品化的抗性品种和抗性砧木。甜椒和茄子也已育成相应的抗根结线虫品种或砧木。茄果类蔬菜的生育时期一般较长，根结线虫病害可在产前防治。由于该类作物株型较大，而种植密度较小，因此即使在生长期间可以采用药剂灌根、拌土沟施、敏感作物诱集等多种技术进行产中防治；还可以在产后采取治理措施。

（一）品种选择

1. 番茄品种选择

（1）抗线品种。可供选择的番茄抗线品种较多，能抗除北方根结线虫以外的其他3种主要根结线虫。主要有仙客1号、仙客5号、仙客6号、佳红6号等国内品种以及其他多个国外品种。不同地区应因地制宜选择最适宜本地种植的品种。仙客系列抗线品种适合我国北方大部分地区保护地种植。

（2）抗性砧木。若选择种植常规品种，可采用抗性砧木嫁接防治根结线虫。番茄抗线砧木品种也较多，如北农茄砧、黏毛茄等。北农茄砧、黏毛茄均适合在我国北方大部分保护地栽培，具有良好抗性。

2. 甜椒品种选择

（1）抗线品种。目前可供选择的甜椒抗线品种仅有国产国禧等少数品种，能抗除北方根结线虫以外的其他3种主要根结线虫。该品种在我国山东、北京等地区保护地种植效果良好。

（2）抗性砧木。目前甜椒抗线砧木仅有格拉夫特等少数品种，格拉夫特在我国山东、北京等北方大部分保护地栽培效果良好。

3. 茄子品种选择 目前茄子还未有抗线品种。可选用抗性砧木防治根结线虫。抗线砧木仅有茄砧1号等少数品种。该砧木在我国山东、北京等北方大部分保护地栽培效果良好。

无论选用抗根结线虫品种，还是砧木，一般当茬都不再需要采用其他防治措施。若在同一田块长时间连续种植一种抗根结线虫品种，可能出现抗性减弱等现象，注意及时更换新品种。若选择常规品种，且不进行嫁接，则需要采取相应技术进行防治。

（二）健康育苗技术

选择健康饱满的种子，50～55℃条件下温汤浸种15～30min，催芽露白即可播种。苗床和基质消毒可采用熏蒸剂覆膜熏蒸，每平方米苗床使用0.5%福尔马林药液10kg（或者98%棉隆15g），覆膜密闭5～7d，揭膜后充分散气即可育苗。也可采用非熏蒸性药剂拌土触杀，每平方米苗床选择使用2.5%阿维菌素乳油5～8g或0.5%阿维菌素颗粒剂18～20g、10%噻唑膦2～2.5g。

（三）定植期防治技术

10%噻唑膦颗粒剂每667m^2 2kg拌土均匀撒施，或每667m^2 1.5kg拌土集中沟施（或穴施）。其他可选用的药剂有0.5%阿维菌素颗粒剂每667m^2 18～20g拌土撒施，或每667m^2 15～17.5g拌土沟施（或穴施）；5%硫线磷颗粒剂每667m^2 0.4～0.5kg拌土撒施，或每667m^2 0.35～0.45kg拌土集中沟施（或穴施）；5%丁硫克百威颗粒剂每667m^2 0.4～0.5kg拌土撒施，或每667m^2 0.25～0.35kg拌土穴施（或沟施）；3.2%阿维·辛硫磷颗粒剂每667m^2 0.4～0.5kg拌土撒施，或每667m^2 0.3～0.4kg

拌土沟施（或穴施）；2亿活孢子/g淡紫拟青霉每667m² 2～3kg拌土均匀撒施，或每667m² 2.5kg拌土沟施（或穴施）；2亿活孢子/g厚孢轮枝菌每667m² 2～3kg拌土均匀撒施，或每667m² 2.5kg拌土沟施（或穴施）。针对北方根结线虫防治，每667m²可采用白僵菌制剂1kg拌5～10kg土（或麦麸）穴施（或沟施）。

（四）生长期防治技术

生长期可选用下述的一种或多种技术进行根结线虫病防治。

1. 药剂拌土开沟侧施或对水灌根　尽量选用安全、高效、低毒、低残留、降解快、残效期短的药剂。10%噻唑膦颗粒剂每667m² 1.5kg或0.5%阿维菌素颗粒剂每667m² 15～17.5g、5%硫线磷颗粒剂每667m² 0.3～0.4kg、5%丁硫克百威颗粒剂每667m² 0.2～0.3kg、3.2%阿维·辛硫磷颗粒剂每667m² 0.3～0.4kg、2亿活孢子/g淡紫拟青霉每667m² 2.5kg、2亿活孢子/g厚孢轮枝菌每667m² 2～2.5kg拌土开侧沟集中施于植株根部；2.5%阿维菌素乳油2 000倍液300～500mL/株灌根。其他一些生防菌制剂可根据产品说明书发酵对水灌根。针对北方根结线虫，每667m²用白僵菌制剂1kg拌5～10kg土（或麦麸）开侧沟施药，或每667m² 1kg对水稀释600～800倍液，灌根。

2. 膜下管道滴灌　35%威百亩水剂，浓度1 000μl/L以内，药液用量30～50L/m²；棉隆、辣根素、二甲基二硫等熏蒸性药剂均可用于膜下滴灌防治。

3. 间作诱集　作物定植后1周内即可播种高敏速生叶菜作物，如油菜、菠菜等，用来诱集土壤中的线虫，20～25d拔除诱集作物，针对重病田可重复诱集。

（五）生产后防治技术

根据实际情况具体选用下述措施的一种进行处理。

1. 药剂熏蒸

（1）异硫氰酸酯类物质，98%棉隆每667m² 10～15kg、20%辣根素悬浮剂25～50g/m²、35%威百亩水剂100～150mL/m²。

（2）氯化苦原液40～60g/m²、1，3-二氯丙烯（1，3-D）液剂10～15g/m²、二甲基二硫（DMDS）每667m² 40～50kg、硫酰氟20～30g/m²、碘甲烷等20～30g/m²。

（3）混合熏蒸。将氯化苦和其他熏蒸剂混用，对以根结线虫为代表的多种土传病虫有良好的综合防治作用，如氯化苦+1，3-二氯丙烯（1∶2～2∶1复配），氯化苦+二甲基二硫（1∶1复配），氯化苦+碘甲烷（2∶1～3∶1复配）。

2. 太阳能—作物秸秆覆膜高温消毒　生产完毕后即可进行，最好在夏休季应用。处理时间可根据茬口安排适当伸缩。可用的作物秸秆有玉米鲜秸秆每667m² 6 000～9 000kg、高粱鲜秸秆每667m² 6 000～9 000kg、架豆鲜秸秆每667m² 5 000～8 000kg。处理后通常可保障1～2年内安全生产。

3. 轮作　在南方部分水资源充足的地区可采用和水稻或莲藕轮作。但是，我国北方绝大部分地区不具备应用条件。对于重病田，可在产后期用菠菜等高感速生叶菜诱集，并在下个茬口安排葱、蒜等颉颃作物轮作。对于轻病田，可在休闲期诱集。少部分地区可以考虑在寒冷的冬季适当休闲，结合低温休闲冷冻，减轻病情。

二、瓜果类蔬菜根结线虫病害综合治理

瓜类蔬菜由于其经济价值较高，在我国广泛种植，尤其是近年来我国北方保护地瓜类蔬菜的种植面积越来越大。瓜类蔬菜易受各种病虫为害。在保护地内根结线虫的为害更为严重，常常导致严重减产，甚至无法维持生产。瓜菜类蔬菜目前还没有抗根结线虫品种可用，抗性砧木品种也很有限，而黄瓜等作物只能选用耐根结线虫砧木嫁接。此外，该类作物对多种药剂敏感，使用不当易产生药害和残留。因此，在瓜类作物根结线虫病害防治具有较大难度，使用农药也要十分慎重。一是要选对葫芦科作物不易产生药害的品种；二是某些杀线虫农药含有毒死蜱、拟除虫菊酯或其复配成分，易对葫芦科作物造成药害，尽量不用；三是甲基异柳磷、克百威、涕灭威、灭线磷、氯唑磷、苯线磷等严禁用于瓜类作物及其他蔬菜根结线虫病害防治。

（一）品种选择

1. 黄瓜耐（抗）根结线虫砧木　可供选择的耐南方根结线虫砧木品种有京欣砧5号。该砧木嫁接后不仅能有效地忍耐根结线虫病害，黄瓜的外观品相、内在品质和作物产量都有一定提高。

2. 西瓜耐（抗）根结线虫砧木　可供选择的砧木品种有勇砧、京欣砧4号等。

（二）健康育苗技术

参考茄果类蔬菜健康育苗技术。

（三）定植期防治技术

10%噻唑膦颗粒剂每667m² 1.5kg拌土均匀撒施、沟施或穴施；0.5%阿维菌素颗粒剂每667m² 18～20g拌土撒施、沟施或穴施；5%硫线磷颗粒剂每667m² 0.35～0.45kg拌土撒施；5%丁硫·克百威颗粒剂每667m² 0.25～0.35kg拌土撒施；3.2%阿维·辛硫磷颗粒剂每667m² 0.3～0.4kg拌土撒施；2亿活孢子/g淡紫拟青霉每667m² 2～3kg拌土均匀撒施，每667m² 2.5kg拌土沟施或穴施；2亿活孢子/g厚孢轮枝菌每667m² 2～3kg拌土均匀撒施，每667m² 2.5kg拌土沟施或穴施。

（四）生长期防治技术

1. 药剂拌土开沟侧施或对水灌根　10%噻唑膦颗粒剂每667m² 1.5kg或0.5%阿维菌素颗粒剂每667m² 15～17.5g、5%硫线磷颗粒剂每667m² 0.3～0.4kg、5%丁硫

克百威颗粒剂每 667m² 0.2～0.3kg、3.2%阿维·辛硫磷颗粒剂每 667m² 0.3～0.4kg、2 亿活孢子/g 淡紫拟青霉每 667m² 2.5kg、2 亿活孢子/g 厚孢轮枝菌每 667m² 2～2.5kg 拌土开侧沟集中施于植株根部；芽孢杆菌等生物制剂可根据产品说明书发酵对水灌根。

2. 膜下管道滴灌 35%威百亩水剂，浓度 1 000μl/L 以内，用药液 25～40L/m²。

3. 间作诱集 参考茄果类蔬菜产中间作诱集技术。由于葫芦科株型较大，只适宜于前期诱集。

（五）生产后防治技术

参考茄果类蔬菜产后防治技术。

三、豆类蔬菜根结线虫病害综合治理

豆类蔬菜主要有架豆、四棱豆、扁豆等。种植模式多为直播。目前国内未有相应的抗（耐）根结线虫品种和砧木。通常豆科作物对药剂比较敏感。因此，一要禁止使用高毒药剂，二要严格控制用药量，三要尽量避免刚发芽的种子直接接触药剂。此外，豆科植物常被根瘤菌寄生形成有益的根瘤，实际生产中应注意分清根瘤菌产生的根瘤和线虫形成的根结，以免误防误治。在夏季架豆产后留下的秸秆可直接粉碎翻耕入耕作层，结合太阳能消毒，对根结线虫防效良好。

1. 健康育苗技术 参考茄果类蔬菜健康育苗技术。

2. 定植期防治技术 0.5%阿维菌素颗粒剂每 667m² 18～20g 拌土撒施或 3.2%阿维·辛硫磷颗粒剂每 667m² 0.3～0.4kg 拌土撒施、2 亿活孢子/克淡紫拟青霉每 667m² 2～3kg 拌土均匀撒施或每 667m² 2.5kg 拌土沟施或穴施、2 亿活孢子/g 厚孢轮枝菌每 667m² 2～3kg 拌土均匀撒施或每 667m² 2.5 kg 拌土沟施或穴施。施药后应用铁耙使之混入土壤，避免种子直接接触药剂。

3. 生长期防治技术

（1）药剂拌土开沟侧施或对水灌根。0.5%阿维菌素颗粒剂每 667m² 15～17.5g、3.2%阿维·辛硫磷颗粒剂每 667m² 0.3～0.4kg、2 亿活孢子/g 淡紫拟青霉每 667m² 2.5kg、2 亿活孢子/g 厚孢轮枝菌每 667m² 2～2.5kg 拌土开侧沟集中施于植株根部。芽孢杆菌等生物制剂可根据产品说明书发酵对水灌根。

（2）膜下管道滴灌。35%威百亩水剂，浓度 1 000μl/L 以内，用药液 25～40L/m²。

（3）间作诱集。参考茄果类蔬菜产中间作诱集技术。

4. 生产后防治技术 可采用太阳能结合豆类作物鲜秸秆覆膜高温消毒技术。在夏休季使用。架豆鲜秸秆，每 667m² 用 5 000～8 000kg。其他参考茄果类蔬菜产后防治技术。

四、叶菜类蔬菜根结线虫病害综合治理

叶菜类蔬菜多以撒播为主。少数作物如芹菜、生菜等虽以育苗移栽为主，但是栽种密度很大，而且由于叶菜类蔬菜通常生长快，生长期短，极易造成农药残留超标等现象。因此，叶菜类蔬菜的根结线虫病害一般只在产前和产后进行防治。所选用的防治药剂以生物药剂或者安全、高效、低毒、低残留、降解快的化学药剂为主。

1. 定植期防治技术 0.5%阿维菌素颗粒剂每 667m² 18～20g 拌土撒施、3.2%阿维·辛硫磷颗粒剂每 667m² 0.3～0.4kg 拌土撒施、2 亿活孢子/g 淡紫拟青霉每 667m² 2～3kg 拌土均匀撒施、2 亿活孢子/g 厚孢轮枝菌每 667m² 2～3kg 拌土均匀撒施。

2. 生产后防治技术 参考茄果类蔬菜产后防治技术。

五、根茎类蔬菜根结线虫病害综合治理

根茎类蔬菜有胡萝卜、白萝卜等。胡萝卜以平地撒播为主，白萝卜等通常育苗移栽。根结线虫主要侵染胡萝卜的须根，一般情况下为害损失程度不严重，防治主要在产前或产后进行，生产期间基本无法或无需防治。

具体防治技术可参考叶菜类蔬菜根结线虫防治技术。

第七节 蔬菜根结线虫病害综合治理技术展望

随着气候环境、种植模式等因素的变化，可以预见，根结线虫病害将是困扰蔬菜安全、高效生产的难题。生态和农业防治技术的逐步应用将使蔬菜根结线虫病害防治彻底改变化学防治技术一枝独秀的局面。同时，随着人们对根结线虫研究的不断深入，基于分子生物学的高新技术将为该病害防治打开新的突破口。

1. 传统化学药剂防治技术的地位和作用下降，新药剂的开发和利用势在必行
纵观根结线虫病害的防治历史，一定程度上就是根结线虫与化学药剂的搏斗史。在这场搏斗中，化学药剂发挥了它应有的作用。但是，根结线虫并未完全败下阵来，甚至进化出了抗药性小种，使得化学药剂的防效减弱，甚至丧失。时至今日，这场搏斗仍在上演，今后也可能一直会持续下去。显然，这场搏斗在给人们带来显著收益的同时，也使得我们付出了巨大的代价，产生了严重的负面效应。部分化学药剂尤其是那些高毒、高残留农药应该尽早退出舞台。目前，国际上已逐步禁用或限用溴甲烷、克百威等特效、高毒杀线剂。我国也颁布有关法令，先后禁用、限用多个危险性化学杀线剂。2011 年农业部、质检总局等 5 部门又联合下发了《关于进一步禁用和淘汰部分高毒农药的通知（农业部第 1586 号）》的文件，对高毒农药采取进一步禁用、限用

管理措施，其中涉及多个杀线虫剂。

当前，正式登记的杀线虫剂为数不多。其中能用于蔬菜根结线虫病害防治的少之又少。杀线虫剂的进一步禁用、限用将使得根结线虫病害防治面临巨大挑战，尤其是在短期内还未出现理想替代产品的情况下。因此，低毒、安全、高效的杀线虫剂急需开发。针对溴甲烷替代物，人们多年来开展了大量探索，虽然至今还未获得完全理想的替代品，但是碘甲烷、硫酰氟、氧硫化碳等均体现出不错的防效和应用前景，异硫氰酸酯类物质（或以其为次级代谢产物的物质）也体现出不错的效果；丁硫·克百威作为克百威的衍生替代物，虽远不能完全替代克百威，但是也发挥出一定功效；噻唑啉作为较新的杀线剂已在生产中广泛应用。生物防治越来越受到关注，人们已明确对根结线虫有良好防效的微生物，并已初步了解其作用机制，开发出了淡紫拟青霉（*Paecilomyces lilacinus*）、厚孢轮枝菌（*Verticillium chlamydosporium*）等产品。这些产品已经在生产中发挥一定作用。穿刺巴氏杆菌（*Puncture pasteurella*）是至今人们发现的最理想的根结线虫的天敌，一旦其大量快速繁育技术获得突破，对根结线虫病害防治的推动作用是巨大的。此外，人们还开展了大量杀线植物及其活性物质的研究，活性成分提取与仿生合成相关工作陆续展开，潜力巨大。随着研究的深入和技术的发展，相信不久的将来在根结线虫病害药剂防治方面一定会有新的突破。

2. 生态和农业防治技术成为主导，抗（耐）性种质材料广泛应用　生态和农业防治是最安全、环保的防治措施，也是综合防治的基础和立足点，在根结线虫病害防治技术体系中具有重要地位。根结线虫对寄主的感知、识别和侵染等行为均受寄主分泌的特殊信号物质引导，也受周围环境因子的影响，通过生态调控可延缓或抑制根结线虫为害。生态调控常与其他技术措施一起发挥作用，使用抗（耐）根结线虫作物品种和砧木是农业防治的核心内容，持久、有效的抗性材料与化学防治具有同样的防病作用。同时，对环境没有任何不良影响，不仅是适用于热带、亚热带广大不发达国家的唯一经济、有效措施，甚至对于发达国家也具有非常重要的意义（Molinari, 2011）。

目前抗根结线虫品种多是通过传统杂交育种方法获得，仅番茄、茄子、甜椒等少数自身含有抗根结线虫基因的作物育有抗性品种，大多数作物还没有抗性品种，难以满足实际生产需求。抗（耐）性砧木，多数是在抗枯萎病、黄萎病砧木的基础上进一步筛选获得的，以野生近缘植物为主，综合效果不够理想。因此，需要进一步有针对性地深入开展相关研究。在大多数老的化学杀线剂被禁用或限用，新的替代药剂未能及时、充分跟上，基于分子生物学的高新技术需要深入、系统研究的情况下，抗（耐）性种质材料注定会成为根结线虫病害治理的首选和主导。

3. 分子生物学防治新技术异军突起，基因调控是突破口　与其他生物一样，根结线虫和寄主之间的互作从根本上来说是受基因调控的。因此，若能从源头上进行调控，将非常有利于该病害的控制。目前，随着研究的不断深入，人们已经明确了南方根结线虫和北方根结线虫的全基因组序列，绘制了基因图谱，为下一步工作奠定了良好的基础。

巨型细胞是根结线虫寄生获取食物的源泉，通过调控线虫基因（或者其表达产物）与植物基因之间的互作，可以抑制或延缓巨型细胞的形成，切断病原根结线虫的食物来源，从而控制根结线虫病害。这为该病害的防控打开了新的思路。

过敏性坏死反应（HR）是病原致病基因和寄主抗病基因互作的外在表现，是抗性基因主要表达形式。当前转基因抗病虫技术已广泛应用于棉麻、油料作物上，在粮食等其他作物上也在尝试。多种根结线虫抗性基因的分离和鉴定为利用转基因技术培育植物抗性品种奠定了基础，将大幅度减少化学杀虫剂的使用。应用转基因技术培育植物抗性品种的主要问题是，受体作物基因型对抗性基因的作用影响很大，大多数仅限于种内转基因。如果把番茄线虫抗性基因 *Mi*-1 转移到敏感的番茄品种中，这一基因可以有效地增强抗虫性。但是，如果把 *Mi*-1 转移到烟草或者拟南芥中就不能增强抗性。Chen et al.（2007）研究表明，辣椒（*Capsium annuum* L.）含有的抗根结线虫基因 CaMi 可使番茄具备良好的抗线虫能力，转基因番茄根组织中根结线虫头部周围原本产生巨型细胞的位置被大量坏死细胞所占据。

现有抗线虫材料均为温敏型品种，而且只抗南方根结线虫、爪哇根结线虫和花生根结线虫，对北方根结线虫没有抗性，通过转基因技术可望克服这些问题。此外，通过转基因技术可使寄主植物细胞获得产生毒素的功能，在根结线虫侵入后诱导产毒基因表达，从而在体内杀死病原（Vrain，1999）。总之，转基因技术在根结线虫病害防治上体现出很大的潜力，但其是否会真正成为抗（耐）根结线虫品种和砧木选育的助推器还需探索，让我们拭目以待。

RNA 干扰（RNA interference，RNAi）是近年来分子生物学领域一项新兴的技术，能够高效地导致基因沉默，并具有遗传性。目前，已经获得了根结线虫大量的表达基因序列，从而为使用这一技术干扰线虫致病基因表达提供了大量的信息。近年来，RNAi 技术已经广泛应用于植物线虫基因功能的研究，并将会为植物线虫的防治提供大量的基因水平上的药靶。可以通过向线虫体内注入微小 RNA 片段，也可以使用线虫浸泡法使之被摄入线虫体内来干扰线虫基因表达，导致特定基因沉默，相应蛋白质无法合成，原有功能丧失。利用 RNAi 技术可有效关闭病原根结线虫特定的基因，限制或影响根结线虫的发育、繁殖、侵染或寄生，从而降低或消除根结线虫为害。在这里 RNAi 实际上充当了传统意义上农药的角色，发挥了农药的作用。在不久的将来，RNAi 或许会成为蔬菜根结线虫病害治理的强有力武器（Li et al.，2011）。

附　　录

附录 1　在我国发生的根结线虫

目前在中国描述充分的根结线虫有效种名录

猕猴桃根结线虫（*Meloidogyne actinidiae* Li and Yu，1991）
花生根结线虫［*M. arenaria*（Neal，1889）Chitwood，1949］
柑橘根结线虫（*M. citri* Zhang，Gao and Wen，1990）
龙眼根结线虫（*M. dimocarpus* Liu and Zhang，2001）
东海根结线虫（*M. donghaiensis* Zheng，Lin and Zheng，1990）
象耳豆根结线虫（*M. enterilobii* Yang and Eisenback，1983）
繁峙根结线虫（*M. fanzhiensis* Chen，Peng and Zheng，1990）
福建根结线虫（*M. fujianensis* Pan，1985）
拟禾本科根结线虫（*M. graminicola* Golden and Birchfield，1965）
海南根结线虫（*M. haihanensis* Liao and Feng，1995）
北方根结线虫（*M. hapla* Chitwood，1949）
南方根结线虫［*M. incognita*（Kofoid and White，1919）Chitwood，1949］
爪哇根结线虫［*M. javanica*（Treub，1885）Chitwood，1949］
简阳根结线虫（*M. jiangyangensis* Yang，Hu，Chen and Zhu，1990）
济南根结线虫（*M. jinanensis* Zhang and Su，1986）
孔氏根结线虫（*M. kongi* Yang，Wang and Feng，1988）
林氏根结线虫（*M. lini* Yang，Hu and Xu，1988）
闽南根结线虫（*M. mingnanica* Zhang，1993）
悬铃木根结线虫（*M. platani* Hirschmann，1982）
中华根结线虫（*M. sinensis* Zhang，1983）

目前在中国描述不充分的根结线虫有效种名录

甘蓝根结线虫（*M. artiellia* Franklin，1961）

短尾根结线虫（*M. brevicauda* Loos，1953）
光纹根结线虫（*M. decalineata* Whitehead，1968）
短小根结线虫（*M. exigua* Goeldi，1887）
禾本科根结线虫［*M. graminis*（Sledge and Golden，1964）Whitehead，1968］
西班牙根结线虫（*M. hispanica* Hirschmann，1986）
印度根结线虫（*M. indica* Whitehead，1968）
吉库尤根结线虫（*M. kikuyensis* de Grisse，1960）
苹果根结线虫（*M. mali* Itoh，Ohshima and Ichinohe，1969）
巨大根结线虫（*M. megadora* Whitehead，1968）
小突根结线虫（*M. microtyla* Mulvey，Townshend and Potter，1975）
摩洛哥根结线虫（*M. morocciensis* Rammah and Hirschmann，1990）
纳西根结线虫（*M. naasi* Franklin，1965）
欧氏根结线虫（*M. oteifae* Elmiligy，1968）
卵形根结线虫（*M. ovalis* Riffle，1963）
萨拉斯根结线虫（*M. salasi* Lopez，1984）
苏吉那姆根结线虫（*M. suginamiensis* Toida and Yaegashi，1984）
塔吉克根结线虫（*M. tadshikistanika* Kirjanova and Ivanova，1965）
藨草根结线虫［*M. ottersoni*（Thorne，1969）Franklin，1971］

目前在中国有记载但无描述的根结线虫无效种名录

高弓根结线虫［*M. acrita*（Chiwood，1949）Esser，Perry and Taylor，1976］
保鲁根结线虫（*M. bauraensis* Lordello，1956）
洛氏根结线虫（*M. grahami* Golden and Slana，1978）
南方根结线虫（Wartelle 亚种 *M. nicognita wartellei* Golden and Birchifield，1978）
洛德洛根结线虫（*M. lordelloi* de Ponte，1969）
勒克瑙根结线虫（*M. lucknowica* Singh，1969）
玛格瑞根结线虫［*M. megriensis*（Poghossian，1971）Esser，Perry and Taylor，1976］
泰晤士根结线虫［*M. thamesi*（Chitwood in Chitwood，Specht and Havis，1952）Goodey，1963］

附录 2　根结线虫显微形态描述主要指标及常用符号和缩略词

雌虫、雄虫和二龄幼虫通用符号和英文缩略词

n——线虫头数或条数
L——虫体长度
L’——自头至肛门处长度（mm 或 μm）
W——虫体宽（对于雌虫为虫体宽度，对于雄虫和二龄幼虫为最大体宽）
ST——口针长度
STKH——口针基部球高
STKW——口针基部球宽
DGO——背食道腺开口到口针基部球的距离
EP-HE——排泄孔到头端的距离
MEV-HE——中食道球瓣膜或中央到头端的距离
MEL——中食道球长度
MEW——中食道球宽度
MEVL——中食道球瓣膜长度
MEVW——中食道球瓣膜宽度
a——体长/虫体最大体宽
STKW/H——口针基部球宽/高
MEL/W——中食道球的长度/宽度
MEVL/W——中食道球瓣膜长度/宽度
EP（%）——（排泄孔到头端的距离/虫体长度）×100
D_o——背食道腺口的位置
D_n——背食道腺核位置
M——口针针锥长度/口针总长度
O——口针基部球至背食道腺口长度/口针总长度

雌虫专用符号和英文缩略词

NL——颈的长度
NW——颈的宽度
EP-HE/ST——排泄孔到头端距离/口针长度
VSL——阴门裂长度

V - A——阴门到肛门的距离

PH - PH——两侧尾腺口之间的距离

A - PH——肛门到两侧尾腺口连线中点的距离

A - TE——肛门到尾端的距离

L/NL——体长度/颈长

V——（自头顶至阴门的长度/体长）×100

G_1——阴门至前生殖腺末端的距离×100/体长

G_2——阴门至后生殖腺末端的距离×100/体长

雄虫和二龄幼虫专用符号和英文缩略词

Wep——排泄孔处的虫体宽度

HH——头区高度

HW——头区宽度

STB - HE——口针基部到头端的距离

STS+K——口针基杆和基部球的总长度

Cone——口针锥体的长度

TAIL——尾的长度

b——体长/自头顶至食道末端（食道一肠瓣膜连接处）的长度

b_1——体长/自头端至中食道球基部的距离

b’—— 体长/自头顶至食道腺末端的长度

c——体长/尾长（肛门至尾尖）

c’——尾长/肛门或泻殖孔处的体宽

HW/HH——头区宽/头区高

h——尾部透明区长度，为尾部内含物与端部胶质膜之间的距离

R——体环数

R_B——体中部 1 个体环宽度

R_{St}——唇盘至口针基部之间的体环数

R_{oes}——唇盘与贲门瓣间的体环数

R_{ex}——唇盘至排泄孔后端第一环间的体环数

R_V——阴门至尾末端间的体环数

R_{an}——肛门至尾末端间的体环数

R_{van}——阴门至肛门之间的体环数

雄虫专用符号和英文缩略词

Wstk——口针基部球处的虫体宽度

SPI——交合刺长度

GUB——引带长度

Testis——精巢长度

PH——侧尾腺口到尾端的距离

T（%）——泄殖腔口至精巢末端的距离×100/体长

二龄幼虫专用符号和英文缩略词

Wa——肛门处的虫体宽度

TTL——透明尾端的长度

Wttb——尾透明末端开始处的宽度

d——尾长/肛门处的体宽

TAIL/TTL——尾长/尾透明末端长度

A-Primordium——肛门到生殖原基的距离

附录 3　国内部分蔬菜抗根结线虫品种及抗/耐性砧木品种

类别	品　种		主　要　特　性	适应区域	备注信息
抗根结线虫品种	仙客1号	番茄抗根结线虫品种	国内最早育成的粉色抗根结线虫专用番茄一代杂交种。中早熟，果肉较硬，耐储运，具有对根结线虫、病毒、叶霉病和枯萎病的复合抗性。*Mi* 基因控制、温敏型抗线品种，当土温长期高于 28℃时，抗性失活；而高温季节过去，土温恢复正常时，*Mi* 基因将继续发挥对线虫的抗性。	北方保护地和南方露地	北京市农林科学院蔬菜中心自主繁育
	仙客5号	番茄抗根结线虫品种	粉果，无限生长。高抗根结线虫和枯萎病，同时具有对高毒性叶霉病优势小种 1、2、3、4、9 和 ToMV 的复合抗性。果肉硬、果皮韧性好		
	仙客6号	番茄抗根结线虫品种	粉果，无限生长型。高抗根结线虫和枯萎病，同时具有对叶霉病优势小种 1、2、3、4 和 ToMV 的复合抗性。粉色、无绿肩、果肉较硬、熟性早	适宜秋延迟及冬春茬长季节栽培	
	佳红6号	番茄抗根结线虫品种	红果，耐运输型番茄一代杂交种。无限生长，中熟。果皮韧性好，耐裂果性强，商品性好，抗根结线虫、ToMV 和枯萎病，耐热性较好	适合保护地和露地栽培	
	粉玉1号	樱桃番茄抗根结线虫品种	抗根结线虫的特色番茄品种。为无限生长类型。主茎 7～8 片叶着生第一花序。中早熟。果实长椭圆形或椭圆形。单果重 15g 左右。品质上乘，耐储运性好	适合保护地生产	
	莱红1号	番茄抗根结线虫品种	属无限生长类型番茄一代杂种。生长势强，叶色浓绿。果穗总状，果实圆形，大红色，每穗果实成熟比较集中。单果质量 250～300g，产量较高，耐储运，高抗根结线虫，对其他病害也具有良好的抗性，比较适宜早春保护地栽培	适合东北、华北等地区早春保护地栽培	青岛农业大学园艺学院
	红日3号	番茄抗根结线虫品种	最新育成的粉色抗线虫专用番茄一代杂交种。植株为无限生长型，早熟。成熟果粉红色、色鲜艳、果型周正，属中等果型品种。单果重 200～250g，果肉硬，耐储运，商品性好。在根结线虫为害严重地区防治效果更明显	夏秋茬选用	山东寿光红日种苗有限公司
	国禧	甜椒抗根结线虫品种	中熟甜椒 F_1。始花节位 11 节，生长势健壮，叶片深绿，果实方灯笼形，3～4 心室，果实绿色，果表光滑，商品率高，耐储运。果型 11cm×9cm，单果重 160～250g。低温耐受性强，持续坐果能力强。抗根接结线虫，抗病毒病	适于华北保护地及露地种植	

（续）

类别	品　种		主 要 特 性	适应区域	备注信息
抗、耐根结线虫砧木品种	勇砧	西瓜专用抗根结线虫砧木品种	与葫芦、南瓜等其他砧木品种相比，勇砧表现出许多优良特性：首先该砧木除抗根结线虫病之外，还具有抗枯萎病、白粉病、CGMMV等病害的能力。嫁接后根结线虫病和枯萎病等土传西瓜田间病害发生率显著降低；其次，砧木和接穗亲和力强，抗逆性好，在低温、弱光等逆境条件下仍能强健生长；再次，嫁接后接穗瓜类作物的生长势强，比自根栽培西瓜可以大幅增产。同时，嫁接的果实品质优良，风味和自根西瓜几乎完全相同	适合在全国的适宜地区推广；适宜早春栽培，也适宜夏秋季高温栽培	
	京欣砧4号	西瓜耐根结线虫砧木	嫁接后可使西瓜对根结线虫等土传病害的忍耐能力增强。砧木种子出苗整齐，子叶中等大小，下胚轴短粗，茎秆深绿，秧苗不易徒长，易坐瓜，丰产。嫁接亲和力和共生性好，耐急性凋萎等特性。此外，可以使西瓜瓤色增红，明显提高接穗品质	大面积应用前，应试种，可在适宜地区推广	
	京欣砧5号	黄瓜耐根结线虫砧木	嫁接后可增强黄瓜耐根结线虫等土传病害的能力。砧木出苗整齐一致，子叶中等大小，下胚轴短粗，茎秆深绿，秧苗不易徒长；易坐瓜、丰产，嫁接亲和力和共生性好、耐急性凋萎等特性。同时，可明显除去黄瓜品种外表皮自身的蜡粉层，使黄瓜表皮油亮，商品性提高	大面积应用前，应试种，可在适宜地区推广	
	茄砧1号	茄子抗根结线虫砧木品种	该砧木品种的植株长势旺盛、根系发达、和茄子接穗的亲和力好，嫁接易成活。砧木抗病性强，对包括根结线虫在内的多种茄子土传病害的抗性达到免疫水平	大面积应用前，应试种，可在适宜地区推广	
	果砧1号	抗根结线虫砧木品种	茄果类蔬菜专用嫁接砧木，番茄1代杂交种。根系发达，生长强势，不早衰。育苗简单，苗龄短。复合抗病性强，对枯萎病、黄萎病和根结线虫等病害具有复合抗性，耐重茬能力强，是番茄、茄子克服土传病害连作障碍的理想砧木	大面积应用前，应试种，可在适宜地区推广	
	格拉芙特	甜、辣椒抗根结线虫砧木品种	甜、辣椒嫁接砧木F_1品种。植株茎部叶柄有毛，根系发达，嫁接亲和力强。抗根结线虫，高抗疫病、根基腐病、青枯病等土传病害。近年在山东、广东等地嫁接生产试验表现突出	大面积应用前，应试种，可在适宜地区推广	
	托鲁巴姆	茄子、番茄抗根结线虫砧木品种	具有极高的亲和性，抗病性嫁接成活率高。根系发达，植株长势强。常年栽培，高抗黄萎、青枯、立枯及根线虫病等土传病虫害	大面积应用前，应试种，可在适宜地区推广	国外引进品种，国内多家公司均有销售
	北农茄砧		对根结线虫的抗性增强，可以达到免疫的程度	大面积应用前，应试种，可在适宜地区推广	北京市农业技术推广中心

附录 4　我国正式登记的杀线虫剂

序号	类别	登记名称	登记证号	登记公司	有效期	总含量	剂型	毒性	作物	防治对象	用药量	用法
1	化学药剂	阿维菌素	PD20110133	深圳诺普信农化股份有限公司	2011.02.09～2016.02.09	0.005	颗粒剂	低毒 原药高毒	黄瓜	根结线虫	225～262.5g/hm²	沟施穴施
2		阿维菌素	LS20091266	山东奥德利化工有限公司	2011.05.12～2012.05.12	0.005	颗粒剂	低毒 原药高毒	黄瓜	根结线虫	180～226g/hm²	穴施
3		阿维菌素	LS20091295	山东鸿汇烟草用药有限公司	2011.05.25～2012.05.25	0.005	颗粒剂	低毒 原药高毒	烟草（苗床）	线虫	225～300g/hm²	沟施穴施
4		阿维菌素	PD20110230	黑龙江省平江林业制药厂	2011.02.28～2016.02.28	0.01	微囊悬浮剂	低毒 原药高毒	松树	松材线虫	0.012～0.014mL/cmΦ	打孔注射
5		阿维菌素	PD20092017	浙江升华拜克生物股份有限公司	2009.02.12～2014.02.12	0.032	乳油	低毒 原药高毒	松树	线虫	1.6～3.8g/株	打孔注射
6		阿维·丁硫	PD20102108	北京市东旺农药厂	2010.11.30～2015.11.30	0.25	水乳剂	中等毒 原药高毒	烟草	根结线虫	125～250mg/kg	灌根
7		苯线磷	LS20100081	江苏云帆化工有限公司	2011.05.19～2012.05.19	0.1	颗粒剂	中等毒 原药高毒	花生	根结线虫	4 500～6 000g/hm²	沟施
8		丙溴磷	LS20110054	山东科大创业生物有限公司	2011.03.03～2012.03.03	0.1	颗粒剂	低毒	甘薯	茎线虫	3 000～4 500g/hm²	沟施穴施
9		丁硫·毒死蜱	PD20091541	浙江省绍兴天诺农化有限公司	2009.02.03～2014.02.03	0.05	颗粒剂	低毒	花生	根结线虫	2 250～3 750g/hm²	沟施穴施
10		丁硫克百威	PD20060030	美国富美实公司	2011.01.25～2016.01.25	0.05	颗粒剂	低毒	番茄	根结线虫	3 750～5 250g/hm²	沟施
11		丁硫克百威	PD20060030	美国富美实公司	2011.01.25～2016.01.25	0.05	颗粒剂	低毒	黄瓜	根结线虫	3 750～5 250g/hm²	沟施

（续）

序号	类别	登记名称	登记证号	登记公司	有效期	总含量	剂型	毒性	作物	防治对象	用药量	用法
12		丁硫克百威	PD20085031	江苏嘉隆化工有限公司	2008.12.22～2013.12.22	0.05	颗粒剂	低毒	甘薯	线虫	2 700～4 050g/hm^2	穴施条施
13		多·福·克	PD20084542	江苏华农种衣剂有限责任公司	2008.12.18～2013.12.18	0.25	种衣剂	高毒	大豆	线虫	每100kg种子500～625g	种子包衣
14		多·福·克	PD20092830	山东华阳科技股份有限公司	2009.03.05～2014.03.05	0.25	悬浮种衣剂	高毒	大豆	线虫	每100kg种子500～625g	种子包衣
15		多·福·克	PD20084449	齐齐哈尔盛泽农药有限公司	2008.12.17～2013.12.17	0.35	悬浮种衣剂	高毒	大豆	胞囊线虫	1.6%～2%种子重	种子包衣
16		多·福·克	PD20086273	安徽丰乐农化有限责任公司	2008.12.31～2013.12.31	0.35	悬浮种衣剂	中等毒原药高毒	大豆	胞囊线虫	每100kg种子583～700g	种子包衣
17	化学药剂	多·福·甲维盐	LS20090302	黑龙江佳木斯兴宇生物技术公司	2011.02.25～2012.02.25	0.205	悬浮种衣剂	低毒	大豆	胞囊线虫	1∶60～80（药种比）	种子包衣
18		甲基异柳磷	PD86164	青岛双收农药化工有限公司	2006.12.30～2011.12.30	0.35	乳油	高毒	甘薯	茎线虫	1 500～3 000g/hm^2	条施辅施
19		甲基异柳磷	PD86164－2	湖北仙隆化工股份有限公司	2006.12.07～2011.12.07	0.2	乳油	中等毒	甘薯	茎线虫	1 500～3 000g/hm^2	条施辅施
20		甲基异柳磷	PD86165	青岛双收农药化工有限公司	2006.12.30～2011.12.30	0.4	乳油	高毒	甘薯	茎线虫	1500～3000g/hm^2	条施辅施
21		甲基异柳磷	PD86165－3	湖北仙隆化工股份有限公司	2006.12.07～2011.12.07	0.4	乳油	高毒	甘薯	茎线虫	1 500～3 000g/hm^2	条施辅施
22		甲基异柳磷	PD86165－5	福建保捷利生化农药有限公司	2007.03.01～2012.03.01	0.4	乳油	高毒	甘薯	茎线虫	1 500～3 000g/hm^2	条施辅施
23		甲基异柳磷	PD86165－6	河北威远生化股份有限公司	2006.12.06～2011.12.06	0.4	乳油	高毒	甘薯	茎线虫	1 500～3 000g/hm^2	条施辅施
24		克百威	PD11－86	美国富美实公司	2011.03.08～2016.03.08	0.03	颗粒剂	中等毒原药高毒	花生	根结线虫	1 800～2 250g/hm^2	条施沟施

（续）

序号	类别	登记名称	登记证号	登记公司	有效期	总含量	剂型	毒性	作物	防治对象	用药量	用法
25	化学药剂	克百威	PD20081712	杭州禾新化工有限公司	2008.11.18～2013.11.18	0.03	颗粒剂	中等毒 原药高毒	花生	线虫	1 800～2 250g/hm^2	条施沟施
26		克百威	PD20082713	浙江天一农化有限公司	2008.12.05～2013.12.05	0.03	颗粒剂	中等毒 原药高毒	花生	根结线虫	1 800～2 250g/hm^2	条施沟施
27		克百威	PD20082751	福建三农农化有限公司	2008.12.08～2013.12.08	0.03	颗粒剂	中等毒 原药高毒	花生	根结线虫	1 800～2 250g/hm^2	沟施
28		克百威	PD20082471	山东盛邦鲁南农药有限公司	2008.12.03～2013.12.03	0.03	颗粒剂	中等毒 原药高毒	花生	线虫	1 800～2 250g/hm^2	条施沟施
29		克百威	PD20082890	杭州绿普达生物科技有限公司	2008.12.09～2013.12.09	0.03	颗粒剂	中等毒 原药高毒	花生	线虫	1 800～2 250g/hm^2	条施沟施
30		克百威	PD20082895	广州农药厂从化市分厂	2008.12.09～2013.12.09	0.03	颗粒剂	高毒	花生	线虫	1 800～2 250g/hm^2	条施沟施
31		克百威	PD20083236	河南淅川县丰源农药有限公司	2008.12.11～2013.12.11	0.03	颗粒剂	高毒	花生	线虫	1 800～2 250g/hm^2	条施沟施
32		克百威	PD20083237	河南省安阳市红旗药业有限公司	2008.12.11～2013.12.11	0.03	颗粒剂	高毒	花生	线虫	1 800～2 250g/hm^2	条施沟施
33		克百威	PD20083517	安徽省瑞特农化有限公司	2008.12.12～2013.12.12	0.03	颗粒剂	中等毒	花生	线虫	1 800～2 250g/hm^2	条施沟施
34		克百威	PD20083735	湖北蕲农化工有限公司	2008.12.15～2013.12.15	0.03	颗粒剂	低毒 原药高毒	花生	线虫	1 800～2 250g/hm^2	条施沟施
35		克百威	PD20085328	河北省邢台市农药有限公司	2008.12.24～2013.12.24	0.03	颗粒剂	中等毒 原药高毒	花生	线虫	1 800～2 250g/hm^2	条施沟施
36		克百威	PD20085339	湖北沙隆达（荆州）农药化工有限公司	2008.12.24～2013.12.24	0.03	颗粒剂	中等毒 原药高毒	花生	线虫	1 800～2 250g/hm^2	条施沟施

（续）

序号	类别	登记名称	登记证号	登记公司	有效期	总含量	剂型	毒性	作物	防治对象	用药量	用法
37	化学药剂	克百威	PD20086319	广西国泰农药有限公司	2008.12.31～2013.12.31	0.03	颗粒剂	中等毒 原药高毒	花生	线虫	1 800～2 250g/hm^2	条施沟施
38		克百威	PD20092277	山东华阳科技股份有限公司	2009.02.24～2014.02.24	0.03	颗粒剂	中等毒 原药高毒	花生	线虫	1 800～2 250g/hm^2	条施沟施
39		克百威	PD20092483	镇江建苏农药化工有限公司	2009.02.26～2014.02.26	0.03	颗粒剂	高毒	花生	线虫	1 800～2 250g/hm^2	条施沟施
40		克百威	PD20093148	河北省石家庄市三农化工有限公司	2009.03.11～2014.03.11	0.03	颗粒剂	中等毒 原药高毒	花生	线虫	1 800～2 250g/hm^2	条施沟施
41		克百威	PD20097561	安徽省黄山市农业化工厂	2009.11.03～2014.11.03	0.03	颗粒剂	中等毒	花生	线虫	1 800～2 250g/hm^2	条施沟施
42		克百威	PDN45-97	湖南海利化工股份有限公司	2006.12.26～2011.12.26	0.03	颗粒剂	中等毒 原药高毒	花生	线虫	1 800～2 250g/hm^2	条施沟施
43		克百威	PDN47-97	湖南岳阳安达化工有限公司	2007.04.22～2012.04.22	0.03	颗粒剂	中等毒	花生	线虫	1 800～2 250g/hm^2	条施沟施
44		克百威	PDN64-2000	广东省英红华侨农药厂	2010.03.19～2015.03.19	0.03	颗粒剂	中等毒 原药高毒	花生	线虫	1 800～2 250g/hm^2	条施沟施
45		硫线磷	PD176-93	美国富美实公司	2008.04.09～2013.04.09	0.1	颗粒剂	高毒	甘蔗	线虫	3 000～6 000g/hm^2	沟施
46		硫线磷	PD176-93	美国富美实公司	2008.04.09～2013.04.09	0.1	颗粒剂	高毒	柑橘树	根结线虫	6 000～12 000g/hm^2	沟施撒施
47		硫线磷	LS20080010	广东江门市新会区农得丰有限公司	2011.01.04～2012.01.04	0.05	颗粒剂	低毒 原药高毒	黄瓜	根结线虫	6 000～7 500g/hm^2	撒施
48		硫线磷	PD20070177	江苏苏州富美实植保剂有限公司	2007.06.25～2012.06.25	0.05	颗粒剂	低毒 原药高毒	黄瓜	根结线虫	6 000～7 500g/hm^2	撒施

（续）

序号	类别	登记名称	登记证号	登记公司	有效期	总含量	剂型	毒性	作物	防治对象	用药量	用法
49	化学药剂	咪鲜·杀螟丹	PD20082127	江苏省绿盾植保农药实验有限公司	2008.11.25～2013.11.25	0.16	可湿性粉剂	中等毒	水稻	干尖线虫	400～700倍液	浸种
50		咪鲜·杀螟丹	PD20085640	江苏辉丰农化股份有限公司	2008.12.26～2013.12.26	0.18	悬浮剂	中等毒	水稻	干尖线虫	800～1 000倍液	浸种
51		咪鲜·杀螟丹	PD20085788	浙江平湖农药厂	2008.12.29～2013.12.29	0.18	可湿性粉剂	低毒	水稻	干尖线虫	800～1 000倍液	浸种
52		杀螟丹	PD20090187	江苏省绿盾植保农药实验有限公司	2009.01.08～2014.01.08	0.06	水剂	低毒	水稻	干尖线虫	30～60mg/kg	浸种
53		咪鲜·杀螟丹	PD20090276	江苏省南通正达农化有限公司	2009.01.09～2014.01.09	0.12	可湿性粉剂	低毒	水稻	干尖线虫	300～500倍液	浸种
54		咪鲜·杀螟丹	PD20091351	镇江建苏农药化工有限公司	2009.02.02～2014.02.02	0.16	可湿性粉剂	中等毒	水稻	干尖线虫	400～600倍液	浸种
55		咪鲜·杀螟丹	PD20092425	绩溪农华生物科技有限公司	2009.02.25～2014.02.25	0.16	可湿性粉剂	低毒	水稻	干尖线虫	200～400mg/kg	浸种
56		杀螟·乙蒜素	PD20101215	江苏省绿盾植保农药实验有限公司	2010.02.21～2015.02.21	0.16	可湿性粉剂	低毒	水稻	干尖线虫	200～400倍液	浸种
57		灭线磷	PD20083211	江苏丰山集团有限公司	2008.12.11～2013.12.11	0.1	颗粒剂	高毒	甘薯	茎线虫	1 500～2 250g/hm^2	穴施
58		灭线磷	PD20084588	山东淄博周村穗丰农药化工公司	2008.12.18～2013.12.18	0.4	乳油	中等毒 原药高毒	花生	根结线虫	3 900～4 800g/hm^2	沟施
59		灭线磷	PD20084565	江苏丰山集团有限公司	2008.12.18～2013.12.18	0.05	颗粒剂	低毒 原药高毒	甘薯	茎线虫	1 875～2 250g/hm^2	穴施
60		灭线磷	PD20085046	山东省济宁市通达化工厂	2008.12.23～2013.12.23	0.05	颗粒剂	中等毒 原药高毒	花生	根结线虫	4 500～5 250g/hm^2	沟施
61		灭线磷	PD20083211	江苏丰山集团有限公司	2008.12.11～2013.12.11	0.1	颗粒剂	高毒	花生	根结线虫	4 500～5 250g/hm^2	沟施

（续）

序号	类别	登记名称	登记证号	登记公司	有效期	总含量	剂型	毒性	作物	防治对象	用药量	用法
62	化学药剂	灭线磷	PD20084565	江苏丰山集团有限公司	2008.12.18～2013.12.18	0.05	颗粒剂	低毒 原药高毒	花生	根结线虫	4 500～5 250g/hm^2	沟施
63		灭线磷	PD20085336	山东淄博周村穗丰农药化工公司	2008.12.24～2013.12.24	0.05	颗粒剂	低毒 原药高毒	花生	根结线虫	4 500～5 250g/hm^2	沟施
64		灭线磷	PD20096471	广东省英红华侨农药厂	2009.08.17～2014.08.17	0.1	颗粒剂	中等毒 原药高毒	花生	根结线虫	4 500～5 250g/hm^2	沟施
65		灭线磷	PD20096850	德国拜耳作物科学公司	2009.09.21～2014.09.21	0.05	颗粒剂	低毒 原药高毒	花生	根结线虫	4 500～5 250g/hm^2	沟施
66		灭线磷	PD20085336	山东淄博周村穗丰农药化工公司	2008.12.24～2013.12.24	0.05	颗粒剂	低毒 原药高毒	甘薯	茎线虫	750～1 125g/hm^2	拌土穴施
67		灭线磷	PD20094190	广东佛山市盈辉作物科学有限公司	2009.03.30～2014.03.30	0.05	颗粒剂	低毒 原药高毒	甘薯	茎线虫	750～1 125g/hm^2	沟施条施
68		噻唑膦	PD20050145	日本石原产业株式会社	2010.09.19～2015.09.19	0.1	颗粒剂	中等毒	番茄	根结线虫	2 250～3 000g/hm^2	土壤撒施
69		噻唑膦	PD20050145	日本石原产业株式会社	2010.09.19～2015.09.19	0.1	颗粒剂	中等毒	西瓜	根结线虫	2 250～3 000g/hm^2	土壤撒施
70		噻唑膦	PD20050145	日本石原产业株式会社	2010.09.19～2015.09.19	0.1	颗粒剂	中等毒	黄瓜	根结线虫	2 250～3 000g/hm^2	土壤撒施
71		噻唑膦	PD20050145F030010	浙江石原金牛农药有限公司	2010.12.06～2011.12.06	0.1	颗粒剂	中等毒	番茄	根结线虫	2 250～3 000g/hm^2	土壤撒施
72		噻唑膦	PD20050145F030010	浙江石原金牛农药有限公司	2010.12.06～2011.12.06	0.1	颗粒剂	中等毒	西瓜	根结线虫	2 250～3 000g/hm^2	土壤撒施
73		噻唑膦	PD20050145F030010	浙江石原金牛农药有限公司	2010.12.06～2011.12.06	0.1	颗粒剂	中等毒	黄瓜	根结线虫	2 250～3 000g/hm^2	土壤撒施
74		噻唑膦	PD20097986	浙江石原金牛农药有限公司	2009.12.01～2014.12.01	0.1	颗粒剂	中等毒	黄瓜	根结线虫	2 250～3 000g/hm^2	土壤撒施

（续）

序号	类别	登记名称	登记证号	登记公司	有效期	总含量	剂型	毒性	作物	防治对象	用药量	用法
75	化学药剂	噻唑膦	PD20097986	浙江石原金牛农药有限公司	2009.12.01～2014.12.01	0.1	颗粒剂	中等毒	番茄	根结线虫	2 250～3 000g/hm^2	土壤撒施
76	化学药剂	涕灭威	PD43-87	德国拜耳作物科学公司	2007.04.19～2012.04.19	0.15	颗粒剂	剧毒	花生	线虫	2 250～3 000g/hm^2	沟施
77	化学药剂	涕灭威	PDN51-97	山东华阳科技股份有限公司	2008.06.23～2013.06.23	0.05	颗粒剂	剧毒	甘薯	茎线虫	1 500～2 250g/hm^2	沟施穴施
78	化学药剂	辛硫·甲拌磷	PDN58-98	山西化工农药实验厂	2008.12.10～2013.12.10	0.1	粉粒剂	中等毒 原药高毒	红麻	根结线虫	4 500～6 000g/hm^2	沟施
79	化学药剂	氰氨化钙	PD20110258	山东坤丰生物化工有限公司	2011.03.04～2016.03.04	0.5	颗粒剂	低毒	番茄	根结线虫	360～480kg/hm^2	沟施
80	化学药剂	氰氨化钙	PD20110258	山东坤丰生物化工有限公司	2011.03.04～2016.03.04	0.5	颗粒剂	低毒	黄瓜	根结线虫	360～480kg/hm^2	沟施
81	化学药剂	氰氨化钙	PD20110256	宁夏大荣化工冶金有限公司	2011.03.04～2016.03.04	0.5	颗粒剂	低毒	番茄	根结线虫	360～480kg/hm^2	沟施
82	化学药剂	氰氨化钙	PD20110256	宁夏大荣化工冶金有限公司	2011.03.04～2016.03.04	0.5	颗粒剂	低毒	黄瓜	根结线虫	360～480kg/hm^2	沟施
83	熏蒸药剂	氯化苦	PD84129	辽宁省大连绿峰化学股份有限公司	2009.12.03～2014.12.03	0.995	液剂	高毒	花生	根瘤线虫	500kg/hm^2	开沟施药
84	熏蒸药剂	棉隆	PD20070013	江苏南通施壮化工有限公司	2007.01.18～2012.01.18	0.98	微粒剂	低毒	番茄（设施）	线虫	29.4～44.1g/m^2	土壤处理
85	熏蒸药剂	棉隆	PD20070013	江苏南通施壮化工有限公司	2007.01.18～2012.01.18	0.98	微粒剂	低毒	草莓	线虫	30～40g/m^2	土壤处理
86	熏蒸药剂	棉隆	PD20070013	江苏南通施壮化工有限公司	2007.01.18～2012.01.18	0.98	微粒剂	低毒	花卉	线虫	30～40g/m^2	土壤处理
87	熏蒸药剂	威百亩	PD20081123	利民化工股份有限公司	2008.08.19～2013.09.19	0.35	水剂	微毒	番茄	根结线虫	21～31.5kg/hm^2	沟施

（续）

序号	类别	登记名称	登记证号	登记公司	有效期	总含量	剂型	毒性	作物	防治对象	用药量	用法
88		威百亩	PD20081123	利民化工股份有限公司	2008.08.19～2013.09.19	0.35	水剂	微毒	黄瓜	根结线虫	21～31.5kg/hm^2	沟施
89		威百亩	PD20101546	辽宁省沈阳丰收农药有限公司	2010.05.19～2015.05.19	0.35	水剂	低毒	黄瓜	根结线虫	21～31.5kg/hm^2	种前沟施
90	熏蒸药剂	溴甲烷	PD20070193	江苏省连云港死海溴化物有限公司	2007.07.11～2012.07.11	0.98	气体制剂	中等毒 原药高毒	黄瓜	根结线虫	490～735kg/hm^2	土壤处理
91		溴甲烷	PD20070193	江苏省连云港死海溴化物有限公司	2007.07.11～2012.07.11	0.98	气体制剂	中等毒 原药高毒	姜	根结线虫	50～75g/m^2	土壤处理
92		溴甲烷	PD20070193	江苏省连云港死海溴化物有限公司	2007.07.11～2012.07.11	0.98	气体制剂	中等毒 原药高毒	烟草（苗床）	土壤线虫	500～750kg/hm^2	土壤处理
93		溴甲烷	PD84122	江苏省连云港死海溴化物有限公司	2009.12.15～2014.12.15	0.99	原药	高毒	烟草（苗床）	土壤线虫	50～100g/m^2	熏蒸
94		溴甲烷	PD84122－2	江苏省连云港死海溴化物有限公司	2009.12.17～2014.12.17	0.99	原药	高毒	烟草（苗床）	土壤线虫	50～100g/m^2	熏蒸
95	生物药剂	淡紫拟青霉	PD20096840	福州凯立生物制品有限公司	2009.09.21～2014.09.21	2百亿孢子/g	母药	低毒				
97		淡紫拟青霉	PD20096841	福州凯立生物制品有限公司	2009.09.21～2014.09.21	2亿活孢子/g	粉剂	低毒	番茄	线虫	22.5～30kg/hm^2	穴施
98		厚孢轮枝菌	PD20070381	云南陆良酶制剂有限责任公司	2007.10.24～2012.10.24	2.5亿孢子/g	微粒剂	低毒	烟草	根结线虫	22.5～30kg/hm^2	穴施
99		苏云金杆菌	LS20100065	黑龙江佳木斯兴宇生物技术公司	2011.05.10～2012.05.10	4 000IU/mg	悬浮种衣剂	低毒	大豆	胞囊线虫	1∶60～80（药种比）	种子包衣

注：1. hm^2：公顷；Φ：直径。

2. 作物指的是正式登记的作物；防治对象指的是正式登记的防治对象。

3. 此表统计于2011年，应及时关注国家有关法规和文件以及农药登记最新信息，做到合法、合理、科学用药。

资料来源：中华人民共和国农业部农药检定所 http：//www.chinapesticide.gov.cn

参 考 文 献

蔡健和，朱桂宁，秦碧霞，等．2005．广西设施栽培蔬菜病虫害发生情况调查研究 [J]．广西农业科学，36 (2)：148-151.

曹坳程，褚世海，郭美霞，等．2002．硫酸氟——溴甲烷土壤消毒潜在的替代品 [J]．农药学学报，3：91-93.

曹坳程．2006．溴甲烷土壤消毒替代产品及使用技术原理 [D]．北京：中国农业大学.

陈贵林，乜兰春，李建文，等．2010．蔬菜嫁接育苗彩色图说 [M]．北京：中国农业出版社.

陈健平，陈垂瑜．2007．茶麸防治西瓜根结线虫病试验初报 [J]．广东农业科学，6：49-50.

陈立杰，刘彬，段玉玺，等．2008．白僵菌发酵液对不同种类线虫生物活性的影响 [J]．沈阳农业大学学报，39 (3)：305-308.

陈品三．2000．我国主要植物病原线虫发生为害概览 [J]．农药市场信息，9：19-20.

陈书龙，李秀花，马娟．2006．河北省根结线虫发生种类与分布 [J]．华北农学报，21 (4)：91-94.

陈艳珍，侯桂兰．1997．黄瓜根结线虫病的发生和防治 [J]．农村科技开发，5：14.

陈云峰，曹志平．2007．番茄抗性砧木对温室根结线虫和土壤自由生活线虫群落结构动态的影响 [J]．中国生态农业学报，15 (3)：108-112.

陈云峰．2004．甲基溴替代技术对番茄根结线虫和土壤自由生活线虫种群动态的影响 [D]．北京：中国农业大学.

陈志杰，罗广琪，张淑莲，等．2006．陕西设施蔬菜根结线虫病发生现状及环境友好性防治技术研究 [J]．陕西农业科学，6：89-91.

陈志杰，张锋，梁银丽，等．2004．陕西设施蔬菜根结线虫病流行因素与控制对策 [J]．西北农业学报，14 (3)，32-37.

陈志杰，张淑莲，李泽宽，等．2008．陕西温室番茄根结线虫病发生规律与绿色防治技术 [J]．陕西农业科学，5：49-51.

陈志杰，张淑莲，张锋，等．2008．温度处理对温室黄瓜根结线虫病的控制效果研究 [J]．西北农业学报，17 (4)：177-180.

褚世海．2003．保护地番茄甲基溴替代技术研究 [D]．武汉：华中农业大学.

崔国庆，刘朝贵．2006．黄瓜根结线虫的发生及氰胺化钙土壤消毒技术 [J]．现代农业科技，3：36，44.

崔国庆．2006．石灰氮防治土传病害机理及对蔬菜生长影响研究 [D]．重庆：西南大学.

崔文海，刘凤兰．2001．蔬菜根结线虫的发生与防治 [J]．农民致富之友，8：15.

戴梅，徐丽娟，武侠，等. 2009. PGPR 对番茄南方根结线虫病的影响［J］. 中国生物防治，25（2）181－184.
邓国平. 2007. 淡紫拟青霉 E7 菌株生物学特性及其防治植物根结线虫的应用研究［D］. 海口：华南热带农业大学.
邓莲，赵灵芝，刘丽英，等. 2007. 抗南方根结线虫不同番茄砧木田间综合评价［J］. 中国蔬菜，6：13－16.
邓莲. 2007. 抗南方根结线虫砧木评价及抗性机制研究［D］. 北京：中国农业大学.
丁琦，徐守健，闰磊，等. 2006. 具杀线虫作用的植物源化合物研究［J］. 世界农药，28（2）：28，33－40.
董丹. 2007. 番茄不同抗性材料的根系分泌物和提取物的抑病效果初探［D］. 北京：中国农业大学.
董道峰，曹志平，曲英华，等. 2006. 评价番茄砧木组培苗对南方根结线虫的抗性［J］. 中国蔬菜，8：18－20.
董道峰，韩利芳，王秀徽，等. 2007. 番茄抗性品种与黄瓜轮作对根结线虫的防治作用［J］. 植物保护，33（1）：51－54.
董娜，张路平，康云晖. 2003. 植物线虫寄生策略及致病机理［J］. 河北师范大学学报（自然科学版），27（3）：298－301，308.
董炜博，石延茂，迟玉成，等. 1999. 穿刺巴氏杆菌防治植物根结线虫病的研究现状及其应用前景［J］. 中国生物防治，15（2）：89－93.
董炜博，石延茂，李荣光，等. 2004. 山东省保护地蔬菜根结线虫的种类及发生［J］. 莱阳农学院学报，21（2）：106－108，200.
杜晓莉，尚新江，焦书生，等. 2008. 西瓜根结线虫病的发生与防治［J］. 现代农业科技，4：85.
段玉玺，陈立杰. 2009. 大豆胞囊线虫病及其防治［M］. 北京：金盾出版社.
段玉玺，吴刚. 2002. 植物线虫病害防治［M］. 北京：中国农业科学技术出版社.
樊颖伦，吕山花，李守国，等. 2008. 康宁木霉对根结线虫的防治研究初报［J］. 北方园艺，7：234－236.
樊颖伦，吕山花，孙晓，等. 2008. 山东聊城保护地蔬菜根结线虫种类鉴定［J］. 北方园艺，3：214－216.
范鸿雁，何凡，李向宏，等. 2006. 几种杀线剂对番木瓜根结线虫病的防效［J］. 农药，45（9）：641－642.
范建斌，刘颖. 2002. 豆科植物可防治线虫［J］. 云南科技报，7（8）：4.
范昆，王开运，胡燕，等. 2006. 1，3－二氯丙烯对番茄根结线虫病的防治效果［J］. 山东农业大学学报：自然科学版，37（3）：325－328.
范昆. 2006. 1，3－二氯丙烯对番茄根结线虫的控制效果和环境生态效应［D］. 泰安：山东农业大学.
房华，廖金铃，吴庆丽，等. 2004. 茶树菇菌渣对番茄根结线虫病防治的初步研究［J］. 莱阳农学院学报，21（2）：182－184.
冯明祥，王佩圣，姜瑞德，等. 2007. 农药混用进行土壤消毒防治番茄根结线虫技术研究［J］. 农业环境科学学报，26（增刊）：643－646.
冯志新. 2001. 植物线虫学［M］. 北京：中国农业出版社.
符美英，陈绵才，肖彤斌，等. 2008. 根结线虫与寄主植物互作机理的研究进展［J］. 热带农业科学，28（3）：73-77.
富丽萍，李天飞，杨铭．1994．几种捕食线虫真菌对烟草根结线虫致病力研究初报［J］．中国烟草，3：25-27.
盖志武，孙立娜，魏丹，等．2007．微波对土壤微生物及其群落功能多样性的影响［J］．河南农业科学，3：73-77.
高桥俊巳．2006．これからの土壌消毒［M］．东京：诚文堂新光社．
高青海，徐坤，高辉远，等．2005．不同茄子砧木幼苗抗冷性的筛选［J］．中国农业科学，38（5）：1005-1010.
高赟，漆永红，刘永刚，等．2009．甘肃河西地区番茄根结线虫病病原鉴定［J］．植物保护，35（3）：127-129.
辜松，王忠伟．2006．日本设施栽培土壤热水消毒技术的发展现状［J］．农业机械学报，37（11）：167-170.
谷希树，白义川，胡学雄，等．2003．蔬菜根结线虫病的发生与防治［J］．天津农业科学，9（3）：35-37.
顾晓慧，王立浩，毛胜利，等．2006．辣椒根结线虫防治与抗性育种研究进展［J］．中国蔬菜，5：33-36.
郭达伟，曾军，陈淮川．2005．甲壳质（基多66）对番茄根结线虫的田间抑制试验［J］．武夷科学，9：117-119.
郭凤广．2003．根结线虫生防真菌的分类研究［D］．沈阳：沈阳农业大学．
郭衍银，徐坤，王秀峰，等．2004．生姜根结线虫病病原鉴定及发生规律［J］．植物保护学报，9，31（3）：241-246.
郭永霞，金永玲．2007．蔬菜根结线虫综合防治研究进展［J］．中国农学通报，23（3）：376-379.
郭玉莲．2004．鸡粪防治温室蔬菜根结线虫病研究［J］．中国农学通报，20（2）：201-202.
韩方胜，尹建国，李毅，等．2008．5%线虫必克防治黄瓜根结线虫病试验初探［J］．现代农业科技，3：72.
韩丽芳．2008．番茄砧木对南方根结线虫的抗性机制初探及其生态效应［D］．北京：中国农业大学．
郝桂玉．2008．日光温室根结线虫的生物学特征及防治措施［J］．中国集体经济，4：176-177.
何军，马志卿，张兴．2006．植物源农药概述［J］．西北农林科技大学学报（自然科学版），34（9）：79-85.
何胜洋，葛起新．1987．南方根结线虫的天敌真菌［J］．植物病理学报，14（4）：225-232.
贺超兴，张志斌，王怀松．2009．高温热水处理防治温室番茄土壤根结线虫的研究［J］．北方园艺，5：140-142.
贺现辉，朱兴全，徐民俊．2011．寄生线虫RNA干扰研究进展［J］．生物技术，38（3）：65-68.
洪权春，胡海燕．2008．商丘地区保护地番茄根结线虫种类鉴定［J］．安徽农业科学，36（25）：10973-10974.
胡春丽．2008．不同植物根系分泌物对根结线虫趋向性迁移基因（*Mt-mpk-1*）表达影响［D］．北京：中国农业大学．
华静月，张长龄，王东．1989．一种防治线虫真菌——淡紫拟青霉［J］．植物保护，15（1）：29-30.
黄金玲．2007．蔬菜根结线虫生防细菌的筛选［D］．南宁：广西大学．

黄三文，张宝玺，郭家珍，等. 2000. 辣（甜）椒根结线虫的危害、防治和抗病育种［J］. 园艺学报，27（增刊）：515－521.
黄翔. 1993. 南方根结线虫在香蕉离体苗上的发育研究［D］. 厦门：厦门大学.
黄耀师，梁震，李丽. 2000. 我国植物线虫研究和防治进展［J］. 农药，39（2）：11－13.
贾利华，文国松，李永忠，等. 2009. 氮磷钾肥对烟草根结线虫病抗性研究［J］. 现代农业科学，6（3）：62－65.
姜培增，李宏园，陈铁保. 2006. 淡紫拟青霉防治植物线虫研究进展［J］. 中国农业科技导报，8（6）：38－41.
姜玉兰. 2006. 蔬菜南方根结线虫的发生与防治［J］. 中国种业，4：37－38.
蒋淑芝，张志斌，张真和. 2005. 灌注热水消毒法防治设施蔬菜土传病虫害技术考察［J］. 中国蔬菜，9：41.
蒋太平，欧阳克，芳夏，等. 2007. 武汉园林花木根结线虫的发生及其防治技术［J］. 园林科技，206（4）：24－26.
柯云，潘沧桑. 2007. 几种植物提取液对根结线虫的抑杀作用［J］. 厦门大学学报（自然科学版），46（5）：711－714.
孔凡彬. 2005. 茄子根结线虫发生规律及综合防治技术［J］. 河南农业科学，9：109－110.
孔祥义，李劲松，许如意，等. 2007. 海南大棚甜瓜根结线虫病研究［J］. 农技服务，24（9）：54－55.
雷敬超，黄惠琴. 2007. 南方根结线虫生物防治研究进展［J］. 中国生物防治，23（增刊）：76－81.
李宝聚，段玉玺，崔国庆，等. 2006. 蔬菜根结线虫的发生与日光土壤消毒技术［J］. 中国蔬菜（5）：49－50.
李宝聚. 2006. 我国蔬菜病害研究现状与展望［J］. 中国蔬菜，1：1－5.
李芳，刘波，黄素芳. 2004. 淡紫拟青霉研究概况与展望［J］. 昆虫天敌，26（3）：132－139.
李芳，张绍升，陈家骅. 1998. 淡紫拟青霉对烟草根结线虫的防治效果［J］. 福建农业大学学报，27（2）：196－199.
李乖绵，张荣，毛琦，等. 2007. 新型杀线虫剂 2% Agri－Terra 防治黄瓜根结线虫（*Meloidogyne incognita*）的效果［J］. 西北农业学报，16（5）：285－287.
李洪涛，张翠绵，沈江卫，等. 2006. 黄瓜根结线虫拮抗菌筛选及作用机理初探［J］. 河北大学学报：自然科学版，26（1）：91－96.
李江波，胡艳红，冯纪年. 2008. 洛阳温室蔬菜根结线虫的初步鉴定及其毒力测定［J］. 安徽农业科学，36（36）：15827－15828.
李茂胜，严叔平，张琳，等. 2001. 枯萎病菌和根结线虫对黄瓜复合侵染研究［J］. 福建农业学报，16（2）：28－31.
李明社. 2006. 生物熏蒸和热水消毒法替代甲基溴用于植物土传病害治理的研究［D］. 乌鲁木齐：新疆农业大学.
李天飞，张克勤，刘杏忠. 2000. 食线虫菌物分类学［M］. 北京：中国科学技术出版社.
李天飞. 2004. 植物寄生线虫生物防治［M］. 北京：中国科学技术出版社.
李文超，董会，王秀峰. 2006. 根结线虫对日光温室黄瓜生长、果实品质及产量的影响［J］. 山东农业大学学报：自然科学版，37（1）：35－38.
李文超，王秀峰. 2006. 根结线虫对日光温室黄瓜微量元素含量的影响［J］. 西北农业学报，15

(2)：91-95.
李文超. 2005. 根结线虫对日光温室黄瓜生理生化特性的影响 [D]. 泰安：山东农业大学.
李晓林，冯固. 2001. 丛枝菌根真菌的生态生理 [M]. 北京：华夏出版社.
李勋卓，舒静，丁克坚，等. 2007. 上海地区土壤线虫类型与西瓜枯萎病的关系研究 [J]. 安徽农业科学，35 (10)：2934-2935.
李英梅，陈志杰，张淑莲，等. 2008. 蔬菜根结线虫病无公害防治技术研究的新进展 [J]. 中国农学通报，24 (7)：369-374.
连玲丽，谢荔岩，许曼琳，等. 2007. 芽孢杆菌对青枯病菌—根结线虫复合侵染病害的生物防治 [J]. 浙江大学学报：农业与生命科学版，33 (2)：190-196.
连玲丽. 2007. 芽孢杆菌的生防菌株筛选及其抑病机理 [D]. 福州：福建农林大学.
廖金铃，蒋寒，孙龙华，等. 2003. 中国南方地区作物根结线虫种和小种的鉴定 [J]. 华中农业大学学报，12，22 (6)：544-548.
廖金陵，彭德良，段玉玺. 2006. 中国植物线虫学研究 [M]. 北京：中国农业科学技术出版社.
林丽飞，邓裕亮，江楠，等. 2004. 我国药用植物根结线虫病的分布与为害 [J]. 云南农业大学学报，12，19 (6)：666-669.
林茂松，沈素文. 1994. 厚壁孢子轮枝菌防治南方根结线虫研究初报 [J]. 生物防治通报，10 (1)：7-10.
林茂松，张治宇. 2001. 尖镰孢菌非致病菌株对南方根结线虫数量的控制 [J]. 南京农业大学学报，24 (1)：40-42.
林秀敏，陈清泉. 1992. 几种作物根结线虫病的研究及线虫致病菌穿刺芽孢杆菌 *Bacillus penetrans* 在福建的发现 [J]. 武夷科学，9：261-168.
刘长令，马韵升，陈昆，等. 2008. 世界农药大全：杀菌剂卷 [M]. 北京：化学工业出版社.
刘桂玲，杨永恒，张翠云. 2003. 黄瓜根结线虫病的发生规律及防治措施 [J]. 农业科技通讯，2：32-33.
刘国坤，肖顺，洪彩凤，等. 2006. 镰刀菌对南方根结线虫卵的寄生特性 [J]. 福建农林大学学报：自然科学版，35 (5)：459-462.
刘海玉. 2009. 蔬菜根结线虫病发病特点与防治对策 [J]. 农技服务，26 (4)：82，143.
刘辉志. 2004. 复合型有机改良剂对黄瓜根结线虫病的防治效果及防治机制的研究 [D]. 郑州：河南农业大学.
刘鸣韬，孙化田，张定. 2009. 春保护地蔬菜田根结线虫的分布及发生规律研究 [J]. 河南农业科学，1：64-66.
刘奇志，李娜，王丽，等. 2008. 南方根结线虫侵染黄瓜幼根组织病理学观察 [J]. 中国农业大学学报，13 (4)：51-56.
刘庆安，甘立军，夏凯. 2008. 茉莉酸甲酯和水杨酸对黄瓜根结线虫的防治 [J]. 南京农业大学学报，31 (1)：141-145.
刘润进，裘维蕃. 1994. 内生菌根菌（VAM）诱导植物抗病性研究的新进展 [J]. 植物病理学报，24 (1)：1-4.
刘霆，刘伟成，裘季燕，等. 2008. 2% Agri-Terra 颗粒剂防治番茄根结线虫 [J]. 农药，47 (12)：915-916.
刘维志，邢丽娟，谢永峰. 1999. 厚垣轮枝菌对多菌灵、乙草胺和威霸的反应 [J]. 沈阳农业大学学报，30 (3)：326-329.

刘维志．1993．英汉线虫学词汇［M］．沈阳：辽宁科学技术出版社．
刘维志．1995．植物线虫学研究技术［M］．沈阳：辽宁科学技术出版社．
刘维志．2000．植物病原线虫学［M］．北京：中国农业出版社．
刘维志．2004．植物线虫志［M］．北京：中国农业出版社．
刘维志．2007．保护地蔬菜根结线虫病控制［J］．植物医院，11：46－47．
刘杏忠，张克勤，李天飞．2004．植物寄生线虫生物防治［M］．北京：中国科学技术出版社．
刘杏忠．1991．中国食线虫真菌的分类学及生态学研究［D］．北京：中国农业大学．
卢明科，潘沧桑，李舟．2004．厚垣轮枝孢菌（*Verticillium chlamydosporium*）防治植物线虫研究进展［J］．西北农林科技大学学报：自然科学版，32（4）：103－107．
卢志军，郑翔，张群峰，等．2011．蔬菜根结线虫的综合防治［J］．中国蔬菜，13：26－28．
陆秀红，刘志明，黄金玲，等．2006．白花曼陀罗叶提取物对南方根结线虫生长发育的影响［J］．广西农业生物科学，25（2）：136－139．
陆秀红，刘志明，刘纪霜，等．2006．白花曼陀罗叶总碱提取物杀线活性及其作用机理研究［J］．中国农学通报，22（12）：331－334．
陆秀红，刘志明．2004．杀线植物的研究进展［J］．广西农业科学，35（2）：140－142．
罗巨方，王建宏．2005．厚皮甜瓜根结线虫病的发生与防治［J］．中国西瓜甜瓜，2：50．
罗兰，谢丙炎，杨宇红，等．2007．具杀线虫活性的苏云金杆菌筛选研究［J］．植物病理学报，37（3）：314－316．
马承铸，魏春妹．2000．阿维菌素同系物和衍生物［J］．上海农业学报，16（增刊）：64－68．
马正义，刘滨疆，张清江．2006．土壤线虫的电处理方法［J］．农机科技推广，10：36－37．
毛琦，张荣，张小艳，等．2007．陕西省温室蔬菜根结线虫的种类鉴定［J］．西北农林科技大学学报：自然科学版，35（8）：135－138．
茆振川，谢丙炎，杨之为，等．2006．根结线虫与植物的分子互作［J］．园艺学报，33（4）：901－907．
倪长春．2006．线虫与土壤病害的防治［J］．世界农药，28（4）：34－37．
彭德良，张东升．1999．我国北方巴氏杆菌发生分布的调查［J］．云南农业大学学报，14（增刊）：120－121．
钱振官，张大业，马承铸．1993．寡孢节丛孢和褶生轮枝菌对根结线虫的致病力［J］．生物防治通报，9（2）：91－92．
秦公伟．2006．山东省番茄根结线虫种类鉴定和抗性种质资源筛选［J］．莱阳：莱阳农学院．
秦引雪．2006．棚室蔬菜根结线虫病的发生与防治［J］．山西农业：农业科技版，3：22．
曲松，李海青，钟玉寨，等．2006．保护地甜瓜根结线虫病的发生与综合防治［J］．农业科技通讯，1：50．
荣国忠，熊桂华，黄泽虎，等．2008．南方根结线虫病的初步观察［J］．江西棉花，2（2）：51－52．
阮美颖，杨悦俭，王荣青，等．2009．番茄内固定嫁接技术试验［J］．浙江农业科学，2：238－239．
沈寅初，杨慧心．1994．杀虫抗生素 Avermectin 的开发及特殊性［J］．农药译丛，18（6）：50－57．
盛仙俏，张发成，许长青，等．2006．芹菜根结线虫并发生规律及无害化控制技术［J］．当代蔬菜，1：44．
舒静．2006．上海地区土壤线虫优势种类的分布、影响因子及其与西瓜枯萎病关系的研究［J］．合肥：安徽农业大学.
宋敏丽. 2007. 茄子砧木黄萎病抗性的苗期室内接种鉴定［J］. 太原师范学院学报：自然科学版，6（1）：128－130.
宋兆欣. 2008. 1，3－二氯丙烯与二甲基二硫作为土壤熏蒸剂的应用技术研究［J］. 北京：中国农业科学院.
孙翠平，吴慧平，杨传广，等. 2007. 合肥地区南方根结线虫入侵对番茄青枯病发生的影响［J］. 安徽农业科学，35（23）：7196－7197.
孙丰宝，于开亮，梅福杰，等. 2003. 蔬菜根肿病与根结线虫病的区分及无公害防治技术［J］. 西北园艺，7：36－37.
孙建华，齐军山，冯欣，等. 2005. Sr18 生物杀线虫制剂防治黄瓜根结线虫病研究［J］. 华北农学报，20（4）：74－78.
孙林富，王文瑞. 2007. 温室蔬菜根结线虫病的发生规律及防治对策［J］. 植物保护，4：24－25.
孙世伟，桑利伟. 2008. 根结线虫防治研究进展［J］. 现代农业科技，11：181－183.
田芳. 2007. 北方保护地蔬菜土传病害发生及防治［J］. 吉林蔬菜，3：43－44.
万新建，筒井政道，缪南生. 2008. 太阳能土壤消毒效果研究简报［J］. 长江蔬菜，11：57－58.
汪来发，杨宝军，关文刚，等. 1998. 淡紫拟青霉和厚壁轮枝霉防治南方根结线虫［J］. 四川农业大学学报，16（2）：231－233.
汪来发，杨宝君，李传道. 2001. 华东地区根结线虫的调查［J］. 林业科学研究，14（5）：484－489.
汪来发，杨宝君，李传道. 2001. 华东地区根结线虫寄生真菌调查［J］. 真菌系统，20（2）：264－267.
王波，李红梅，王碧，等. 2009. 淡紫拟青霉与放线菌代谢物复配对南方根结线虫的防治［J］. 南京农业大学学报，32（1）：55－60.
王倡宪，李晓林，秦岭，等. 2007. 利用丛枝菌根真菌提高植物抗病性研究进展［J］. 中国生物防治，23（增刊）64－69.
王东昌，梁晨，赵洪海，等. 2001. Cu、Mg 离子对淡紫拟青霉和厚垣轮枝菌生长的影响［J］. 植物保护，8，27（4）：30－32.
王怀松，张志斌，蒋淑芝，等. 2007. 土壤热水处理对根结线虫的防治效果［J］. 中国蔬菜，2：28－30.
王会芳，肖彤斌，陈绵才，等. 2007. 真菌和细菌防治根结线虫的研究进展［J］. 广东农业科学，8：45－48.
王明祖，吴秋芳. 1990. 根结线虫卵寄生真菌研究Ⅰ. 卵寄生真菌的筛选［J］. 华中农业大学学报，9（3）：225－229.
王鹏，邹国元，张淑彬，等. 2009. 丛枝菌根真菌对黄瓜南方根结线虫病的影响［J］. 甘肃农业大学学报，2（44）：90－93.
王青秀. 2008. 温棚小型西瓜根结线虫病防治技术［J］. 西北园艺，5：34.
王仁刚，简恒，向红琼，等. 2007. 北京地区保护地蔬菜根结线虫种类鉴定［J］. 植物保护，33（3）：90－92.
王仁刚. 2006. 京郊保护地蔬菜轮作方式对南方根结线虫种群的影响［D］. 贵阳：贵州大学.
王晓东，全俊仁，李国英，等. 2003. 石河子北郊温室甜瓜根结线虫鉴定初报［J］. 新疆农业科学，40（6）：376－377.

王晓玥．2010．番茄抗根结线虫基因及抗病育种进展［J］．农家之友，292：1－2．
王新荣，纪春艳，朱孝伟．2006．根结线虫调控其寄主巨型细胞信号研究进展［J］．广东农业科学，5：113－116．
王彦荣，袁宁．2008．番茄黄瓜根结线虫病的发生及防治［J］．西北园艺，1：33－34．
王艳玲，胡正嘉．2000．VA 菌根真菌对番茄线虫病的影响［J］．华中农业大学学报，19（1）：25－28．
王燕．2007．大量元素营养胁迫对根结线虫诱导的巨型细胞的影响［D］．厦门：厦门大学．
位燕，魏军，王越芹，等．2008．AM 真菌和 PGPR 对番茄根结线虫病的影响［J］．农林科学苑，27：317－318．
魏学军，杨文香，刘大群，等．2006．植物根结线虫分子鉴定研究进展［J］．中国农学通报，22（8）：401－404．
魏学军．2004．蔬菜根结线虫生防菌的筛选与鉴定［D］．保定：河北农业大学．
文廷刚，刘凤淮，杜小凤，等．2008．根结线虫病发生与防治研究进展［J］．安徽农学通报，14（9）：183－185．
翁群芳，钟国华，王文祥，等．2006．植物提取物对南方根结线虫的控制作用［J］．华南农业大学学报，27（1）：55－60．
吴凤芝，赵凤艳，刘元英．2000．设施蔬菜连作障碍原因综合分析与防治措施［J］．东北农业大学学报，3：241－247．
吴华．2007．辣根植物杀虫杀菌活性精油的提取及应用研究［D］．武汉：华中农业大学．
吴文君，高希武，师宝君，等．2004．生物农药及其应用［M］．北京：化学工业出版社．
武扬，郑经武，商晗武，等．2005．根结线虫分类和鉴定途径及进展［J］．浙江农业学报，17（2）：106－110．
肖顺，张绍升，刘国坤．2006．淡紫拟青霉对根结线虫的防治作用［J］．福建农林大学学报：自然科学版，35（5）：464－466．
肖顺．2004．根结线虫的寄生菌物生物多样性［J］．福建农林大学学报：自然科学版，33（4）：434－437．
肖万里，张小鹏，任新泉，等．2008．花卉线虫病害的综合防治［J］．中国花卉园艺，8：15－16．
肖炎农，王明祖，付艳平，等．2000．蔬菜根结线虫病情分级方法比较［J］．华中农业大学学报，8，19（4）：336－338．
谢德燕．2008．根结线虫培养技术改进及其土壤修复剂防治施用技术研究［D］．北京：中国农业大学．
谢辉，冯志新．2000．植物线虫的分类现状［J］．植物病理学报，30（1）：1－6．
谢辉．2000．植物线虫分类学［M］．合肥：安徽科学技术出版社．
徐丽君，王英满，徐建陶．2008．阿维菌素的研究与应用前景探析［J］．现代农业科技，21：166－168．
徐守东．2008．设施黄瓜的双砧木嫁接试验［J］．中国农技推广，9：27－28．
徐小明，徐坤，于芹，等．2008．茄子砧木对南方根结线虫抗性的鉴定与评价［J］．园艺学报，35（10）：1461－1466．
徐小明．2008．茄子砧木对南方根结线虫抗性鉴定及抗性机制研究［D］．泰安：山东农业大学．
许萍萍，沈培垠．2008．分子生物学鉴定植物寄生线虫研究综述［J］．江苏农业科学，5：126－128．

许如意，曹兵，李劲松，等. 2007. 我国西瓜嫁接技术的研究进展 [J]. 广西园艺，18（4）：55-56.
许勇，康国斌，刘国栋，等. 2010. 京欣砧1号与西瓜断根嫁接技术 [J]. 长江蔬菜，8：21.
许勇. 2005. 西瓜断根嫁接法 [J]. 种植世界，1：18-19.
许志刚. 1997. 普通植物病理学 [M]. 北京：中国农业出版社.
杨怀文. 2005. 迈向21世纪的中国生物防治 [M]. 北京：中国农业科学技术出版社.
杨吉福，李存涛，胡忠新，等. 2006. 芦荟后茬根结线虫病的防治技术 [J]. 上海蔬菜，5：64-65.
杨景娟，卜凡平，尹承华，等. 2008. 蔬菜根结线虫病的发生为害规律及其防治措施 [J]. 北京农业，2：14-15.
杨秀娟，何玉仙，卢学松，等. 2005. 若干植物粗提物对根结线虫幼虫的杀线虫活性测定 [J]. 福建农业学报，20（1）：19-22.
叶钟音，王荫长，李希平. 2002. 现代农药应用技术全书 [M]. 北京：中国农业出版社.
应喜娟，刘丽娟，柳宇琰，等. 2007. 植物线虫的分泌蛋白质及其功能研究进展 [J]. 长江大学学报：自然科学版　农学卷，4（3）：5-8.
于贤昌. 1998. 蔬菜嫁接的研究与应用 [J]. 山东农业大学学报，6：249-251.
于子川，王利文，王宾，等. 2007. 番茄根结线虫病的发生及防治 [J]. 现代农业科技，17：103.
喻景权. 2011. “十一五”我国设施蔬菜生产和科技进展及其展望 [J]. 中国蔬菜，2：11-23.
袁斌. 1999. 番茄抗根结线虫的品种鉴定及抗性反应的研究 [J]. 武汉：华中农业大学.
袁林，王燕，方文珍，等. 2006. 在钾素胁迫下根结线虫感染诱导的巨型细胞细胞壁的应答 [J]. 厦门大学学报（自然科学版），45（增刊）：114-118.
袁林，王燕，方文珍，等. 2007. K^+胁迫和K^+通道抑制剂对爪哇根结线虫诱导的巨型细胞的影响 [J]. 长江大学学报：自然科学版　农学卷，4（1）：8-11.
袁林. 2007. 根结线虫诱导的巨型细胞研究 [D]. 厦门：厦门大学.
张帆，陈昌梅，陈昌权，等. 2004. 巴氏杆菌对烟草根结线虫的生物防治 [J]. 石河子大学学报：自然科学版，22：64-65.
张克勤，何世川，周薇，等. 1991. 真菌和细菌在线虫生防中的作用及其研究进展 [M] // [作者不详]. 杀虫微生物：第三卷. 武汉：华中师范大学出版社.
张克勤，刘杏忠，李天飞. 2001. 食线虫菌物生物学 [M]. 北京：中国科学技术出版社.
张立丹，张俊伶，李晓林. 2011. 丛枝菌根与植物寄生性线虫相互作用及抗性机制 [J]. 土壤，43（3）：426-432.
张立宁，程继鸿，杨瑞，等. 2010. 不同温敏型番茄感染根结线虫后光合特性变化 [J]. 西北农业学报，19，5：149-152.
张美淑，金大勇. 2005. 曼陀罗在植保领域的利用现状及展望 [J]. 中国林副特产，3：80.
张敏，刘晟，顾玲，等. 2009. 我国具有杀根结线虫活性的植物资源统计 [J]. 安徽农业科学，37（9）：4225-4227，4261.
张楠，赵卫星，孙治强，等. 2008. 抑杀南方根结线虫的植物活性提取液的筛选 [J]. 甘肃农业大学学报，43（4）：87-90.
张绍升. 1999. 植物线虫病害诊断与治理 [M]. 福州：福建科学技术出版社.
张慎璞，王希娥，李平. 2008. 番茄根结线虫病的无公害防治技术 [J]. 河南农业，3：27.
张慎璞. 2007. 抗根结线虫番茄砧木材料的培育及利用研究 [D]. 北京：中国农业大学.

张铁峰，张俊国，魏胜利. 2008. 植物对线虫的反应和抵制作用研究 [J]. 林业勘查设计，2：51 -53.
张新德，刘杏忠，张金远. 1993. 食线虫真菌防治的初步研究 [J]. 生物防治通报，9 (2)：89 -90.
张燕燕，阎庆九. 2009. 茄子根结线虫病的发生与防治 [J]. 现代农业科技，10：102 -103.
张原，杨方文. 2006. 论湖北省蔬菜主要病虫草害综合防治对策 [J]. 湖北植保，4：48.
赵光华，齐艳花，张海芳. 2009. 黄瓜双砧木嫁接技术初探 [J]. 长江蔬菜：学术版，2：48 -49.
赵洪海，袁辉，武侠，等. 2003. 山东省根结线虫的种类与分布 [J]. 莱阳农学院学报，20 (4)：243 - 247.
赵鸿，彭德良，朱建兰. 2003. 根结线虫的研究现状 [J]. 植物保护，29 (6)：6 - 10.
赵利民，程永安. 2007. 保护地瓜菜根结线虫病的发生与防治 [J]. 西北园艺，3：31 -33.
赵培宝，任爱芝，李艳文，等. 2008. 聊城市园林植物线虫种类调查与群体密度消长动态研究 [J]. 农业科技与装备，2，1：22 - 24.
赵培静，任文彬，缪承杜，等. 2007. 淡紫拟青霉研究进展与展望 [J]. 安徽农业科学，35 (30)：9672 - 9674，9793.
赵文霞. 2006. 中国植物线虫名录 [M]. 北京：中国林业出版社.
赵掌，郝桂玉. 2009. 植物根结线虫的实用防治技术 [J]. 河北农业科学，13 (4)：34 -36.
郑长英，曹志平，孙立宁. 2004. 环境条件对番茄根结线虫病的影响 [J]. 莱阳农学院学报，21 (3)：231 - 233.
郑长英. 2004. 抗性砧木嫁接番茄控制土传病害的研究 [D]. 北京：中国农业大学.
郑建秋. 2004. 现代蔬菜病虫鉴别与防治手册：全彩版 [M]. 北京：中国农业出版社.
郑建余. 2007. 蔬菜根肿病和根结线虫病的区别及防治 [J]. 安徽农学通报，13 (18)：285.
郑良，Howard Ferris. 2001. 58 种中（草）药对植物寄生线虫 *Meloidogyne javanica* 和 *Pratylenchus vulnus* 的药效研究 [J]. 植物病理学报，31 (1)：175 - 183.
郑永利，吴华新，陈彩霞，等. 2006. 10%福气多颗粒剂防治芹菜根结线虫药效试验 [J]. 中国蔬菜，5：24 - 25.
周宝利. 1997. 蔬菜嫁接栽培 [M]. 北京：中国农业出版社.
周横. 2010. 蔬菜嫁接新三法 [J]. 林木园艺，11：11 - 12.
周厚发，陈凤英，李维蛟，等. 2007. 江西植物根结线虫种类初步调查与鉴定 [J]. 江西农业学报，19 (8)：40 - 43.
周靖，廖美德，徐汉虹. 2007. 淡紫拟青霉（*Paecilomyces lilacinus*）培养条件的优化 [J]. 微生物学杂志，27 (2)：45 - 48.
周霞，刘俊展，王小梦，等. 2006. 大棚黄瓜根结线虫病的发生特点与综合防治技术 [J]. 农业科技通讯，11：43 - 44.
朱广启. 2008. 不同植物残渣、川楝树粉防治桔梗根结线虫病研究 [J]. 陕西农业科学，5：24 -26.
朱进，别之龙，许传波，等. 2007. 小西瓜断根插接穴盘育苗技术 [J]. 长江蔬菜，11：18 - 19.
朱开建，王博，方文珍，等. 2006. 堆肥浸提物和堆肥茶抑制爪哇根结线虫的盆栽试验 [J]. 长江大学学报：自然科学版 农学卷，3 (1)：116 - 118，122.
朱卫刚，胡伟群，陈定花. 2008. 阿维菌素对南方根结线虫的生物活性 [J]. 现代农药，7 (4)：38 - 39.

祝明亮，李天飞，张克勤，等. 2004. 根结线虫生防资源概况及进展 [J]. 微生物学通报，31（1）：100-104.

邹金环，张爱萍. 2007. 根结线虫对日光温室黄瓜生长和品质的影响 [J]. 北方园艺，11：197-199.

A L 泰勒，J N 萨塞著. 1983. 植物根结线虫 [M]. 杨宝君，曾大鹏，译. 北京：科学出版社.

ABAD P，FAVERY B，ROSSO M N，et al. 2003. Root-knot nematode parasitism and host response：molecular basis of a sophisticated interaction [J]. Molecular Plant Pathology，4：217-224.

ALI N I，SIDDIQUI A，ZAKI M J，et al. 2001. Nematicidal potential of *Lantana camara* against *Meloidogyne javania* in mungbean [J]. Nematologia Mediterranea，29（1）：99-102.

ALIREZA S，ISGOUHI K，JACK V，et al. 2011. Linked，if not the same，*Mi*-1 homologues confer resistance to tomato powdery mildew and root-knot nematodes [J]. Molecular Plant-Microbe Interactions，24（4）：441-450.

ARMENGAUD P，BREITLING R and AMTAMANN A. 2004. The potassium-dependent transcriptome of *Arabidopsis* reveals a prominent role of jasmonic acid in nutrient signaling [J]. Plant Physiology，136：2556-2576.

BALDWIN J G and LUC M. 1995. Current problem in taxonomy [J]. Nematologica，41（4）：357-358.

BARKER K R，CARTER C C and SASSER J N. 1985. International *Meloidogyne* Project [M]. Department of Plant Pathology，North Carolina State University Raleigh（USA）.

BARKER K R，HUSSEY R S，KRUSBERG L R，et al. 1994. Plant and soil nematodes：societal impact and focus for the future [J]. Journal of Nematology，26（2）：127-137.

BARTEL D P. 2004. Micro RNAs：genomics，biogenesis，mechanism，mechanism，and function [J]. Cell，116（2）：281-297.

BARTEL V，JAN D M，TOM T，et al. 2004. Secretions of plant-parasitic nematodes：a molecular update [J]. Gene，14（332）：13-27.

BASILE M，LAMBERTI F and RUSO G. 1990. Efficacy and toxiciity of l，3-diehloropropene in nematode control in vineyard [J]. Vignevini，17（11）：53-56.

BEGUM S，WAHAB A，SIDDLQUI B S，et al. 2000. Nematicidal constituents of the aerial parts of *Lantana camara* [J]. Journal of Natural Products，63（6）：765-767.

BELLAFIORE S and BRIGGS S P. 2010. Nematode effectors and plant responses to infection [J]. Current Opinion in Biotechnology，13：442-448.

BIJLOO J D. 1965. The "Pisum" test：a simple method for the screening of substance on their therapeutic nematicidal activity [J]. Nematologica，11：643-644.

Bingli Gao，Allen R，Tom Maier，et al. 2002. Characterisation and developmental expression of a chitinase gene in *Heterodera glycines* [J]. International Journal for Parasitology，32：1293-1300.

BIRD A F. 1961. The ultrastructure and histochemistry of a nematode-induced giant cell [J]. The Journal of Biophysical and Biochemical Cytology，11：701-715.

BIRD A F. 1962. The inducement of giant cells by *Meloidogyne javanica* [J]. Nematologica，8：1-10.

BIRD A F. 1974. Plant response to root-knot nematode [J]. Annual Review of Phytopathology, 12: 69 - 85.

BYME J M, PESACRETA T C and FOX J A. 1977. Vascular pattern change caused by a nematode, *Meloidogyne incognita*, in the lateral roots [J]. American Journal of Botany, 64 (8): 960 -965.

CASTAGNONE - SERENO P. 2002. Genetic variability of nematodes: a threat to the durability of plant resistance genes [J]. Euphytica, 124: 193 - 199.

CHANDRAVADANA M V, NIDIRY E S J, KHAN R M, et al. 1994. Nematicidal activity of serpentine against *Meloidogyne incognita* [J]. Fundamental & Applied Nematology, 17 (2): 185 -186.

CHEN R G, ZHANG L Y, ZHANG J H, et al. 2006. Functional charactrization of *Mi*, a root-knot nematode resistance gene from tomato (*Lycopersion esculentum* L.) [J]. Journal of Integrative Plant Biology, 48 (12): 1458 - 1465.

CHEN Z X and DICKSON D W. 1990. Review of *Pasteuria penetrnns*: Biology and biological control potential [J]. Journal of Nematology, 30 (3): 313 - 340.

CHEN Z X, CHEN S Y and DICKSON D W. 2004. Nematology advances and perspectivies [M]. Beijing: Tsinghua University Press.

CHITWOOD D J. 2002. Phytochmical based strategies for nematode control [J]. Annual Review of Phytopathology, 22 (5): 19 - 22.

CHITWOOD D J. 2003. Research on plant-parasitic nematode biology conducted by the united states department of agriculture-agricultural research service [J]. Pest Management Science, 59: 748 -753.

CLAUDIA B D, ANGELICA N M, NORMA V A, et al. 2004. Nematicides activity of the essential oils of several argentina plants against the root-knot nematode [J]. Journal of Essential Oils Research, 16 (6): 626 - 628.

COMMERS F J. 1981. Biochemical interations between nematodes and plants and their relevance to control [J]. Helminthological Abstracts, 50B: 9 - 24.

COOK R and EVANS K. 1987. Resistance and tolerance. In: Brown R H, Kerry B R (eds) Principles and practice of nematode control in crops [J]. Academic Press, Sydney, 179 -231.

CSINOS A S, JOHNSON W C and JOHNSON A W. 1963. Alternative fumigants for methyl bromide in tobacco and pepper transplant production [J]. Crop Protection, 16 (6): 585 - 594.

DAVID J C. 2003. Research on plant-parasitic nematode biology conducted by the United States Department of Agriculture-Agricultural Research Service [J]. Pest Management Science, 59 (6/7): 748 - 753.

DAVID E L, HUSSEY R S and BAUM T J. 2004. Getting to the roots of parasitism by nematodes [J]. Trends in Parasitology, 20: 134 - 141.

DAVIS E L, MEYERS D M, DULLUM C J, et al. 1997. Nematicidal activity of fatty acid esters on soybean cyst and root-knot nematodes [J]. Journal of Nematology, 29 (4, Supplement): 677 - 684.

DE CAL A, MARTINEZ T A, LOPEZ - ARANDA J M, et al. 2004. Chemical alternatives to methyl bromide in Spanish strawberry nurseries [J]. Plant Disease, 88 (2): 210 - 214.

DELEI J F A A M, DAVIES K G and KERRY B R. 1992. The use of *Verticillium chlamydosporium* Goddard and *Pasteuria penetrans* (Thorne) Sayre and Starr alone and in combination to control *Meloidogyne incognita* on tomato plants [J]. Fundamental and Applied Nematology, 15: 235 -242.

DOMSCH I C H, JAGNOW G and ANDERSON T H. 1983. An ecological concept for the assessment of side effects of agrochemicals on soil microorganisms [J]. Research Review, 86: 65 - 105.

FASSULIOTIS G and SKUCAS G P. 1969. The effect of a pyrrolizidine alkaloid ester and plants containing pyrrolizidine on *Meloidogyne incognita* acrita [J]. Journal of Nematology, 1: 287 -288.

FRAVEL D R, MAROIS J J, LUMSDEN R D, et al. 1985. Encapsulation of potential biocontrol agents in an alginate clay matrix [J]. Phytopathology, 75: 774 - 777.

FREIRE F C O. 1985. Parasitism of eggs, females and juveniles of *Meloidogyne incognita* by *Paecilomyces inlacinus* and *Veticillium chlamydosporium* [J]. Fitopatologia Brasilerira, 10: 577 -596.

GOSWAMI B K and VIJAYALAKSHMI K. 1987. Studies on the effects of some plant and non-edible oil - seed cake extracts on larval [D]. Assam Agricultural University.

HALBRENT J M. 1996. Allelopathy in the management of plant-parasitic nematoes [J]. Journal of Nematology, 28: 8 - 14.

HARE W W. 1957. In heritance of resistance to root-knot nematodes in pepper [J]. Phytopathology, 47: 455 - 459.

HUANG C S and MAGGENTI A R. 1969. Mitotic aberrations and nuclear changes of developing giant cell in *Vicia faba* caused by root-knot nematode, *Meloidogyne javanica* [J]. Phytopathology, 59: 447 - 455.

JALATA P, KATENBAVH R and BOCARIGEL M. 1979. Biological control of *Meloidogyne incognita* and *Globodera pallida* on patatoes [J]. Journal of Nematology, 11: 303.

JASSON H B, TUNLID A and NORDBRING - HERTZ B. 1997. Biological control of nematodes in fungal biotechnology [M]. Fungal Biotechnology, Chapman and Hall Weinheim.

LI J R, TODD T C, LEE J G, et al. 2011. Biotechnological application of functional genomics towards plant-parasitic nematode control [J]. Plant Biotechnology Journal, 1 - 9.

JOHNSON H A and POWELL N T. 1969. Influence of root-knot nematodes on bacterial wilt development in flue-cured tobacco [J]. Phytopathology, 59: 486 - 491.

JONES M G K. 1981. Host cell responses to endoparasitic nematode attack: structure and function of giant cells and syncytia [J]. Annals of Applied Biology, 97: 353 - 372.

JOSEPH A V and BURTON Y E. 1969. The histochemical localization of several enzymes of Soybeans infected with the root-kont nematode *Meloidogyne incognita* acrita [J]. Journal of Nematology, 1 (3): 265 - 276.

JOY K K. 2003. The effects of atmospheric carbon on the development of *Meloidogyne* nematode and *Meloidogyne* induced gmt cells in Viciafaba [D]. Austin State University.

KARSSEN G. 1892. The plant-parasitic nematode genus *Meloidogyne* G ldi, (Tylenchida) in Europe [M]. Gent: Drukkeru Modern.

KERRY B R and BOURNE J M. 1996. Importance of rhizosphere interaction in the biological control of plant parasitic nematodes-a case study using *Verticillium chlamydosporium* [J]. Pesticide Science, 47: 69 - 75.

KERRY R, WANG Z H and MICHAEL G K. 2004. Using laser capture microdissection to study gene expression in early stages of giant cells induced by root-knot nematodes [J]. Molecular Plant-pathology, 5 (6): 587 - 592.

KIM J I, CHOI D R and HAN S C. 1989. Influence of plant parasitic nematodes in occurrence of *Phytophthora* blight on hot pepper and sesame [J]. Research Reports of the Rural Development Administration, Crop Protection, Korea Republic, 31 (1): 27 - 30.

KOMADA H. 1975. Development of a selective medium for quantitative isolation of *Fusarium oxys-porum* from natural soft [J]. Review of Plant Protection Research, 8: 114 -125.

KRASZEWSKI A W and NELSON S O. 2003. Microwave techniques in agriculture [J]. Journal of Microwave Power and Electromagnetic Energy, 38 (1): 13 - 25.

LEIJ DE F A A M, KERRY B R and DENNEHY J A. 1993. *Verticillium chlamydosporium* as biological control agent for *Meloidogyne incognita* and *M. hapla* in pot and microplot tests [J]. Nematogogica, 39: 115 - 126.

LELSTRA M, SMELT J H and NOLLEN H M. 1974. Concentration relations for methyl isothiocyanate in soil after injection of metham-sodium [J]. Pesticide Science, 5: 409 - 417.

LIAO Y H, HUANG W S, YUE Y L, et al. 1995. The effects of root-knot nematodes in vegetable crops on tomato wilt disease [J]. Jiangxi Plant Protection, 18 (2): 25 - 26.

LOPEZ - LLORCA L V, BORDALLO J J, SALINAS J, et al. 2002. Use of light and scanning electron microscopy to examine colonization of barely rhizosphere by the nematophagous fungus *Verticillium chlamydosporium* [J]. Micron, 33: 61 - 67.

LUCAS G B, SASSER J N and KELMAN A. 1955. The relationship of root-knot nematode to Granville wilt resistance in tobacco [J]. Phytopathology, 45: 537 - 540.

MANI A, SETHI C L and DEVKUMAR. 1986. Isolation and identification of nematoxins produced by *Fusarium solani* (Mart) sacc [J]. Indian Journal of Nematology, 16 (2): 247 - 251.

MANIA and SETHI C L. 1984. Effect of culture filtrates of *Fusarium oxysporum* f sp. ciceri and *Fusarium solanion* hatching and juvenile mobility of *Meloidogyne incognita* [J]. Nematropica, 14 (2): 139 - 144.

MANIA and SETHI C L. 1984. Some characteristics of culture filtrate of *Fusarium solani* toxic to *Meloidogyne incognita* [J]. Nematropica, 14 (2): 121 - 129.

MASAGO H, YATES S R G, AN J, et al. 1996. Methyl bromide emission from a covered field: Experimental conditions and degradation in soil [J]. Environment Quality, 25: 184 - 192.

MEDINA - FILHO H P and STEVENS M A. 1980. Tomato breeding for nematode resistance: survey of resistant varieties for horticultural characteristics and genotype of acid phosphatases [J]. Acta Horticulturae, 100: 383 - 393.

MELICHAR M W. 1995. Telone soil fumigants as amethyl bromide altenrative [J]. Nematologica, 27 (4): 510 - 511.

MICHEL C, ELISABETH D, NATHALIE B, et al. 2011. The *Ma* gene for complete-spectrum resistance to *Meloidogyne* species in *Prunus* is a TNL with a huge repeated C-Terminal post - LRR region [J]. Plant Physiology, 156 (2): 779 - 792.

MITKOWSKI N A and ABAWI G S. 2002. Monoxenic maintenance and reproduction of root-knotn ematode (*Meloidogyne hapla*) on multiple-species in vitro root culture systems [J]. Plant Cell Reports, 21: 14 - 23.

MOJTAHEDI H, SANTO G S and INGHAM R E. 1993. Suppression of *Meloidogyne chitwoodi* with Sudan grass cultivars as green manures [J]. Journal of Nematology, 25: 303 -311.

MOLINARI S, BASER N. 2010. Induction of resistance to root-knot nematodes by SAR elicitors in tomato [J]. Crop Protection, 29: 1354 - 1362.

MUNNECKE D E, DOMSCH K H and ECKERT J W. 1962. Fungicidal activity of air passed through columns of soil treated with fungicides [J]. Phytopathology, 52: 1298 -1306.

NIDIRY E S J, KHAN R M and REDDY P P. 1993. In vitro nematicidal activity of *Gloriosa saperba* seed extract aganinst *Meloidogyne incognita* [J]. Nematologia Mediterranea, 21: 127 - 128.

NITAO J K, MEYER S L F and CHITWOOD D J. 1999. In vitro assays of *Meloidogyne incognita* and *Heterodera glyciness* for detection of nematode antagonistic fungal compounds [J]. Journal of Nematology, 31 (2): 172 - 183.

NITAO J K, MEYER S L F, SCHMID T W F, et al. 2001. Nemtode antagonistic trichothecenes from *Fusarium equiseti* [J]. Journal of Chemical Ecology, 27 (5): 859 - 869.

NOGUEIRA M A, DE OLIVEIRA J S and FERRAZ S. 1996. Nematicidal hydrocarbons from *Mucuna aterrima* [J]. Phytochemistry, 42: 997 - 998.

ORION D and ZUTRA D. 1971. The effect of the root-knot nematode on the penetration of crown gall bacterial into almond roots [J]. Israel Journal of Agricultural Research, 21: 27 - 29.

PAPAVIZAS G C, DUNN M T, LEWIS J A, et al. 1984. Liquid fermentation technology for experimental production of biocontrol fungi [J]. Phytopathology, 74: 1171 - 1175.

CHEN R G, LI H X, ZHANG L Y, et al. 2007. *CaMi*, a root-knot nematode resistance gene from hot pepper (*Capsium annuum* L.) confers nematode resistance in tomato [J]. Plant Cell Reports, 26: 895 - 905.

SALEH M A, ALXLEL R F H, IBRAHIM N A, et al. 1987. Isolation and structure determination of new nematicidal triglyceride from *Argemone mexicana* [J]. Journal of Chemical Ecology, 13: 1361 - 1370.

SASSER J N. 1983. The international *Meloidogyne* project-its goals and accomplishments [J]. Annual Review of Phytopathology, 21: 271 - 288.

SASSER J N. 1989. Plant parastic nematodes: the farmer's hidden enemy [M]. Rakeugh Carolina: Carolina State University.

MOLINARI S. 2011. Natural genetic and induced plant resistance, as a control strategy to plant-parasitic nematodes alternative to pesticides [J]. Plant Cell Reports, 30: 311 -323.

SIDDIQUI I A and TAYLOR D P. 1970. Histopathogenesis of galls induced by *Meloidogyne naasi* in wheat roots [J]. Journal of Nematology, 2 (3): 239 - 247.

STIRLING G R and KERRY B R. 1983. Antagonists of the cereal cyst nematodes *Heterodera avenae* in Austrailian soil [J]. Australian Journal of Experimental Agriculture and Animal Husbandry, 23: 318 - 324.

STIRLING G R, VAWDREY L L and SHANNON E L. 1989. Options for controlling needle nematode (*Paralongidorus australis*) and preventing damage to rice in northern Queensland [J]. Australian Journal of Experimental Agriculture, 29 (2): 223 - 232.

TADA M, HIROSE Y, KIYOHARA S, et al. 1988. Nematicidal and antimicrobial constituents from *Allium grayi* Regel and *Allium fistulosum* L. var. caespitosum [J]. Agricultural Biology and Chemistry, 52: 2383 -2385.

VRAIN T C. 1999. Engineering Natural and Synthetic Resistance for Nematode Management [J]. Journal of Nematology, 31 (4): 424 - 436.

THOMASON I J. 1987. Challenges facing nematology: environmental risks with nematicides and the need for new approaches [M]. Veech In J A and Dickson D W, eds. Vistas on nematology, Hyattsville, USA, Society of Nematologists.

VALERIE M, WILLIAMSON and AMAR K. 2006. Nematode resistance in plants: the battle underground [J]. Trends in Genetics, 7 (22): 396 - 403.

VOVLAS N, RAPOPORY H F, JIMENEZ DIAZ R M, et al. 2005. Differences in feeding sites induced by root-knot nematodes, *Meloidogyne* spp. , in chick-pea [J]. Phytopathology, 95: 368 - 375.

WIDMER T L and ABAWI G S. 2000. Mechanism of sappression of *Meloidogyne hapla* and its damage by a green manure of Sudan grass [J]. Plant Disease, 84: 562 - 568.

WILLIAM R N. 1991. Manual of Agricultrual Nematology [M]. New York: Marcel Dekker, INC.

WILLIAMSON V W and HUSSEY R S. 1996. Nematode pathogenesis and resistance in plants [J]. Plant Cell, 8: 1735 - 1745.

WILLIAMSON V W. 1998. Root-knot nematodes resistance genes in tomato and their potential for future use [J]. Annual Review of Physiology, 36: 277 - 293.

YUAN L, FANG W Z and LUO D M. 2008. Histopathological response of giant cell induced by root-knot nematode, *Meloidogyne javanica*, in tomato roots under potassium stress [J]. Acta Phytopathologica Sinica, 38 (1): 100 - 103.

ZAKI M J and MAQBOOL M A. 1991. Combined efficacy of *Pasteuria penetrnns* and other biocontrol agents on the control of root-knot nematode on okra [J]. Pakistan Journal of Nematology, 9 (1): 49 - 52.

ZHANG X W, QIAN X L and LIU J W. 1989. Evaluation of the resistance to root-knot nematode of watermelon germplasm and it's control [J]. Journal of Fruit Science, 6 (1): 33 -38.

ZIJLSTRA C, DONKERS - VENNE DORINE T H M and FARGETTE M. 2000. Identification of *Meloidogyne incognita*, *M. javanica* and *M. arenaria* using sequence characterized amplified region (SCAR) based PCR as-says [J]. Nematology, 2 (8): 847 - 853.

ZIJLSTRA C, UEMK B J and VAN SILFHOUT C H. 1997. A reliable, precise method to differentiate species of root-knot nematodes in mixtures on the basis of ITS - RFLPs [J]. Fundamental and Applied Nematology, 20 (1): 59 - 63.

图书在版编目（CIP）数据

蔬菜根结线虫病害综合治理／卢志军编著．—北京
：中国农业出版社，2011.12
ISBN 978-7-109-16372-0

Ⅰ.①蔬…　Ⅱ.①卢…　Ⅲ.①蔬菜-根结线虫属-病虫害防治方法　Ⅳ.①S436.3

中国版本图书馆CIP数据核字（2011）第260753号

中国农业出版社出版
（北京市朝阳区农展馆北路2号）
（邮政编码 100125）
策划编辑　张洪光
文字编辑　杨国栋

中国农业出版社印刷厂印刷　　新华书店北京发行所发行
2012年3月第1版　　2012年3月北京第1次印刷

开本：700mm×1000mm　1/16　　印张：18.5
字数：392千字　　印数：1～1 000册
定价：110.00元